水电站技术改造及水机磨蚀

主　编　顾四行　杨天生　闵京声　姚　光
副主编　张维聚　刘洪启　余江成　刘洪文　王晓红

U0268923

黄河水利出版社

· 郑州 ·

内 容 提 要

本书收集了水电站技术改造及水机磨蚀方面的最新文章,内容涉及水电站设计选型,水电站(水轮机)和泵站(水泵)增效扩容技术改造,空化、空蚀、磨损及磨蚀机制研究与分析,水力机械过流部件应用的抗空蚀磨损新材料、新技术等。大部分文章的作者是奋战在水电站和泵站第一线的运行及检修人员,他们对所遇到的问题有切身体会,在处理具体问题时有丰富的经验和针对性。

本书专业性、实用性强,可供从事水利水电工程科研、设计、设备制造、安装运行、检修维护的工程技术人员参考,也适宜水利水电、水力机械、水能动力及相关专业的大中专院校师生阅读。

图书在版编目(CIP)数据

水电站技术改造及水机磨蚀/顾四行等主编. —郑州:黄河
水利出版社,2012.9
ISBN 978-7-5509-0349-4

Ⅰ.①水… Ⅱ.①顾… Ⅲ.①水力发电站-技术改造-文集②水轮机-磨蚀-文集 Ⅳ.①TV73-53②TK730.8-53

中国版本图书馆 CIP 数据核字(2012)第 215210 号

策划编辑:简群 电话:0371-66026749 E-mail:W_jq001@163.com

出 版 社:黄河水利出版社
　　　　　　地址:河南省郑州市顺河路黄委会综合楼14层 邮政编码:450003
发行单位:黄河水利出版社
　　　　　　发行部电话:0371-66026940、66020550、66028024、66022620(传真)
　　　　　　E-mail:hhslcbs@126.com
承印单位:河南省瑞光印务股份有限公司
开本:787 mm×1 092 mm 1/16
印张:20
字数:487 千字　　　　　　　　　　　印数:1—1 000
版次:2012 年 9 月第 1 版　　　　　　　印次:2012 年 9 月第 1 次印刷

定价:55.00 元

编辑委员会

前　　言

　　《水利发展规划(2011—2015年)》(简称"规划")是"十二五"国家重点专项规划之一,提出了"十二五"及今后一个时期水利发展的总体思路、目标任务、建设重点和改革管理举措,是指导水利改革发展的重要依据。

　　根据"规划"提出的目标任务,水电站围绕增效扩容进行的技术改造正在逐步展开。

　　本书主要内容涉及水电站设计选型,水电站(水轮机)和泵站(水泵)增效扩容技术改造,空化、空蚀、磨损及磨蚀机制研究与分析,水力机械过流部件应用的抗空蚀磨损新材料、新技术等。大部分文章的作者是奋战在水电站和泵站第一线的运行及检修人员,他们对所遇到的问题有切身体会,在处理具体问题时有丰富的经验和针对性。本书实用性强,可供从事水利水电科研、设计、制造、运行、检修和管理部门的工程技术人员与管理人员参考,尤其适宜水利水电、水力机械、水能动力等专业的大中专院校师生阅读。

　　在今后的工作中,全国水机磨蚀试验研究中心将深入贯彻落实科学发展观,继续解放思想,坚持改革开放,推动科学发展,继续发扬优良传统,进一步搞好服务,发挥桥梁和纽带作用,做好协调和信息交流工作,大力推广应用新技术、新材料、新工艺,为推动我国水机磨蚀研究持续健康发展,不断提高试验研究与实践水平,作出更大的贡献。

　　本书文章由中国动力工程学会水轮机专业委员会和全国水机磨蚀试验研究中心共同征集和编撰。

　　在本书的编撰过程中,得到了有关领导和业内专家的关心与大力支持,在此表示衷心感谢!

编　　者

2012 年 5 月 10 日

目　录

必须大力加强对过机泥沙的关注

吴培豪　　　余江成

（中国水利水电科学研究院）

【摘　要】 讨论了目前工程设计中普遍缺少过机泥沙资料和对过机泥沙不够重视的问题。讨论了对过机泥沙的参数，如泥沙量、粒径、硬度等的表述方式，不能套用河道水库泥沙的习惯，不然有可能会引起一些误解。提出了应从速编制过机泥沙规程的建议。

【关键词】 过机泥沙　含沙量　粒径　硬度　泥沙规程

一、前　　言

在多泥沙河流上设计水电站，必须要考虑水轮机的磨损，因此必须对修建电站后通过水轮机的泥沙，即过机泥沙的状况进行预测与分析。在水电站投入运行后，为了掌握和分析水轮机的磨损，也需要对过机泥沙的情况加以测定。但目前在有泥沙河流水电站的设计中，似未对过机泥沙给予应有的重视，因此在绝大多数水电站的设计书中找不到有关过机泥沙的资料及其分析。有的设计中虽然提供了一些过机泥沙的数据，但对泥沙参数的表述，有时只套用河道水库泥沙的习惯，并不完全适合用于对过机泥沙的表述与研究。因此，将有关问题阐述如下，供关心研究水轮机磨损的同志参考。

二、现有工程设计中普遍缺乏过机泥沙资料

设计水电站时，如果对修建电站后通过水轮机的泥沙情况不清楚，则对水轮机的选型与参数的合理选择以及是否要选用何种材质，要否加以特殊保护等一系列问题，就难以得到很好的回答。实际的做法大致有两种：一种是认为可以像清水一样对泥沙问题不予考虑，特别是当泥沙数量较少，认为不会有多大危害的情况下，因为这样做就可以节约投资，减少工程的造价，这一情况在一些中小型工程中十分普遍；还有一种情况是把问题估计得很严重，因此把水轮机的参数选得很低并设法加上各种保护措施，从而导致投资的增大，后一种情况相对较少，但也是不合适的。当然大多数设计者都希望有一个恰如其分的评价，但如对过机泥沙的情况不清楚，显然就无法得出合适的结论。因此，在多泥沙河流上设计水电站，对过机泥沙开展预测分析等应该是电站设计中必须开展的一项工作。但十分遗憾的是，如果查阅一下现有的水利水电工程的设计，就可发现在绝大多数的工程设计书中，找不到有关过机泥沙的资料。这不仅在中小型的水利水电工程设计中普遍如此，不少容量高达几十万千瓦的大型水电站，甚至单机容量高达几十万千瓦的特大型水电站，除极少数例外，也普遍缺乏过机泥沙的资料及相应的分析。

是不是我国水利水电工程中的泥沙问题不够突出呢？显然不是这样，我国是一个多泥沙河流的国家，新中国成立后，修建了大量水利水电工程，在泥沙问题上是有过不少惨痛教训的，因此各级领导部门对泥沙问题都是十分重视的。为此从工程的可行性论证阶段起，一直到初步设计、技术设计等各个阶段，都已制定了一系列的规程、规范，明确规定了工程设计各阶段对泥沙问题应该开展的工作，包括资料的收集、计算与分析等。但十分遗憾的是，目前所规定的泥沙工作大多集中在对河流水库的泥沙的预测与分析上，而缺乏对过机泥沙的要求与具体的规定。所以在大多数水利水电工程的设计书中，所看到的水文泥沙资料往往只有修建电站前原有天然河道泥沙的数据，有水库的水电站则有的在设计书中补充了修建电站后进、出库泥沙的数据以及河道水库冲淤变化的预测分析等，唯独缺乏过机泥沙的具体资料及其分析。所以，在很多工程审查中对水轮机的磨损进行评估时，常常出现多种不同的观点，成为争论的焦点。但因缺乏相应的数据与资料，所以争论各方往往相持不下，难以说服对方。其结果常常只好成为原则性的泛泛意见，不了了之，或最后由领导拍板确定。

缺乏过机泥沙资料的原因可能是由于泥沙问题涉及的因素十分众多而复杂，要对它进行详细的计算与预测是有很大难度的，但笔者认为主要原因看来并不在此。因为就整个泥沙问题来看，对河流泥沙问题进行预测与分析的难度更大，这也正是我国过去所修建的不少水利水电工程之遭到惨重教训的重要原因之一，特别是早年修建的一些工程。但也正因如此，迫使各部门在工程的规划设计阶段就不得不对泥沙问题加以高度的重视，规定了必须投入的人力、物力与应该开展的研究工作。通过几十年的努力与经验的积累，到今天为止，对河流水库的泥沙的预测分析工作已获得了巨大的进步。如采用物理模型进行模拟试验与数学模型计算等方法，并制定了一系列的规程、规范。不能说已有的这些经验与所使用的各种试验、计算方法已能对河道水库泥沙做到极高精度的预测和绝对的有把握，但比早年修建的工程对泥沙问题的认知确实是大大提高了一步，至少目前已很少会重覆或重犯过去一些明显的错误。过机泥沙与河流水库泥沙相比相对说来要简单得多。既然能对河道水库泥沙进行预测与分析，则对电站过机泥沙进行预测与分析就不是不可能做到的了。事实上，也已见到在少数一些水电站设计中已给出了过机泥沙的预测计算结果，可惜的是，这样做的目前还极少。所以笔者认为，目前在水利水电工程设计中之所以普遍缺乏过机泥沙的资料，主要原因看来还不是技术上的原因，实际上还是反映了对过机泥沙，或对水轮机磨损问题不够重视。可能认为水轮机发生磨损其影响不如河道水库泥沙那么大，大不了停机检修，实在不行就换，甚至机组报废停止发电，反正不会像河道水库泥沙那样会引起工程报废的危险。因此，就把这一问题留给水电站，等机组投运后，如果发现有问题，再让运行部门去想办法解决吧。

三、对若干过机泥沙参数表述方法的商榷

虽然目前有关过机泥沙的资料及其研究还十分少，但如上所述，还是有少量的设计部门对过机泥沙较为重视，开展了实测与计算预测等工作。此外，还有不少水电站在机组投入后长期坚持开展了过机泥沙的实测。这些努力与所获得的一些资料是十分宝贵的，但可能是由于目前对过机泥沙还缺乏相应的规程、规范，在有些资料中对过机泥沙的表述方法与应用中，有时表述得似乎还不够完全确切，以及存在一些易引起误解与误用等的问题。下面就所见到的一些问题进行分析与讨论。

(一)泥沙的数量

在统计过机泥沙的数量时,大多给出的是含沙量,但也有的资料给出的是过机泥沙的总量,例如年过机泥沙的总沙量有多少吨等,这是不合适的。对河道水库泥沙来说,研究的目的主要是河道水库的淤积和冲刷,这些问题主要与泥沙的总量有关,所以计算河流水库所输送的总沙量是十分重要的。而对水轮机来讲,主要关心的是磨损。磨损则与通过水轮机的每立方米水中所含泥沙的数量,即与含沙量有关,而不取决于通过水轮机泥沙的总量。例如葛洲坝二江水轮机每年每台机过机泥沙总量约为 1 500 万 t(三峡水库蓄水前),而位于引黄灌渠上的七里营水电站,每台水轮机的年过机沙量只有 2 万 t,如按过机泥沙的总量来评价,则葛洲坝水轮机的磨损似乎要比七里营大几百倍(七里营水轮机运行 3 年叶片失重即达原重量的1/3),因此用过机泥沙的总沙量来评价水轮机的磨损容易造成一种错觉。如果磨损与水轮机过机泥沙的总量成正比,那么在水电站的设计中,只要将大机组改成若干台小机组,把水轮机做得尽量小,每台机通过的泥沙数量就会成倍地减少,磨损问题似乎也就能顺利地得到解决了,但事实并非如此。如刘家峡装有 1 台小机,其尺寸只有大机的 1/4,但磨损并不因此比大机轻了 4 倍。

但也有例外,如在以下几种情形下也是可以用过机泥沙的总沙量来判断水轮机磨损的严重程度。第一种情形是对同一台水轮机而言,过机泥沙总量大的年份的磨损将大于过机泥沙总量少的年份;第二种情形是同一电站同样型号的机组,过机泥沙总量大的水轮机的磨损必将较重;第三种情况是不同电站装有同样型号、同样大小的水轮机,泥沙与运行条件又相似或相近,则过机泥沙总量多的将比少的磨损要重等。这些情形都属于水轮机(型号)相同,尺寸大小相同的情形。不属于上述情况的,单凭泥沙的总量就有可能起误导作用。

还有一种情形不是为了研究水轮机的磨损。如在分析水库排沙的途径时,要了解有多少泥沙是通过水轮机,有多少是通过溢洪设施下泄。

需要说明的是,我们在这里并不是反对给出过机泥沙的总沙量,但对过机泥沙的研究而言,首先要关心的是过机泥沙的含沙量。如在此基础上,同时给出过机泥沙的总量也是有益的,但不能只给出过机泥沙总量,而不给出含沙量,或者以泥沙总量代替含沙量。那样的话不仅不便于分析和评价水轮机的磨损,反有可能引起误解和起误导作用。

(二)平均含沙量

河流泥沙是随时间不断变化的,因此常用某一时段的平均值来表示。对含沙量来说,有多年平均、年平均、汛期平均、月平均、日平均以及某一时段的平均值等。目前水电站设计中的水文泥沙资料中所给出的含沙量往往以多年平均和年平均值为多。

必须注意的是,过机泥沙的年平均含沙量与河流水库泥沙的年平均含沙量,两者不仅在数量上是不同的,在统计方法上也是有很大区别的。

(1)河流水库泥沙的年平均值是以全年,即以 8 760 h 统计得出的。而水轮机的过机泥沙的年平均值只能按机组在一年内实际运行时间统计分析得出,即小于 8 760 h。

(2)河流水库的年平均含沙量是以整个河道作为单位进行统计分析的,因此就整个水电枢纽或水电站来说只有一个值,是一个单一的值。而水轮机的年平均过机含沙量由于每台机的运行方式与年运行小时数不同,每台水轮机是不同的。有多少台水轮机,就有多少个年平均含沙量。

(3)即使 2 台机的运行方式与运行时间完全相同,但过机含沙量也可能有差别,甚至差别较大。这是由于不同机组进水口位置与引水方式等有可能不同,防排沙的设施也可能不同(例如有的机组进水口下设有排沙底孔等),又如位于河流弯道后的不同两岸侧,从而导致进入不同机组泥沙的浓度与颗粒组成也有所不同。如葛洲坝大江的过机泥沙就要比二江粗而多,导致磨损大好几倍[2-3]。

(4)在考察与分析某台水轮机的磨损时,应取该台机本身的过机泥沙资料来进行分析。但实用上常常因缺乏该台机过机泥沙的资料,需要借用其他机组的过机泥沙资料来加以分析时,就需要注意两者条件的差异。例如设有 A、B 两台机,机组的引水条件与瞬间过机含沙量完全相同。汛期因水多,2 台机都满发运行,但非汛期 A 机持续运行,年运行小时数达 6 000 h;B 机因稳定性等原因运行时间少,因此年运行小时数只有 4 000 h。我国河流泥沙大多集中在汛期,2 台机的磨损主要都发生在汛期,因此 2 台机的磨损程度应该是差不多的。如计算过机含沙量,则 B 机的年平均过机含沙量将为 A 机的 1.5 倍。如 A 机缺乏泥沙资料借用 B 机过机泥沙资料,很容易造成 A 机的磨损为 B 机的 1.5 倍的假象,因此每台机的磨损应该取每台机实测的过机含沙量的平均值来计算。如果缺乏本机的资料需要借用其它机组的过机含沙量时,则需要对得出平均含沙量的条件进行分析,在使用这些数值时加以修正。

由于我国河流泥沙的特点,因此在考察分析水轮机的磨损时,应当主要关注水轮机在汛期运行的情况。在水电站设计阶段,由于缺乏每台机具体的运行资料,不好估算具体的运行小时数,可以以汛期满发来估算。对评估水轮机磨损来说,统计汛期含沙量与汛期运行时数有时比用年平均含沙量能更好地说明问题,因此对有泥沙的水电站,最好能统计计算出汛期的平均含沙量。

(三)泥沙的代表性粒径

河流中所含的泥沙是由不同粒径组成的,通常用粒径级配表或曲线表示。为了叙述方便又常取粒径曲线上某一百分比成分的粒径来表示,如 d_{50}、d_{90}、d_m、d_{max} 等。为了全面表征泥沙的粒径组成,很多资料往往同时给出其中几个粒径值,但有时也往往仅取中值粒径 d_{50} 一个值作为代表。对于河流水库泥沙这是可以的,但对过机泥沙仅仅给出中值粒径 d_{50} 一个值有时会造成一些误判。因为从磨损角度来看,d_{50} 有时并不能完全代表泥沙粒径的磨损强度。下面试举例说明:设有 3 组泥沙,其粒组组成如表 1 所示,级配曲线见图 1。

表 1　　　　　　　　　　　　各种粒径所占百分比表

沙样	0.01 mm	0.01 ~ 0.05 mm	0.05 ~ 0.1 mm	0.1 ~ 0.25 mm	0.25 ~ 0.5 mm	d_{max} (mm)	d_{50} (mm)	d_m (mm)	J/J_A
A	27%	44%	19%	7%	3%	0.40	0.030	0.049	1.00
B	10%	75%	14%	1%	0	0.15	0.030	0.034	0.69
C	32%	44%	17%	7%	0	0.25	0.025	0.036	0.73

3 组沙样中 A 与 B 的中值粒径 d_{50} 相等,均为 0.03 mm,C 组沙样的中值粒径 d_{50} 较小,为 0.025 mm。那么是否 A、B 两组泥沙的磨损能力都大于 C 组呢?由于每组泥沙都是由多种粒径组成的,所以每组砂样的磨损强度 J 应该是所含各种粒径磨损能力的总和。可由下式近似算出:

$$J = K \sum (K_d K S_i)$$

式中，S_i 为 i 组粒径的沙量；K_d 为不同粒径的磨损强度；K 为该组粒径的硬颗粒成分。假设 A、B、C 三组砂样的所有粒径的硬颗粒比例相同，系数 K 相同（有大量试验结果表明，当泥沙颗粒小于 $0.03 \sim 0.04$ mm 时，粒径的磨损能力近似与粒径的大小成正比）。以 A 组砂样的 J 值为 1，可得 3 组泥沙磨损强度的相对比值 J/J_A（以 A 为 1），见表 1。

从 3 组砂样磨损强度的比值可见，$A>C>B$。这说明：

（1）A、B 两组泥沙的中值粒径 d_{50} 相同，但 B 组砂样的磨损能力却小于 A，仅为 A 组砂样的 0.69。

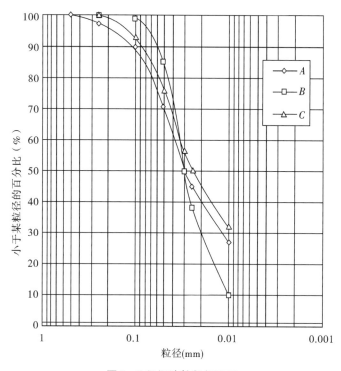

图 1　3 组泥沙粒径级配图

（2）B 组砂样的中值粒径 d_{50} 大于 C 组，但磨损能力却比 C 组要小。

因此，不宜简单地认为 d_{50} 值大的磨损强度就一定大，这是因为中值粒径 d_{50} 主要代表了有 50% 泥沙的粒径比它大，50% 的粒径比它小。但如在大于 d_{50} 的泥沙中，粗颗粒相对较多，则磨损能力将较大。因此，如要准确评估泥沙的磨损能力，不仅要看 d_{50} 的大小，还需要关注整个泥沙的组成，特别是粗颗粒的占有成分，所以，在给出泥沙的粒径时，最好能给出整组泥沙的粒径级配曲线。如为了叙述方便或简练，给出一个粒径值，则除了 d_{50} 外，最好能再添加另一个泥沙粒径值，如平均粒径 d_m 或 d_{90} 等。一般来说，用平均粒径 d_m 比中值粒径 d_{50} 更接近于粒径与磨损的关系（当粒径的磨损强度与粒径的大小大致成正比时）。

（四）硬度

对水轮机磨损来说，泥沙的硬颗粒含量是至关重要的数据，因此必须对泥沙的矿物成分进行测定。对于河道水库泥沙来说，硬颗粒含量所起的作用可能不像对水轮机磨损影响那么大，因此在水文泥沙资料中，泥沙矿物成分的分析数据往往较少，有时只有一次。从水轮机磨损角度来看，这样的分析次数显得少了一些。

（1）对泥沙矿物成分与粒径的测定，最好能按汛期与非汛期分别进行测定分析，分析次数应多几次。因为泥沙的矿物成分或硬颗粒含量虽然不像其他水文资料变化那么大，但往往也是有变化的。如果仅测量一次，一旦测量有误，就会对泥沙磨损能力的评价造成很大影响。

（2）有的资料所给出的泥沙矿物成分为平均值，这是不妥的。泥沙的矿物成分或硬颗粒含量应按不同粒径分别测定与给出，因为大小颗粒的硬颗粒含量有可能是不同的，有时差别还很大，从而对水轮机的磨损的评估造成误差。下面举某一电站实测取样分析的结果为例[1]来说明（见表2）。

表2　　　　　　　　　　　　修建电站前后粒径变化表

粒径(mm)	<0.01	0.01～0.025	0.025～0.05	>0.05	d_{50}	平均硬度
硬颗粒含量(%)	29.8	40.4	49.3	60.2	—	—
建站前不同粒径含量(%)	30.5	19.2	26.3	24.0	0.025	44
建站后10年平均不同粒径含量(%)	62.2	36.3	1.5	0	0.007 9	34

注：泥沙硬度值为2005年从现场悬移质取样分析结果，表中平均硬度是假定修建电站前后粒径与硬度关系不变计算得出的。

从实测分析结果来看，该电站粗细颗粒所含的硬颗粒成分相差较大。粗颗粒所含的硬颗粒成分约为细颗粒的2倍。修建电站后大部分粗颗粒将沉淀在水库中，故过机泥沙的粒径小了许多。如泥沙的硬颗粒成分按原有河流泥沙的平均硬度来估算，则因粗颗粒的减少而将使其结果偏大。当然如各种粒径的泥沙的硬颗粒比例相差不大时，则取平均硬度还是可以的。

四、结　语

水轮机泥沙磨损涉及泥沙和水机两个专业，故应加强各个专业间的相互沟通与了解。

现有泥沙问题的规程、规范十分众多，至少已有十几种以上，有些正在继续编制中。因此呼吁从速补充编制有关过机泥沙专项的规程规范，来指导电站设计与电站投入后对过机泥沙应做的一些工作。

由于笔者不是从事泥沙专业的，对泥沙问题的了解必然是一知半解，所以上述一些看法与论述也可能有误，欢迎予以批评指正。笔者的目的是希望引起有关各方对过机泥沙问题的重视与关注，使水轮机磨损的估计能有更好的依据。

参　考　文　献

1　余江成，姚啓鹏. 溪洛渡水电站泥沙资料调研及沙样分析报告. 2006.

2　何筱奎，陈德新. 黄河泥沙的物质组成. 2005.

3　彭君山. 葛洲坝电站过机泥沙及对水轮机磨蚀的影响. 水机磨蚀，1993.

解决含沙水流中水轮机严重破坏的新途径

吴培豪　　　余江成

（中国水利水电科学研究院）

【摘　要】　分析了很多水力机械之所以遭到严重的破坏,常常因为是在磨蚀联合作用区还缺少良好的防护措施之故。文中以三门峡机组的改造为例,利用计算流体动力学(CFD)方法进行水力设计,消除了水轮机转轮中的空化,就可以采用常规的抗磨措施,有效地减轻了水轮机的破坏。

【关键词】　水力机械　抗磨蚀措施　无空化转轮

一、水轮机在含沙水流中遭到严重破坏的状况

我国河流大多含有泥沙,导致大量的水轮机产生了严重的磨损损害,但经有关部门多年的努力,目前已开发出了多种具有良好抗磨能力的材料和防护措施。在非金属方面主要有:环氧砂浆、聚氨酯、超高分子量聚乙烯和橡胶等;在金属材料方面主要有:各种硬质合金、高硬焊条、喷镀、表面硬化工艺以及金属陶瓷等。上述各种材料和表面防护措施经真机的使用表明,都证实了确实具有良好的抗磨能力,因此已在一系列水轮机上得到了推广使用,并取得了良好的效果。虽然如此,仍有大量水轮机采取上述材料或保护措施后仍遭到了严重的损坏,有的甚至很快报废必须更换。这是什么原因呢?

深入了解一下那些遭到严重破坏的水轮机后就可发现,不是上述已有的一些抗磨材料与抗磨措施没有起到良好的保护作用,而是因为在含沙水流中运行的水轮机,不仅存在着磨损,还往往同时存在着空蚀。在磨蚀联合作用区,上述那些具有良好抗磨性能的材料或防护措施,大多数难以同时抵抗住磨损与空蚀的联合作用之故。

以非金属材料为例:如三门峡水轮机,水轮机投入前在通流部件表面都涂敷了一层环氧金刚砂涂层保护。运行表明,在多年平均含沙量高达 38 kg/m^3 的条件下,导水机构与转轮叶片正面等以磨损为主的部位,经多年运行环氧金刚砂涂层仍基本保持完好,如叶片正面等只在边缘区略有脱落(见图1,叶片正面环氧涂层大部分完好,只在头部、外缘边及靠近出水边处有少量脱落)。但在易发生空化的叶片背面,环氧涂层在清水中运行不久就发现有局部脱落,而在浑水中运行不久后,背面95%以上面积都发生了脱落,使母材遭受到了严重的损害(见图2,叶片背面环氧大部分脱落,仅在内缘靠出水边处局部有少量残存。头部迎水面呈锯齿状。叶片表面堆焊的不锈钢出现大面积鱼鳞状深坑,而进水边后有一个三角区以及叶片外缘宽300～400 mm范围内的不锈钢堆焊层已被穿透,最深达25 mm)。转轮室上下环所涂的环氧涂层也基本保持完好,但中环的涂层则全部发生脱落,导致了严重的侵蚀(见图3,转轮室上下环的环氧涂层仍保持完好,中环则全部脱落。露出母材不锈钢出现大

量沟槽和深坑,深 5~8 mmm,最深达 15 mm。因大面积补焊,出现了纵向裂缝)。类似情况也发生在其它一些轴流式水轮机上,如青铜峡、葛洲坝等。在这些水轮机上,叶片正面采用环氧金刚砂等涂层也都得到了很好的保护,但背面的环氧涂层则发现有大面积的脱落。采用聚氨酯涂层的结果也与环氧大致相似,不过聚氨酯涂层的破坏主要表现为成片撕脱而非成块脱落。上述失败不仅发生在非金属护面中,在金属护面中,用喷镀方法作为护面的方法在空蚀区往往也发生类似的脱落与破坏。

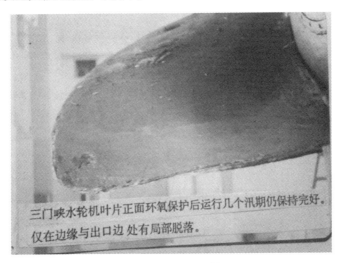

图 1　叶片正面的破坏

图 2　叶片背面的破坏

图 3　转轮室的破坏

二、各种保护措施失败原因的分析

从上述这些表面防护措施遭到严重破坏的特点可以看出,在既有磨损又有空蚀的部位,各种防护材料或防护措施不仅需要有良好的抗磨能力,还必须具有良好的抗空蚀能力以及和与母材有牢固的结合能力。日本的山田光洋等曾对 3 种金属粉末喷镀方法的使用结果进行过比较试验,见表1。

表1		三种喷镀方法比较表	
喷镀方法	镀膜材料	黏结力（MPa）	实际电站水轮机使用结果
电弧喷镀	18–8、15Cr、13Cr、铝、青铜等	30～70	抗腐蚀有较好的效果
等离子喷镀	自熔性合金、合金陶瓷	70～140	空蚀区镀膜被剥离，泥沙磨损严重的部位有磨损，但比母材抗磨效果好
重熔喷镀（喷焊）	自熔性合金、Ni–B–Si、Ni–Cr类、Co–Cr–W类等	300～500	抗腐蚀有效；空蚀区有小麻点，能控制空蚀发展；抗磨好，磨损轻微

从山田光洋等的试验可以看出，各种喷镀方法中，电弧喷镀和等离子喷镀都在空蚀区发生脱落，只有喷焊能在空蚀区不发生剥离。这说明了在水轮机的磨蚀区要求各种护面比在以磨损为主的区域有更高结合强度的要求。一般的喷镀方法与母材的结合基本上只能达到机械结合的强度，还不足以满足不被剥离的要求。只有喷焊通过重熔与母材溶为一体，达到了冶金结合的强度。所以在空化和空蚀区，除非本身遭到破坏，但不会发生成块或成层剥离的现象。对各种非金属涂层而言，与母材的结合基本上也都只能达到机械结合的强度，所以在空化与空蚀区就很易剥落了。

是否可以不用表面防护层的办法，直接选用既耐磨损又耐空蚀的材料制作水轮机，不就可以避免磨蚀区护面脱落的问题了吗？这样的材料是有的。让我们对制造水轮机的材料进行一下回顾：早年的水轮机大多采用20SiMn或碳钢制作，它们的耐空蚀、磨损能力都较差（铸铁更差），所以在含沙水流中往往迅速遭到破坏。具有良好的抗空蚀能力的是不锈钢，如1Cr18Ni9Ti（简称18–8）等。但18–8虽有良好的抗空蚀能力，但它属于奥氏体不锈钢，硬度不够高，故当泥沙稍多或磨损强度较大时仍难以很好地抗住磨损。目前水轮机大多采用硬度、强度都相对较高的13Cr系列的马氏体不锈钢制造，从而使大量水轮机的空蚀与破坏都得到了很大的减轻。但在磨损强度较高（如水头较高、泥沙较多、颗粒较粗或速度较高等）的场合，13Cr等马氏体不锈钢也仍不能很好地抗住磨损。如上述的三门峡、葛洲坝、青铜峡等的转轮都曾采用13Cr马氏体不锈钢制造，但仍遭到了严重的磨损。一些高水头水轮机的导水机构，如渔子溪、南桠河等也是如此。这是因为马氏体不锈钢的硬度虽比18–8等奥氏体不锈钢要高，但一般也只能达到300左右，与泥沙中石英的硬度（可达800～1 000）相比，两者的差距还是较大的。所以在磨损强度较低（如水头与速度较低，泥沙数量较少、较细等）的场合，13Cr等马氏体不锈钢在抗磨、抗蚀和抗磨蚀等方面常常能表现出良好的能力，但在磨损或磨蚀强度较高的场合，仍不能很好地满足抗磨与抗磨蚀的要求。

那么能否设法选用比13Cr等硬度更高抗磨蚀性能更好的钢种来制作水轮机呢？这样的钢种也有，但不是所有的钢种都是适合于制造水轮机。作为制造水轮机的材料，不仅需要有良好的抗磨和抗蚀性能，作为结构材料，首先还必须满足水轮机所需的各项机械性能与加工制造的要求。一般说来，金属的硬度愈高，抗磨性也愈好，但加工的难度也随之增大，此外硬度高的材料脆性往往增大，韧性降低。除此之外，还要考虑可焊性与价格等，所以综合起来看，目前还没有找到一种能比13Cr等不锈钢更好的更适合于满足以上各种要求的钢种材料。所以,目前在高强度磨损或磨蚀的场合,所采取的解决办法大多是在母材上涂覆一层表面防护层。但如上所述,对于纯磨损区,各种抗磨性能良好的涂层大多都能有效地抗住磨损,但对于磨蚀联合作用区则目前还没有找到一种既抗磨又抗蚀的有效护面措施。

从结合强度来看,在各种护面措施中,只有堆焊和喷焊能满足与母材高强度结合的要求。那么是否可以在磨蚀区采用喷焊或堆焊的方法来予以保护呢?已有的经验表明,要使堆焊与喷焊层能同时很好地抗磨与抗蚀,则堆焊与喷焊层必须具有很高的硬度,但硬度愈高,则无法打磨,且容易产生裂纹。此外,大面积的堆焊与喷焊将引起叶片的热变形,因此对中小型水轮机来说,不失为一种可以采用的措施,但对于较大尺寸的水轮机是不允许发生大的变形的。在实用中有时常常被迫采用硬度相对较低的焊条或合金粉末来做堆焊或喷焊层,但这样一来,又将降低护面层的抗磨蚀能力。

因此到目前为止,对含沙水流中水轮机的防护之所以困难,不是纯磨损区或纯空蚀区的防护问题,而是对磨蚀联合作用区尚缺乏一种良好的防护方法或措施。

三、问题的转机

磨蚀区的难以防护是因为该区不但存在着磨损,同时存在着空蚀之故。水轮机的空化与空蚀多年来一直被认为是水力机械的癌症,是无法避免的难题,但随着流体计算技术的发展,加上经验的积累,使水轮机的水力设计产生了极大的变化。大致 20 世纪 90 年代以来,由于计算流体动力学(CFD)方法的发展,在水轮机流道与叶型的设计方面产生了一个质的飞跃。

目前在设计吸出高度下,基本上已能做到流道内不产生空化,没有了空化,也就不会发生空蚀以及磨蚀联合作用的危害了。这样过去认为易于产生空化与空蚀的磨蚀部位,就变成以磨损为主的部位了,从而就可以与其他以磨损为主的部位一样,只要采用具有良好抗磨能力的保护措施就能得到有效的保护了。下面举三门峡 1# 机改造的实例来加以说明。

三门峡是国内泥沙最多的水电站,共装有 5 台 ZZ010-LJ-600 轴流转桨式水轮机。1973 年第 1 台机开始投入运行。机组在浑水中运行后,破坏得十分严重,每年每台机效率下降 6% ~10% 以上,停机大修时间长达 4~6 个月,检修所用的焊条达 7~8 t 以上。曾试用过多种抗磨焊条和聚氨酯、尼龙等多种非金属材料保护,但在叶片背面与转轮室中环等磨蚀区始终尚未找到一种良好的防护办法。为此从 1980 年起,汛期停止发电。1989—1994 年开展了躲开七下八上泥沙高峰期部分汛期发电的试验,通过大量抗磨蚀防护材料的试验,筛选出 SPHG 合金粉末喷焊和 GB1 焊条对叶片背面外缘区进行防护,虽然破坏仍很严重,但基本上可以满足三年一大修的要求。

1997 年对三门峡 1# 机进行了改造。改造后的水轮机直径从 6.0 m 增大至 6.1 m,机组出力从 50 MW 增大至 60 MW,转轮室由半球形改为全球形,叶片背面外缘设置了裙边,转轮室间隙控制在 4 mm 之内。水轮机转轮及转轮室都喷镀了碳化钨镀层保护。该水轮机在水科院实验室进行了模型验收试验。试验表明,新转轮的水力设计有了极大的改善,在全部运行范围内未发现有叶型空化,只有在少量工况下,叶片外缘靠出口约 1/3 长度范围内有少量间隙空化出现,但从模型观察,空化涡不是很多。

1# 机于 2000 年底开始投入运行。经汛期浑水运行后检查,转轮叶片正背面喷镀的碳化钨涂层保持完好,只有裙边和叶片头部外缘有少量冲刷破坏。转轮室也基本完好,但上环进口有一圈似受冲刷,以及接缝处发现有局部冲刷破坏。进行修补后,从 2001—2005 年汛期(躲开大沙期,汛期平均运行 1 305 h)过机平均含沙量为 $21.5 \sim 37.7 \ kg/m^3$ 的条件下,每年只需对少量的局部破坏进行修补。运行至今已近 10 年,除定期检查、及时小修外可不需吊出转轮进行大修。

改造后的三门峡 $1^\#$ 机的破坏之所以比以前得到大大减轻,主要是解决了长期以来叶片背面等磨蚀区遭到严重破坏的问题。其原因是新设计的转轮叶片成功地消除了叶型空化,转轮室的空化也得到了有效的控制与减轻,从而大大减轻了防护的困难。因此,在多泥沙河流上修建水电站,必须利用流体计算技术,设计无空化转轮,这样就可以大大减轻水轮机的磨蚀。

四、轴流式水轮机的空化类型与改进措施

为了使水轮机达到无空化的要求,首先要对各类水轮机中可能产生哪些空化进行分析,针对空化产生的原因,采取相应的措施,就能达到消除这些空化或使之达到最轻的目的。

下面对轴流式水轮机的空化与空蚀进行一些简要的分析与回顾。

(一)叶型空化

这类空化与空蚀通常发生在叶片背面靠出水边处,也有发生在叶片中部的,产生空化的原因主要与叶型的设计有关,因此必须通过改进流道与叶片的设计来加以解决。为了确保所选用的水轮机确实能做到无空化,应通过模型验收试验来检验。

(二)叶片进口边空化

与叶片头部的形状及工况有关。当水轮机运行的水头范围及负荷变化过大时,往往就难以避免出现进口边空化。进口边空化又可分成两种,即正面进水边空化(易在低水头时出现)与背面进口边空化(易在高水头时出现)。已有的经验表明,正面进口边空化的危害往往不如背面进口边的大;叶片靠外缘区的进口边空化往往又最为严重,这是因为该处的流速较高之故;因此,特别要对背面进口的空化加以注意,应设法加以避免。

(三)间隙空化

主要由叶片与转轮室以及叶片与轮毂体之间的间隙所引起。空化的类型主要属于旋涡型空化。叶片外缘间隙的空化涡将造成叶片外缘端面与转轮室中环的空蚀,转轮室中环的空蚀又主要发生在中环叶片轴线和轴线以下处;此外从间隙流出的空化涡还将造成叶片背面外缘区的空蚀。

叶片内缘与轮毂体之间的间隙空化将造成叶片内缘端面及轮毂体的空蚀。轮毂体上的空蚀通常发生在叶片出水边之后。经验表明,危害较大的是叶片外缘的间隙空化,而叶片内缘的间隙的空化和空蚀一般不太严重,这可能是该处流速较低之故。

间隙空化的强度与通过间隙的流速有关,因此,除要设计合理的叶型减少间隙两侧的压差外,在浑水中运行的水轮机的间隙应比清水有更严格的要求,间隙应尽量小。为了防止间隙中流出的空化涡打击到叶片背面外缘,可在叶片的外缘设置裙边。

(四)局部空化

发生的部位不固定。主要由水力或结构设计、加工以及材质缺陷等造成,常见的如叶片

的吊孔、尾水管壁上的突出物、焊疤等处发生的空蚀。这类空蚀一般较易找到其产生的原因,设法加以改进后就可消除空蚀。

区分局部空蚀是由设计还是由材质与加工的不良所引起,可以用以下简单的办法:如不同叶片在相似部位都发生了类似的空蚀,很可能由设计或加工方法所引起。如新安江在叶片背面发现有一鼓包,切除鼓包后空蚀得到很大减轻。如空蚀孤立发生,或有的叶片很重,有的很轻甚至没有,则很可能是局部加工不良或材质有缺陷等引起[5]。

(五)尾水管空化

通常发生在尾水管进口与转轮室联接处。产生空蚀的原因常常是由于两者衔接不良发生脱流所引起,但尾水管的空蚀一般不太重,采用不锈钢板或不锈钢堆焊,并注意打磨使连接平顺后往往就能有效地消除空蚀或遏制其发展。

因此,要很好解决在含沙水流中运行的水轮机严重破坏的问题,首先必须设法选择一个能达到无空化的转轮,该转轮应在水电站的全部运行范围内不发生空化。对已有转轮的空蚀,则要很好分析产生空化与空蚀的原因,有针对性地设法予以消除或减轻。

但需注意,即使有了无空化的转轮,这仅仅是第一步。要使真机能真正保证达到无空化,还必须注意抓好以下一系列工作:

——对所用材料的材质、机械性能与缺陷等进行严格的检验。

——对加工制造,如型线、开口、表面光洁度等进行严格的检验。

——安装调试:间隙的保证、实际协联关系的调整等。

——运行:转桨式应设法在校正后的协联关系下运行,定桨式应在合同规定允许的条件下运行,如负荷、下游水位等,特别是在泥沙较多的汛期,要尽量避免偏离最优工况,超负荷运行。如有此需要,最好在水轮机设计阶段,通过模型试验检验是否会发生空化。

——新水轮机投入后,第一个汛期后就应停机检查,发现有问题时应寻找其原因,及时进行处理或检修,避免因积累而扩大。检修要严格注意质量。

五、结　语

(1)要求水轮机达到无空化目前已不是一个难题。从笔者 20 世纪 90 年代后所参加的一系列水轮机模型验收试验来看,目前国内外一些有设计能力的水轮机厂家,都已能达到此要求;所以,对新水轮机以及一些老机组的改造来说,应该明确提出要求达到无空化的要求是可以做到的。当然对某些老机组的改造以及一些中小型厂家来说,因受已有条件的限制,其难度有时要大一些。如有困难,则至少要求新转轮能在汛期运行时不发生空化,或使空化达到最轻的程度。

(2)本文主要讨论了轴流式水轮机的空化。但涉及的原则与有关分析方法基本上也适用于混流式水轮机,特别是转轮。对于混流式水轮机,当水头较高时,导水机构(主要是导叶端面与抗磨板)的磨损强度将超过转轮,成为控制水轮机大修的主要因素。此外,止漏环的磨损也较为严重。这两种磨损主要属于局部磨损,对这类磨损产生的原因与对策需另文专门地予以分析讨论。

参 考 文 献

1 张保平,黄犀砚,王青贤.三门峡水电站1#机组技术改造.水机磨蚀,2002.

2 三门峡水力枢纽管理局.三门峡水电站1#机组改造总结.2004.

3 山田光洋,崛田悌二,井上久男,等.金属喷镀在水力机械上的应用.梁建国,译.水机磨蚀译文集.1992.

4 薛敬平,郭忠春.三门峡水电厂轴流转桨式水轮机及防护.水机磨蚀,2008.

5 余江成.混流式水轮机导水机构磨损的特点与抗磨防护.第17次中国水电设备学术讨论会.2009.

6 吴培豪.利用近代科技进步,减轻水轮机的空化与空蚀.水机磨蚀,2008.

磨损与空蚀属于同一分类的磨损吗？
——对水轮机破坏属性分类的商榷

吴 培 豪

（中国水利水电科学研究院）

【摘　要】 回顾了磨损分类的历史与各种分类方法，介绍了水力机械行业对磨损与空蚀的习惯用语，分析对比了水轮机磨损、空蚀的差异后，对将磨损与空蚀的属性称为冲蚀磨损提出了不同的意见。

【关键词】 磨损　空蚀　磨料磨损　冲蚀磨损

一、问题的提出

早年在机械学科中大多把水轮机的泥沙磨损归属于磨粒磨损，近年来很多学者与文献把它改属于冲蚀磨损，并且把空蚀等破坏也纳入了冲蚀磨损的范畴。这样一来磨损与空蚀在机械学科磨损分类中就属于同一类的磨损破坏了。笔者认为这是不妥的，将带来很多不利的影响，故提出以下一些修正的意见供讨论。

二、磨损的分类与分类的历史

要对水轮机的磨损在机械学科中的分类属性进行讨论，首先要回顾一下机械学科对磨损是如何进行分类的。

磨损是机械工业与日常生活中人们所经常遇到的熟知的一种现象，但要对磨损作出一个比较精确、全面的定义还是比较困难的。同样对磨损如何合理地进行分类也是一个复杂的问题，所以各国学者对磨损提出的分类方法是很多的，迄今尚未完全得到统一。

最早对磨损提出进行分类的是 Siebel 与 Зайцев[2,10]。1938 年 Siebel 根据相对运动的条件，认为磨损可分成干表面滑动摩擦磨损、润滑表面摩擦磨损、干表面滚动摩擦磨损、润滑表面滚动摩擦磨损、振动接触磨损、固体颗粒运动磨损和流体流动磨损（空蚀）等七种形式。1939 年 Зайцев 提出可从学科角度将机器零件的磨损分成机械磨损、化学机械磨损、物理机械磨损和综合磨损四大类。之后各国的学者也纷纷从不同角度对磨损的类别进行了区分。如 Archard 和 Hirst 从磨损的严重程度出发，把磨损分成轻微磨损和严重磨损两大类。1953 年 Хрущов 把磨损分成三大类六种形式，即机械磨损（包括磨料磨损、塑性变形磨损和脆性破坏磨损）、分子机械磨损（包括黏着磨损）和腐蚀机械磨损（包括腐蚀磨损和氧化磨损）。西德的 Czichos 按摩擦副的相对运动将磨损分成滑动磨损、滚动磨损、冲击磨损、微动磨损、空蚀磨损和流体冲刷（流体加固体颗粒）六大类。美国的 M. B. Peterson 则把磨损分成单相和多相,并按磨屑脱落机理将磨损分成:黏着和转移、腐蚀膜的磨损、切削、塑性变形、表面断裂、表面反应、撕裂、熔化、电化学和疲劳等十大类。此外,还有人按接触元组(金属、非金属)、载荷特性(低应力、高应力或冲击)、润滑条件(有或无)、相互作用特性(物理、机械或化学作用)、磨屑形成特征以及磨损机理等方法对磨损进行分类。由此可见对磨损进行分类的方法是十分众多的,各种分法各有其依据及优点,但也往往存在一些欠缺之处,这是由于磨损涉及的问题与方面十分众多所造成的。故至今磨损的分类尚未获得完全统一的意见[2]。

1957 年 J. T. Burwell 从磨损机理角度对磨损进行了区分,他认为至少有下列四种重要的磨损机理,即 Abrasive Wear(磨料磨损,磨料一词的原文为 Abrasive,早年多译成磨粒,目前多译成磨料。磨料一词似比磨粒含义要广些,既可指磨粒,亦可指大块材料)、Adhesive Wear(黏着磨损)、Fatigue Wear(疲劳磨损)和 Corrosive Wear(腐蚀磨损)。后来在他所提出的四类磨损的基础上,又陆续补充一些其他类型的磨损,如冲蚀磨损(Erosive Wear)、微动磨损等[2]。Burwell 以磨损机理为基础的分类方法,对区分各类磨损的概念较为清晰,故得到了国际上较多的赞同,目前也在国内得到较多的推广和使用,但笔者认为 Burwell 的分法与称呼也还存在一些不足之处。例如他把流体挟带的磨粒排除在磨料(磨粒)磨损之外,称之为冲蚀磨损,这样的分法对水力机械的破坏易造成一些混淆与误解。故下面将对此进行一些分析与讨论。

三、磨料磨损与冲蚀磨损的定义

先来了解一下由 Buewell 所称的磨料磨损(Abrasive Wear)与冲蚀磨损(Erosive Wear)是什么。按欧洲经济合作与发展组织(OECD)工程材料与磨损小组编写的"摩擦学术语与定义汇编"一书介绍,磨料磨损的定义为:"由于硬颗粒或突起物使材料产生迁移而造成的一种磨损",按 GB/T 17754—1999"摩擦学术语"给出的定义为"由硬颗粒或硬突体对固体表面挤压和沿表面运动而造成的磨损"[1-3]。

很多文献对什么是磨料磨损作了进一步较详细的阐述。如文献[6]对磨料磨损解释为:"硬质点滑过或犁过金属表面所产生的破坏,形成与机械加工相似的微型切屑,磨损表面有划痕、犁沟或犁皱等。"书中介绍了一些具体例子,如输送矿渣的溜槽、零件表面的相互摩擦以及间隙中落入灰尘等磨粒时所发生的磨损等都属于这类磨损;因此,这类磨损所指的主要是磨粒或 2 个零件相摩擦时造成的磨损。根据美国的调查,这类磨损在机械设备中占到 50% 以上,即占机械零件磨损的大多数。

再来看一下冲蚀磨损(Erosive Wear)的定义。OECD 的定义为"冲蚀磨损是固体表面同含固体粒子的流体接触并作相对运动时,固体表面材料所发生的磨损"。而按照 GB/T 17754—1999"磨损学术语"的定义为:"冲蚀磨损(侵蚀磨损)为固体表面因与流体、多元流体(即流体中含有固体粒子或液滴)、液滴或固体颗粒之间的机械相互作用而造成该表面材料不断损失或其他损伤"[2-3]。

由以上的定义可见,冲蚀磨损指的是流体携带磨粒所造成的磨损,因此它理应也属于磨粒磨损中的一种,只不过在冲蚀磨损中磨粒运动的方式(由流体带动)与磨料(磨粒)磨损中磨粒作用的方式有所不同而已。值得注意的还有,对磨料(磨粒)磨损来讲,"磨损学术语"

与 OECD 两者的定义是差不多的,但对于冲蚀磨损来讲,GB/T 17754—1999"磨损学术语"的定义就要比 OECD 要广些,它不仅指流体携带磨粒所造成的磨损,还包括了液体冲击(冲蚀)引起的磨损。所以在不少文献中,把空泡溃灭、液滴(高速)的打击,有的还包括了电火花冲蚀等的都归入了冲蚀磨损的范畴[4]。这样冲蚀磨损就成为五花八门,一切产生冲击作用的破坏都归属于冲蚀磨损了。

四、分析和讨论

根据以上情况,笔者认为存在以下一些问题需要加以讨论。

(一)把流体携带的磨粒所造成的磨损排除在磨粒磨损之外是不妥的

对磨粒磨损的分类曾有不少学者进行过研究与分析。如劳伦斯认为可按磨粒的固结程度分成固结磨粒磨损、半固结磨粒磨损和自由磨粒磨损。固结磨粒如砂纸、砂布、砂轮、锉刀等,磨粒彼此间的位置是固定不变的,磨粒在磨损过程中不会发生滚动、位移(除非磨碎);半固结磨粒如松散堆积的泥土以及夹在零部件中的磨粒等,磨粒在磨损过程中可能转动、滑动或滚动,但自由度很小,这类磨损如犁铧的铲土等;自由磨粒为流体携带的磨粒,磨粒彼此间没有约束,可以自由运动、冲击、转动、跳动等[16,18]。还有的将磨粒磨损按作用力的大小分成凿削式磨料磨损、高应力碾碎式磨粒磨损和低应力擦伤式磨粒磨损。还有的认为磨粒磨损可分成凿削、冲刷、碾磨、划伤和喷射等五种形式。此外还可按磨粒接受磨损面的数目分成三体式磨粒磨损(磨粒夹在两个受磨面之间)和二体式磨粒磨损(磨粒仅与一个磨损面发生作用),以及根据金属硬度与磨料硬度的相对关系分为硬磨料磨损和软磨料磨损等。在以上这些分类方法中,磨粒磨损都是作为一个整体再来进行分类的,每个分类都是属于磨粒磨损的一种形式,而不是像 Burwell 那样用两种名称来称呼磨粒磨损,而且一种被叫做磨粒磨损,另一种则称之为冲蚀磨损,似乎后者不属于磨粒磨损了。

在水轮机所发生的泥沙磨损中,泥沙显然是一种磨粒,因此从磨损分类的字面上来看,很容易认为水轮机的磨损应该就是磨粒磨损,而不会想到它却不属于磨粒磨损,而是属于冲蚀磨损,因此很容易引起误解。这样的分类命名是值得商榷的。

(二)磨粒磨损与冲蚀磨损的取名在概念上都有一些不清晰之处

上述各类磨损的名称都是译自于英语,磨损一词英语为 Wear。Wear 在英语中是一个中性词,有损耗、磨耗、损伤、变旧、穿破等含义,是各种原因引起材料发生变化与流失的总称。为了说明 Wear 的性质,Burwell 在 Wear 之前都分别加上了一个冠词。在 Burwell 的分类中 Adhesive、Fatique、Corrosive 各自代表了一种磨损的机理,加在 Wear 前就成为黏着磨损、疲劳磨损和腐蚀磨损等。磨料磨损的原词为 Abrasive Wear。Abrasive 的含义有磨损、磨蚀、磨耗、擦伤等,也可以当磨料、磨粒来讲。把 Abrasive Wear 译成磨料(磨粒)磨损,似乎也是可以的,但这一译名从中文习惯看,似乎主要说明了造成磨损的主体是磨料(磨粒),磨料(磨粒)是如何产生磨损的,好像就不如其他几类磨损(黏着、疲劳、腐蚀)表述得比较清楚。

再来看冲蚀磨损,英语的原词为 Erosive Wear。Erosion 一字的含义主要有侵蚀、浸蚀等。Erosion 实际上是一个中性、广义的词,所以,往往还需要再加上一些词,才能说明是什么样的侵蚀。例如加上泥沙成 sand erosion、silt erosion 等,指的是泥沙磨损,加上空化成 cavitation erosion 指空蚀。Erosion 还可指大自然环境的变化,如 aeolian erosion 为风蚀,arid erosion 为干旱侵蚀,marine erosion 为海蚀,chemical erosion 为化学侵蚀,ash erosion 为炉内结渣等。以上各种 Erosion 的破坏机理显然是各不相同的,由此可见,仅凭 Erosion 一词是难以说明是属于什麼性质的磨损或磨损机理的。中文将 Erosion 译成冲蚀,突出了冲击这一特点,应该说是比原文进了一步,但是由什么东西引起冲击仍是不清楚的。这可能是"磨损学术语"等把所有能引起冲击的破坏,不论是固体颗粒还是液体(空化、高速液滴)等的冲击都列入了冲蚀磨损之内的原因吧。这样一来对水力机械来说,空蚀与泥沙磨损就都属于同一类破坏——即冲蚀磨损了,这显然是不合适的。如果我们说水轮机中发生了冲蚀磨损,那么究竟是发生了磨损还是空蚀呢? 又如假使说某一种材料具有良好的抗冲蚀磨损能力,究竟是指抗空蚀好还是抗磨损好呢?

五、水力机械行业的习惯用语

让我们来看一下,在水力机械行业的习惯,是如何称呼磨损与空蚀破坏的。在水力机械行业中对磨损大多采用 Abrasion 一词。如前苏联水电设备金属工厂的 Пылаев,前苏联科学院的 Козырев 等,都把水力机械的泥沙磨损称之为磨损,并加上水力的字样称为 Гидроаблазивный износ(Hydroabrasive Wear)[16-17]。Sulzer E. W. 公司的 H. Grein 的论文更进一步把泥沙磨损称为磨粒磨损("Damage to Hydraulic Machinnery caused by Cavitation, Abrasive Wear and Corrosion 1988")。Grein 还对 Abrasion 给出了如下的定义:"液体介质所挟带的固体颗粒对材料表面所产生的或(微切削)所造成的材料的流失"[21-22]。英国的 G. F. Truscott 在对水力机械的磨损的文献进行回顾与综述时也用 Abrasive Wear[23]。显然他们认为用 Abrasion 来代表磨粒流的磨损比 Erosion 一词要好。Abrasive Wear 就代表了水力机械的泥沙磨损。从 IAHR、Hydroturbo 等一系列国际水力机械会议上所发表的一些论文来看,对磨损也普遍使用 abrasion 一词。在需要同时提到磨损与空蚀时,都用 Abrasion and Cavitation,即用 abrasion 代表磨损。如果用 erosion,则常常要附加一些词来说明是什么性质的 Erosion。例如 particle impact erosion,erosion by solid particles,slurry erosion 等。

Burwell 的分类方法之所以得到了广泛的认同,是因为这样的分类可以更好地区分磨损的机理,借鉴同类磨损的破坏。那么我们试从磨损破坏机理的角度来探讨一下,水轮机泥沙磨损的破坏机理究竟是与 Berwell 分类所称的磨料磨损相近,还是与同被归入同一类(冲蚀磨损)的空蚀以及高速液滴撞击的破坏机理相近呢?

六、从磨屑与破坏机理看,泥沙磨损更接近于磨粒磨损,而不是空蚀[13-17,19-23]

(1)从破坏后的外貌分析,各类磨粒磨损破坏后的外貌都表现为划伤、括伤、凿削坑和犁沟等。被磨后的表面现出金属的光泽、发亮与光滑。而空蚀造成的破坏外貌为蜂窝、麻点、海绵等;破坏后的表面呈现灰暗、毛糙。

(2)磨粒的破坏主要是浅表层的,而空蚀破坏常深入到表层以下。例如空蚀蜂窝状的破坏,常深入到表层以下,表现为像虫蛀一样曲折的深沟。

(3)磨粒产生的磨屑基本上保持原有金属的特性,而空蚀区的材料则常发现有变色和质的变化。

（4）抗磨损好的材料与抗空蚀好的材料不完全一致。如硬度较低的18-8奥氏体不锈钢抗空蚀性能良好，但抗磨性不好；也有的材料抗磨性好，但抗空蚀不好。

（5）泥沙打击基本上属于正压力，所以很多黏结力不强的非金属涂层能抗住磨损，但在空化区的各种护面材料则常发现有鼓起、脱落、撕脱等现象而招致失败。说明两者作用力的机制是有所不同的。

（6）对各类磨料（磨粒）磨损破坏的分析，大多数文献都归结为微切削与变形等。如Bitter认为自由磨粒磨损可分解成切削与变形来分析[24]。对固结与半固结磨粒的破坏，很多研究者也认为可以从切削与变形等来解释。而空蚀的破坏则无法用微切削等机制来解释。

因此依照笔者的看法，流体磨粒即自由磨粒的磨损与Burwell归类的磨料（磨粒）磨损相比，无论从破坏的外貌、脱落的磨屑以及磨损的机理上来看，都是相似或相近的。而与冲蚀磨损中的空蚀以及液滴冲击等的破坏及破坏机理相比，则有一些本质上的差别。

在水力机械中如何区分空蚀与磨损是一项重要的任务。如果把水轮机的泥沙磨损与空蚀归为一类，将对如何认识与区分水力机械的破坏与应该采取的措施造成十分不利的影响。

七、几点看法

综上所述，笔者认为：

（1）水轮机的泥沙磨损，中文简称为磨损，英语中简称为Abrasion，目前尚未见到比用Abrasion更合适的叫法。如认为把磨损叫做Abrasion是合适的，则把泥沙磨损称为Abrasive Wear（即磨粒磨损）应该是顺理成章的事。

（2）应把固体颗粒打击造成的磨损并入磨料（磨粒）磨损（Abrasive Wear）之内。从磨损机理看，这样做比列入冲蚀磨损更为合理。

（3）也有的人认为，为了便于与国外沟通与接轨，也可以众约俗成，仍可保留Burwell的分法与叫法。Burwell的分类方法确实有其优点，但也不能不看到所存在的问题。如保留现有的分法，则建议最好能做如下的修改：

①如要将磨粒磨损分成两类，则译名最好能修改一下。例如将磨料（磨粒）磨损叫做磨料（磨粒）摩擦磨损或磨粒擦滑磨损等；而流体中挟带磨粒所造成的磨损可称之为流体磨粒磨损、冲击磨粒磨损或磨粒冲击磨损等。

②应将冲蚀磨损中的空蚀（包括高速液滴）与流体磨粒磨损分成两大类。可分别称为流体磨粒磨损和空蚀磨损，或液体冲蚀磨损等。例如自动化联盟—OEM设计技术把它们分别称为为流体磨粒磨损和流体浸蚀磨损，还有的资料把它们分别称为侵蚀与浸蚀等。这些名称和叫法可能还不是很理想，但反映了有很多人认为磨损与空蚀是应该加以区分的，而不宜笼统地归为一类（具体取名还可进一步研究）。

如继续采用"冲蚀磨损"一词来表述泥沙磨损，则在冲蚀磨损名词前最好再加上一个定语，例如液固冲蚀磨损、磨粒冲蚀磨损等；或在冲蚀磨损名词前后增加一个括号或简短的文字予以说明。例如水轮机的冲蚀磨损（泥沙磨损），以便于与其他冲蚀磨损相区分，而不宜单独使用冲蚀磨损的称呼。虽然这样做显得有些啰嗦，因此不是一个好的解决方案。

磨损是一种复杂的现象，所以对磨损从不同的角度进行分类的探讨应该是有益的。从水力机械角度来讲,对破坏性质的准确表述是会影响到对破坏的理解以及应采取的措施,所以不能不予以关心。希望本文能引起关心水力机械破坏的同志们的关心与注意,共同努力使水轮机的磨损与空蚀的表述得得更为清楚以获得更好的解决;所以,尽管笔者水平有限,仍大胆提出一些个人的疑问与看法,请研究材料磨损机理的专家与学者们批评指正。

参 考 文 献

1　王飚. 水机磨蚀与抗磨蚀水机材料. 北京:中国水利水电出版社,2008.

2　材料耐磨抗蚀及其表面技术丛书编委会. 材料耐磨抗蚀及其表面技术概论. 1986.

3　GB/T 17754—1999　磨损学术语.

4　李诗卓,董祥林. 材料的冲蚀磨损与微动磨损. 北京:机械工业出版社,1987.

5　邵荷生. 金属的磨粒磨损与耐磨材料. 1988.

6　高彩桥. 金属的摩擦磨损与热处理//中国机械工程学会热处理学会. 北京:机械工业出版社,1988.

7　К. Н. 哈比希. 材料的磨损与硬度. 严立,译. 机械工业出版社,1987.

8　E. J. 瓦斯普等著. 固体物料的浆体管道输送. 黄委会科研所,译. 北京:水利电力出版社,1983.

9　霍斯特·契可斯. 摩擦学. 刘钟华,等译. 机械工业出版社,1984.

10　И. В. 克拉盖尔斯基. 摩擦、磨损与润滑手册(第 1 册). 余梦生,等译. 机械工业出版社,1986.

11　R. T. 柯乃普,J. W. 戴利 F. G. 哈密脱. 空化与空蚀. 水利水电科学研究院,译. 水利出版社,1981.

12　M. M. 赫鲁绍夫,M. A 巴比契夫. 金属的磨损. 胡绍农,余沪生,译. 机械工业出版社,1966.

13　吴培豪. 磨损、磨蚀机理、影响因素等综述//水机磨蚀研究与实践 50 年. 北京:中国水利水电出版社,2005.

14　吴培豪. 水力机械在含沙水流中破坏性质的讨论//中国水电设备第十一次学术讨论会论文集. 1993.

15　吴培豪. 对含沙水流水轮机破坏的看法与对策. 水机磨蚀,1998.

16　КазыревС. П Кавитация и Гидроабразивный Износ. 1965.

17　ПылаевН. . И. Гилроабразивный Износ Турбин "Гидроэнертическое и Вспомогательное Оборудо-вание Гидроэлектростанций глава5. 1988.

18　Лоренц В. Ф. Износ Деталей Работающих в Абразивной Среде.

　　Труды Всесоюзной Конференции по Трению иИзнос в Машинах Т 1 Изд- АН СССР. 1939.

19　Карелин. ВЯ. Денисов А. И. Некоторые Аспекты Кавитационно-абразивново Изнашивании Элем-ентов Гидравлических Машин МИСИ,1983.

20　H. Grein W. Meier Damage to hydraulic machinery caused by cavitation, abrasive wear and corrosion Sulzer Escher Wyss,1988.

21　H. Grein Abrasion in Hydroelectric Machinery Sulzer Technical Review,1992.

22　G. F. Truscott A Literature Survey on Abrasive Wear in Hydraulic Machinery Wear V. 20 1977.

23　B. S. K. Naidy Silt Erosion Problems of Hydropower Plants, A Case Study in Indian Context Sym 1988, Trondheim IAHR.

24　Bitter J. G. A. A Study of Erosion Phenomena Wear . V. 6 1963-1964.

水泵水轮机空蚀磨损调查

陈顺义　　　　　　　　刘诗琪

（中国水电顾问集团华东勘测设计研究院）　（哈尔滨大电机研究所）

【摘　要】　通过对国内已建抽水蓄能电站的调研,基本摸清了已投运水泵水轮机的空蚀和泥沙磨损现状,为《蓄能泵和水泵水轮机空蚀评定》国家标准的制定提供了技术基础,同时为我国抽蓄电站设计时确定机组安装高程的现行方法的可行性提供实际例证。

【关键词】　水泵水轮机　大修间隔　空蚀　泥沙磨损

一、引　言

2006 年 8 ~ 10 月,全国水轮机标准化技术委员会组织对国内已投运抽水蓄能电站进行了泥沙磨损和空蚀情况调查,以作为编制《蓄能泵和水泵水轮机空蚀评定》国家标准的参考依据 *。目前,我国已建大中型抽水蓄能电站约有 19 个,在建约有 10 个,此次有 7 个已建抽水蓄能电站提供了调查材料,调查结果基本反映了我国已投运水泵水轮机空蚀磨损现状,也反映了我国第 1 批抽水蓄能电站的运行检修水平,具有较强的代表性。《蓄能泵和水泵水轮机空蚀评定》[1]标准已于 2007 年 12 月发布,2008 年 5 月实施。本文介绍了这次抽蓄电站水泵水轮机空蚀和泥沙磨损的调查情况,并对结果进行了简要分析。

二、水泵水轮机空蚀和泥沙磨损调查情况

本次调查采用函调为主,部分标委会委员现场调查为辅的方式。调查对象为我国当时已建成的并有一定运行时间的抽蓄电站,属于我国 20 世纪 90 年代完建或开工建设的抽蓄电站,绝大部分电站提供了回复资料,电站主要参数见表 1。

7 个电站的泥沙天然状态各有不同,本次调查的南方区域电站,植被和水质均较好,其中天荒坪电站的安吉大溪有天然来流,年均泥沙含量 0.192 kg/m³,汛期 0.263 kg/m³,洪峰每年 2 ~ 3 次,持续时间 48 h/次。奉化溪口水库的大溪有天然来流,年均泥沙含量 0.13 kg/m³,汛期持续时间 25 h/次。沙河水库年均泥沙含量 0.286 kg/m³,石英含量仅为 0.1% ~ 2.3% ,其他还有伊利石、蒙脱石、有机质碎屑和硅藻生物,最大粒径为 0.2 mm,平均粒径在 0.01 mm 左右。其余电站泥沙情况均较好,汛期和非汛期差别不大。在电站投运后,随着水库蓄水到达

---

　* 文中资料数据由全国水轮机标准化技术委员会秘书处组织调研收集,对广州抽水蓄能电站、十三陵抽水蓄能电站、天荒坪抽水蓄能电站、沙河抽水蓄能电站、溪口抽水蓄能电站、响洪甸抽水蓄能电站、天堂抽水蓄能电站的支持和帮助致以衷心的感谢!

设计库容,泥沙情况已基本不构成影响因素,即使是天荒坪电站,天然泥沙含量较大,但成库后,因汛期历时很短,过机泥沙含量也很小,尚未发生过泥沙磨损问题。北方的十三陵上、下库基本无天然来流,泥沙问题也不突出。从调查结果看,造成过流部件金属损失的主要原因为空蚀。天荒坪和溪口的空蚀情况见图1和图2。各电站的磨蚀情况见表2。

表1				调查对象主要参数		
电站名称	建设地点	装机容量 (MW)	水头/扬程 (m)	转速 (r/min)	水泵水轮机	投运时间
广州Ⅰ	广州从化	4×300	535.6 ~ 493.7/552.8 ~ 514.14	500	ALSTOM,转轮由 Neyrpic 和 E.W 联合 研制,下拆	1993 ~ 1994
广州Ⅱ	广州从化	4×300	541.6 ~ 509.6/552.8 ~ 514.52	500	P/T:Voith,中拆	1999 ~ 2001
十三陵	北京昌平	4×200	473 ~ 430/490 ~ 440	500	P/T:Voith,上拆	1995(1#)
溪口	浙江奉化	2×40	271 ~ 240/276 ~ 246	600	P/T:E.W	1998.3 ~ 5
天荒坪	浙江安吉	6×300	607.5 ~ 512/ 614 ~ 523.5	500	P/T:Kvaerner,中拆	1998.9 ~ 2000.12
响洪甸	安徽金寨	4×10(常规) 2×40(抽蓄)	62 ~ 27/64 ~ 33	150/166.7	东电,转轮由 MCE 引进	2000
天堂	湖北罗田	2×35	52 ~ 43 ~ 38/53 ~ 47 ~ 42	157.9	Kvaerner 杭发总包,转 轮分包 MCE	2000
沙河	江苏溧阳	2×50	97.7	300	ALSTOM	2002.6 ~ 7

图1　天荒坪转轮空蚀痕迹

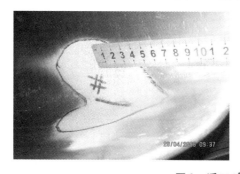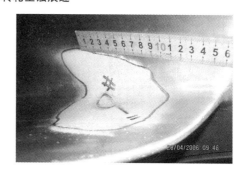

图2　溪口 2# 转轮空蚀痕迹

表2

调查和对象过流部件磨蚀情况

电站	广州8#机	十三陵2#机	溪口2#机	天荒坪1#/2#/3#/4#/5#/6#机	响洪甸5#机	天堂	沙河1#机
投运年月	2000.3	1996.6	1998.3	1998.9/1998.12/2000.3/1999.10/1999.12/2000.12	2000.3	2001.5	2002.6
检查时总运行时间(h)	3 780(2004.6.8~2005.6.7)	20 727	35 640(~2006.4)	16 455(2005.3)/12 289(2003.2)/16 203(2005.4)/13 601(2003.11)/8 821(2003.11)	—	—	15 500(~2006.1C级检修)
水泵运行时间(h)	1 808(2004.06.08~2005.06.07)	9 799	17 556(~2006.4)	8 830/6 310/8 700/7 141/4 650	—	—	7 880
起停次数(次/d)	4	4~5	4	4	4	3	3.83
年均运行时间(h)	1 900(P) 2 000(T)	2 086(P) 1 558(T)	2 325(P) 2 164(T)	1 650(P) 1 450(T)	1 800(P)	1 251(P) 1 518(T)	2 249(P) 2 307(T)
直径D_2(mm)	2 090/3 825	3 679	2 248	2 045	4 260/4 630	4 600	3 320(D_1)
主要磨蚀部位	泵工况进水负压面蜂窝状空蚀	转轮叶片,固定导叶,导叶	叶片出水与下环连接处,空蚀,每个叶片基本相同	水泵进口空蚀,为蜂窝状	无磨损,轻微空蚀	未见空蚀磨损	底环(转轮出水处),固定导叶,均为蜂窝状空蚀
磨蚀面积与深度(平均,最大)	平均S:190 mm²,最大S:360 mm²,平均H:小于0.5 mm,最大H:约3 mm	固定导叶空蚀深3.5 mm,宽100 mm	120 mm×100 mm×2 mm	最大面积小于3 900 mm²,深度小于6 mm	—	—	底环S:2.1 m²,H_{max}:1 cm;固定导叶S:0.06 m²,最大H:1 cm,平均0.5 cm
检修周期	大修10年,小修1年	大修10年,小修1年	大修10年	小修每年2次	大修6年	预计大修10年	小修1次/年
检修焊条	约100 g(Φ2.4 mm,900 mm不锈钢焊丝3根)	基本不焊,打磨处理	约2 kg	4.2 kg/4 kg/4.2 kg/2.5 kg/4.2 kg	焊条修补	—	20 kg(累计)

注:表中括号内的时间为检查补焊时间,前面的运行时数和水泵运行时数为检查补焊前的总运行时数。

从表 2 可以看出,7 个调查对象中天荒坪电站的资料最为翔实,补焊焊条量最多。按照《蓄能泵和水泵水轮机空蚀评定》(GB/T 15469.2—2007)的附录 A 举例,天荒坪电站转轮的空蚀失重量:

$$M = 0.156D^2 \sim 0.78D^2 = 0.65 \sim 3.26(\text{kg})$$

如果按无空化运行,则 $M = 0.16$ kg。

以表 2 中补焊量最大的、运行 4 年的天荒坪 5# 机进行简略换算至 3 000 h 的失重量 M_r,以补焊量作为近似失重量:

$$M_r = 4.2 \times 3\,000/4\,650 = 2.71(\text{kg})$$

由此可见,天荒坪 5# 机组虽然基本满足该标准要求和合同要求,但达不到优秀标准的要求(无空化运行时的失重量要求)。此外,沙河的空蚀量也是较大的,其余电站则能满足无空化运行时的失重量要求。天荒坪电站 $H_{P\max}/H_{T\min} = 1.18$,在超高扬程/水头机组中是比较大的,从实际运行检修情况来看,天荒坪电站这样的失重量和检修工作量是可以接受的。

此外,抽蓄机组的大修间隔基本可以达到 10 年一次的先进水平,或者对于水泵水轮机而言 C 级检修可达 10 年一次。

三、关于泥沙磨损问题

从已调查抽蓄电站的运行情况看,泥沙问题尚不能对过流部件构成威胁。沙河抽蓄电站下水库利用原有水库改建,泥沙含量较大,但硬质泥沙含量较少,从破坏部位和现象分析,也可基本排除泥沙磨损。这和抽蓄电站的选址、成库条件和运行方式有很大关系。抽蓄电站水库蓄水后,需要补充的水量很小,仅需补充蒸发渗漏量,因此来流不需要很大的流量,故抽蓄电站不需建在来水丰富的河流上。上、下水库成库时,除必要的补水设施外,其余径流尽可能不入库,特别是不入上水库。另外,抽蓄电站是间歇运行方式,对水中泥沙有较多的沉淀时间,亦可大大减少过机泥沙含量。

目前我国在建的宝泉、浦石河抽蓄电站,下水库建在干流上,泥沙含量较高,但计算和水力试验结果表明过机泥沙量并不大,宝泉为 14 g/m³(多年平均)、80 g/m³(汛期多年平均);浦石河抽水工况为 5.7 g/m³(多年平均)、17.1 kg/m³(6~9 月汛期多年平均)。宝泉下水库建在干流上,但在上游采取了一系列拦沙措施。初期蓄水时,水中泥沙沉积在尾水隧洞内,特别是进出水口处较多,但形状为粉质黏土(即淤泥),其中 0.075~0.5 mm 粒径的沙粒含量仅 0.7%,0.05~0.005 mm 的粉粒含量 62.5%,小于 0.005 mm 的黏粒含量 36.4%。宝泉电站 1# 机组运行时间不长,且主要为水泵工况运行。虽然根据泥沙磨损的特性,宝泉 1# 机组的泥沙磨损应该在短时间即有表现,但实际上宝泉 1# 机组放空检查时未见磨损痕迹。

在干流上筑坝形成上水库的抽水蓄能电站就需要重视泥沙对水泵水轮机磨损和磨蚀的影响[2]。比如日本新高濑川抽蓄电站,高濑水库从蓄水至 2000 年共 22 年间累积淤积量 1 468 万 m³,已占总库容的 19.3%。其中 1 353 万 m³ 淤积在死库容内,占死库容的 22.6%,另有 115 万 m³ 淤积在有效库容内,如坝前左岸支沟淤积已露出水面,已侵占 7.1% 的有效库容。当汛期含沙量较大时,造成机组停机。日本安昙抽水蓄能电站上库从 1969 年蓄水到 2000 年 32 年间总计淤积 1 125 万 m³,其中 1 064 万 m³ 泥沙淤积在死库容内,占死库容的 36.7%;另外 60.6 万 m³ 泥沙淤积在有效库容内,使有效库容损失 0.64%。两个电站均需在汛期避沙运行。桐柏抽蓄电站上水库原有天然来流,通过引水系统,将主要径流,特别是洪量拦截在库外进入新建的黄龙水库,对上库水质基本无影响。因此,在泥沙含量较高的地区,抽蓄电站上水库不宜在干流上筑坝成库。

四、水泵水轮机安装高程的确定

目前我国抽蓄电站设计过程中确定水泵水轮机安装高程,一般分为两个阶段。前期设计阶段,一般采用 3 种办法综合比较初步确定机组安装高程,即国内外统计公式计算、类似工程类比、厂家初步数据。通过这 3 种办法获得的成果得出可行的安装高程(或 H_s)范围,考虑适当的裕度,并经综合技术经济比较得出前期设计阶段的安装高程。在招标设计阶段,再根据中标厂家的投标结果,对机组安装高程进行微调。这种调整往往受到土建进度的制约,考虑到抽蓄电站一般为地下厂房,提高安装高程对土建工程量的影响较小,即使有一定的余量,一般不做调整,而留做水泵水轮机的空化裕度。

如果采用带模型试验成果投标的方式,则招标阶段可以较为准确地确定机组安装高程。同前所述原因,是否调整取决于土建施工进度和工程量的大小是否值得。

我国第 2 批次的抽蓄电站相继投入运行,如桐柏、泰安、宜兴、琅琊山等工程。从调查电站的运行情况和第 2 批次电站的结果看,我国在水泵水轮机安装高程上的确定方法和原则是合理可行的,可以满足 GB/T 15469.2—2007 标准的要求,且绝大部分电站能够达到无空化运行的优秀标准。

五、总　　结

综上所述,水泵水轮机空蚀磨损问题在我国抽蓄电站建设和运行中不会构成制约因素。

(1)在综合考虑电站选址、成库条件和运行方式后,泥沙问题不会对水泵水轮机造成明显的危害,但泥沙含量较高的地区,不宜在干流上筑坝形成上水库;对下水库建在干流上的电站,也要考虑适当的拦沙设施。

(2)《蓄能泵和水泵水轮机空蚀评定》(GB/T 15469.2—2007)适用于我国抽蓄电站水泵水轮机空蚀标准的确定和作为验收考核的标准,且在水头、扬程变幅较小的电站,可以使用无空化运行数据作为合同保证值。

(3)从已建抽蓄电站的实际运行和检修情况来看,我国确定机组安装高程的现行方法是合理可行的。

(4)随着抽蓄电站的设计、制造和运行管理水平的提高和技术进步,机组大修间隔(对水泵水轮机是 C 级检修)可以达到 10 年一次先进水平。

参 考 文 献

1　GB/T 15469.2—2007　蓄能泵和水泵水轮机空蚀评定.
2　邱彬如. 世界抽水蓄能电站新发展.

大峡水电站水轮机防泥沙磨蚀措施的应用

陈美娟　　　陈梁年

(东芝水电设备(杭州)有限公司)

【摘　要】 20世纪90年代,东芝水电设备(杭州)有限公司自行设计制造的黄河大峡水电站4×75 MW轴流转桨式水轮发电机组相继投产。经过近15年的运行实践证明,所采取的一系列防泥沙蚀措施是行之有效的。本文旨在总结黄河大峡水电站水轮机防泥沙磨蚀措施的应用成果,为今后多泥沙河流水电站水轮机设计制造提供参考和借鉴。

【关键词】 大峡水电站　水轮机参数选择　结构设计　防磨蚀措施　磨蚀状况

一、前　　言

黄河大峡水电站位于甘肃省白银市和榆中县交界处,黄河大峡峡谷口段下坝址、龙羊峡水电站和刘家峡水电站的下游,距兰州市约65 km。该电站以发电为主,兼顾灌溉等综合利用,电站装有4台单机容量75 MW的轴流转桨式水轮发电机组,多年平均发电量为14.65亿 kW·h,设计年利用小时数为4 880 h。

在大峡机组招标中,东芝水电设备(杭州)有限公司以性能优良、价格合理中标并签订了机组设备合同。1996年12月8日首台机组投产发电,至1998年6月16日所有机组相继投入运行。

电站主要参数如下:

最大水头(m)	31.4
额定水头(m)	23.0
最小水头(m)	13.2
全年加权平均水头(m)	23.8
汛期加权平均水头(m)	20.73
非汛期加权平均水头(m)	28.29
多年平均悬移质含沙量(kg/m³)	2.02
实测最大含沙量(kg/m³)	306
汛期平均含沙量(kg/m³)	4.02
最大日平均含沙量(kg/m³)	207.8
多年平均悬移质输沙量(t)	6 500
多年平均推移质输沙量(万 t)	15
悬移质中值粒径(mm)	0.001 9

水轮机主要参数如下:

额定功率(MW)	77.3

最大功率(MW)	87.76
额定流量(m³/s)	369.6
转轮直径(m)	7.0
额定转速(r/min)	88.2
飞逸转速(r/min)	184/295(协联/非协联)
吸出高度(m)	−5.5
旋转方向	俯视顺时针

该电站特点是河流泥沙含量大,水头变幅快,电站采取汛期降低水库水位的运行方式。东芝水电设备(杭州)有限公司根据电站的运行特点,在机组选型设计中,合理选择了水轮机额定转速、安装高程,并优化了转轮及流道的水力设计;在水轮机结构设计制造中,对易发生磨蚀的导水机构、转轮等过流部件及主轴密封等部件采取了一系列防泥沙磨蚀的措施,大大提高了水轮机的抗泥沙磨蚀性能。

目前,大峡机组在黄河流域上已成功运行近15年,实践证明,东芝水电设备(杭州)有限公司在大峡水电站水轮机抗泥沙磨蚀方面所采取的一系列综合治理措施是行之有效的,其成功的经验可供国内多泥沙河流水电站参考借鉴。

二、水轮机参数选择

(一)转速选择

在多泥沙河流水电站的水轮机选型设计中,通常会选取较低的机组参数,以减缓水轮机的泥沙磨损。根据大峡水电站参数,可选用88.2、90.9、93.75 r/min 3种转速方案。东芝水电设备(杭州)有限公司针对大峡水电站的具体情况,选用了88.2 r/min 的较低转速方案,以减小转轮出口的相对转速,减轻高速含沙水流对水轮机的磨蚀。运行表明,此项技术措施取得了良好效果。

(二)安装高程选择

通常情况下,选择较低的安装高程有利于水轮机的磨损和空蚀,但必须考虑工程造价以及水轮机防抬机等的不利因素,需进行技术经济综合比较后确定安装高程。东芝水电设备(杭州)有限公司在大峡水轮机选型设计中,根据电站各种运行水头、下游水位、泥沙含量等参数,通过分析计算,选择合理的安全裕量,最终以水轮机吸出高度为−5.5 m确定了机组安装高程。运行表明,机组安装高程的确定是合理的,技术经济指标良好。

(三)水力优化设计

水力设计的好坏直接影响到机组的水力性能、空化性能以及机组运行的稳定性。尤其是多泥沙河流水电站,机组蜗壳、座环(固定导叶)、导水机构(活动导叶)、转轮室、转轮(叶片)等过流部件的水力设计非常重要。

1.蜗壳座环的水力优化

将蜗壳包角从180°加大到225°。改变了蜗壳的水力设计方法,按给定的速度分布规律设计,并改变了蜗壳外侧顶点的变化规律,经多种方案比较确定了蜗壳水力设计方案。

蜗壳、固定导叶、活动导叶的水力匹配好坏,对水力效率和过流部件的磨蚀都有较大的影响。以往在导水机构设计中通常采用活动导叶跨机组中心线布置方案,大峡机组固定导叶与活动导叶按双环列叶栅理论设计,经计算论证后采用了新的布置方式。

2.导水机构优化

适当加大导叶分布圆直径,可减轻导水机构的泥沙磨损。大峡水轮机导叶分布圆直径取 $1.2D_1$,且蜗壳包角为 $225°$,通过优化流道设计,最大限度地减少了水力损失和空化的发生。

通过双排叶栅损失计算确定固定导叶数和活动导叶数之比,以及其相对位置。水力设计时进行优化设计固定导叶的进出口安放角,确保活动导叶在计算工况下无撞击,保证水力损失最小,同时减轻活动导叶的磨蚀。

3.转轮优化

随着水轮机技术的进步以及材料性能的提高,在保证转轮体内操作机构布置空间和本身刚强度的要求下,提高操作油压等级,选用高强度材料,适当减少轮毂比,增加转轮过流量,提高水轮机效率,同时对减轻转轮的磨蚀是有利的。

东芝水电设备(杭州)有限公司在大峡机组转轮轮毂比的研究论证方面做了许多工作,并重点选择了 0.42、0.43、0.44 三种典型的轮毂比方案。由于当时受国内技术水平的限制,国内操作油压等级为 4.0 MPa,叶片轴套、拐臂等部件所采用的材料机械性能较低,大峡电站水轮机转轮最终选择了 0.43 的轮毂比方案。当时国内五叶片转轮一般取轮毂比 0.44～0.45,而俄罗斯可取 0.41 左右。如今操作油压等级可达 6.3 MPa,叶片轴套等部件高强度材料的应用,五叶片转轮可以使用更小的轮毂比。

多泥沙河流电站转轮叶片的型线设计,既要提高水轮机效率和稳定性,又必须兼顾转轮叶片的抗磨蚀性能(使用寿命)。叶片设计应无脱流和空化现象,出水边厚度应考虑泥沙磨损和卡门涡的影响。叶片外缘设置抗空蚀裙边,以减缓叶片外圆的间隙空蚀和磨损。

运行表明,大峡水轮机的水力优化设计是成功的。

三、主要部件防磨蚀措施

针对大峡电站讯期河流含泥沙量大的特点,为最大限度地减少水轮机磨蚀,延长机组检修间隔周期,降低运行成本,在水轮机主要部件的结构设计中,采取了许多防泥沙磨蚀措施(见图1)。

(一)活动导叶

活动导叶采用 ZG20SiMn 铸件,在导叶瓣体的上、下两端面,头尾部密封面区域和导叶轴颈上均铺焊或嵌焊了不锈钢,以提高导叶抗磨蚀性能。导叶上下轴颈部位均设有 2 道密封,以防止泥浆水进入,减缓导叶轴颈和轴套的磨损。

(二)顶盖和底环

顶盖和底环过流面均设有抗磨板。顶盖抗磨板选用 45# 碳钢,底环抗磨板选用改性超高分子量聚乙烯材料。为了保护抗磨板连接螺栓的头部,避免其磨蚀和方便检修时拆卸等,采用了螺栓盖帽式结构,安装时在盖帽螺丝处涂胶,拧紧后与抗磨板同车削,使抗磨板表面平滑,可避免局部磨损,同时又保证了抗磨板更换方便。

(三)导叶密封型式

导叶立面和顶盖端面均设有不同断面密封条且可拆卸式密封结构型式。密封条选用抗

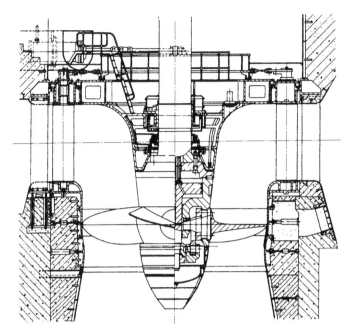

图1 大峡水站水轮机剖面图

磨蚀性能良好的聚氨酯材料。底环端面密封直接在抗磨板平面上加工一圈小凸台而成,以减少导水机构的漏水量,避免因导叶漏水量过大而加剧磨蚀。

(四)转轮

大峡转轮叶片采用抗磨蚀性能良好的 ZG06Cr13Ni4Mo 不锈钢制作,并采取了一些措施,提高不锈钢的冶炼质量,增强其抗磨蚀性能。随着国内铸件技术水平的提高,现在转轮叶片铸件均要求采用 VOD 精炼,进一步提高了叶片的铸件质量,提高了叶片的耐磨性能。由于黄河泥沙含量太大,沙子随着水流对叶片表面的冲刷力很大,时间久了,叶片整体表面厚度变薄,影响水轮机效率和机组的稳定性。目前黄河流域上的一些机组对叶片表面易磨蚀部位进行涂层处理,对避免叶片厚度减薄有一定效果。

为减缓叶片外圆的空蚀和磨损,在叶片外缘设有防气蚀裙边,并尽量减小叶片与转轮室的间隙值。大峡转轮叶片与转轮室单边间隙为 5 ~ 6 mm,按单边间隙不大于 $0.001D_1$ 设计。随着机床加工精度和制造水平的提高,目前转轮叶片与转轮室单边间隙可按不大于 $0.000\,5D_1$ 设计。

此外,应特别注重叶片和转轮室加工及测量的准确性,采用数控立车加工,且叶片的中心线以上部分按圆柱体、中心线以下部分按球体加工。

叶片型线精度、表面粗糙度和波浪度是影响水轮机效率和抗磨蚀性能的重要因素。大峡机组的转轮叶片靠手工铲磨和打磨,影响叶片的质量。近几年叶片都是采用五轴联动数控铣镗床加工,其叶型精度可达到 ±1 mm 以内,表面粗糙度可达 1.6 μm,大大高于标准要求,从而提高了水轮机效率和叶片的抗磨蚀能力。

转轮体采用 ZG20SiM 整铸而成,近几年随着堆焊工艺的发展,转轮体流道表面通常采用宽带焊机堆焊 5 ~ 10 mm 的不锈钢,大大改善了转轮体表面的磨蚀状况。

(五)转轮室

大峡转轮室分上、下环两部分,上环材质为 ZG20SiMn,下环材质为 ZG06Cr13Ni4Mo。近几年,转轮室上环一般采用 Q235 钢板压制焊接结构,下环采用 S135 不锈钢钢板压形焊接结构,进一步提高了转轮室表面的抗磨蚀能力。

(六)主轴密封

通过对黄河上一些电站的调研,经过多方论证确定大峡机组采用组合式主轴密封结构。主轴工作密封由三部分组成:下部为甩水装置,可将泥沙水甩出主密封并降低主密封前的水压力;中部为工作主密封,即水压式自调整的端面密封,其密封耐磨环布置在密封件的下部,在离心力的作用下可将泥浆水往外甩出,以延长密封件的使用寿命,耐磨环选用耐磨铸铁材料,其性能优于普通不锈钢;为了避免"抬机"时水封大量漏水而威胁水导轴承(油润滑轴承)的安全运行,在主密封上部设有后备的单平板密封,其抗磨板采用不锈钢制作。整套密封装置布置紧凑,能满足机组不同运行工况的要求,确保机组长期安全运行。

多泥沙河流的主轴密封失效是影响机组安全运行的因素之一,在设计上需高度重视。随着技术进步,目前主轴密封普遍采用高分子材料,可进一步提高主轴密封性能,延长其使用寿命。

四、水轮机部件磨蚀状况

1999 年 3 月东芝水电设备(杭州)有限公司与大峡水电站共同对 1# 水轮机的空蚀磨损情况进行了检测,结果转轮的失重量远远低于允许的失重量,当时的实际运行时间已达 9 802 h,而技术协议规定运行 8 000 h 的允许失重量不超过 36 kg。

电站 4 台机组自投产以来的检修状况见表 1。

表 1 4 台机组自投产以来的检修状况

机组编号	投运时间	B 修时间	A 修时间	转轮局部磨蚀修复(基坑内)次数	转轮全面磨蚀修复(基坑外)次数
1#	1997.06	1999.03 2004.02	2007.11	1	1
2#	1996.12	1998.02 2007.01	2002.11	1	1
3#	1998.06	2005.12	2009.11	1	1
4#	1997.12	1999.11 2005.01	2008.11	1	1

大峡机组长期运行后的水轮机磨蚀基本情况如下。

(一)导水机构

由于底环抗磨板选用改性超高分子量聚乙烯材料,抗磨蚀效果显著,电站运行至今底环抗磨板基本没有磨损,也没有进行更换处理。

顶盖抗磨板仅在导叶关闭区域有轻微受磨损,每次大修时吊出顶盖进行补焊处理。

活动导叶本体表面磨损轻微,每次检修时仅做少量补焊处理。

由于导叶密封漏水较大,电站对密封结构进行过较大的改进,目前漏水状况良好。

(二)转轮

与黄河中上游同类型电站一样,水轮机转轮的磨蚀总是最严重。

转轮体表面磨蚀主要发生在叶片活动区域范围内以及叶片配合处有局部的深坑。转轮体材料为 ZG20SiMn，表面因磨蚀产生的深坑通过不锈钢焊条补焊处理，比原计划打算更换转轮体在经济上节省了许多。

转轮叶片磨蚀主要发生在：①叶片边缘向内侧延展部位的上下表面的翼型空蚀，在整个磨蚀量中占比较大；②叶片外圆弧形部位的间隙空蚀；③在叶片出水边和叶片根部等区域发生了不规则的小坑槽。

经过几个大修周期的运行后，电站先后对转轮叶片在转轮室内和转轮室外进行磨蚀修复处理，叶片因泥沙冲刷变薄进行了整体堆焊处理，用砂轮按原型打磨后叶片型线恢复到原设计要求；叶片抗空蚀裙边经多年运行后基本没有留存，通过在原位置焊接不锈钢钢条经打磨修形，电站通过对转轮的处理摸索出了一套修复工艺措施，有效地延长了转轮检修周期。

（三）转轮室

转轮室叶片活动范围的表面磨蚀较少，磨蚀主要发生在：转轮室分半组合缝、转轮室下环与上环结合缝处、转轮室与凑合节焊缝、尾水锥管与凑合节焊缝。

（四）主轴密封

目前大峡机组的主轴密封结构仍保留原设计的结构型式，说明在黄河流域上采用该类主轴密封结构还算成功，虽然密封板磨损较严重需经常更换，给检修带来一定不便。

五、结　语

大峡机组经过近 15 年的运行实践证明，与黄河流域上的同类机组相比，大峡水轮机所采取的一系列抗泥沙磨蚀措施是成功的。虽然转轮也有磨蚀，但相对于黄河上其他机组，大峡机组至今没有更换转轮叶片和转轮体，也没有改变主轴密封的结构型式，顶盖、底环抗磨板状况良好，业主对此感到满意。

随着水轮机设计制造技术水平的提高，东芝水电设备（杭州）有限公司在总结大峡水轮机抗泥沙磨蚀措施成功经验的基础上，在多泥沙水电站水轮机防泥沙磨蚀技术方面将继续保持国内先进水平。

参 考 文 献

1　陈梁年. 大峡水电站水轮机设计特点和防磨蚀措施. 水机磨蚀研究与实践 50 年. 北京：中国水利水电出版社，2005.

2　王旺宁. 大峡水电站水轮机抗磨蚀技术措施及磨蚀修复. 水电站机电技术.

水轮机防泥沙磨蚀措施的技术特点

陈 梁 年

（东芝水电设备(杭州)有限公司）

【摘 要】 东芝水电设计制造的三门峡、大峡、唐渠等机组均运行在多泥沙河流——黄河上，多年运行表明，所采取的防泥沙磨蚀措施是行之有效的。本文旨在总结东芝水电在此领域的设计制造经验，重点探讨水轮机选型和结构设计中值得重视的几个技术问题，以促进这些技术的推广应用。

【关键词】 转速 安装高程 转轮 导叶 抗磨板 防泥沙磨蚀 水轮机

一、前　　言

水机磨蚀是造成水力机械破坏的主要因素之一，运行在黄河干流、长江中上游干支流等河流上的水轮机泥沙磨蚀情况更加严重。为了减缓水轮机磨蚀，延长转轮等过流部件的使用寿命，国内外众多专家学者做了大量的研究、试验工作，取得了许多重大成果，这对于指导、解决多泥沙河流水轮机的磨蚀问题起到了重要作用。

近10年来，东芝水电为黄河流域的青铜峡、八盘峡、三门峡、大峡等水电站提供了10多台(套)水电机组设备。这些机组经过多年的运行考验，实践证明，其水轮机选型、水力设计、结构设计是合理的，所采取的防泥沙磨蚀措施是行之有效的，可为今后工作提供参考和借鉴作用。

水机磨蚀是个复杂的过程，对其机理尚未完全研究透彻。防泥沙磨蚀是个需要综合治理的系统工程，涉及理论研究、水力设计、浑水试验、水轮机选型、结构设计、制作工艺、材料研究及试验、电站运行调度等方面，本文仅就其中几个主要问题作简单介绍和探讨，希望对同行能有所帮助。

二、转速的选择

水轮机的转速是反映其技术水平的重要参数（比转速 $n_s = n \cdot N^{0.5}/H^{1.25}$），提高转速能减小机组尺寸，降低机组造价。然而，在多泥沙河流水电站的水轮机选型设计中，却常常会选取较低的机组参数。适当加大转轮直径，降低水轮机转速，以减缓水轮机转轮及过流部件的磨蚀，这对多泥沙河流水电站水轮机的选型尤为重要。

转轮型号选定后，加大转轮直径，意味着过水流道尺寸加大，流速降低，能减缓磨损；而降低转速，则基于以下考虑：

（1）研究和试验表明，水轮机过流表面的磨蚀与流速的 n 次方成正比[1]，对于转轮叶片,一般 $n \geqslant 3 \sim 3.3$(本文中取 $n=3$)。若流速增加 10%,则磨蚀可加剧约 33%,因此,应设法减小转轮出口的相对流速,除加大转轮直径外,降低转速便是最好的选择。

以大峡水轮机为例,在额定工况下转轮出口轴面流速约为:

$$V_{m_2} = \frac{Q}{\frac{\pi}{4}\left(D_1^2 - d_B^2\right)}$$

$$= \frac{369.6}{\frac{\pi}{4}\left(7^2 - 3.01^2\right)}$$

$$= 11.78(\text{m/s})$$

转轮出口外缘圆周速度为:

$$u_2 = \frac{\pi n R}{30}$$

$$= \frac{\pi \times 3.495 n}{30}$$

$$= 0.366 n$$

假定水流为法向出口,根据速度三角形,计算转轮出口相对流速:

$$w_2 = \sqrt{u_2^2 + V_{m_2}^2}$$

计算结果见表 1。可见,当机组转速从 93.75 r/min 降为 88.2 r/min 时,水轮机转轮出口相对流速可降低 5.3%,磨蚀可减轻 15% 以上。

表 1 转速方案比较

转 速 方 案	Ⅰ	Ⅱ	Ⅲ
水轮机转速(r/min)	88.20	90.90	93.75
转轮外缘圆周速度(m/s)	32.28	33.27	34.31
转轮出口相对流速(m/s)	34.36	35.29	36.28

(2)根据水库的运行方式,汛期在低水位运行,大量挟沙水流将通过水轮机排至下游。此时水头低,单位转速高,转轮叶片出流偏离法向出口,极易造成转轮叶片磨蚀。适当降低转速后,在汛期低水头运行时,单位转速可降低,更靠近最优工况区,有利于减轻转轮叶片的磨蚀。

(3)水轮机的内在特性,在大流量区、高单位转速区域,容易产生运行不稳定,压力脉动和空蚀加剧。而电站运行又往往希望汛期加大流量以多发电,此时水轮机运行条件相当恶劣。空蚀与磨损和联合作用,加剧了水轮机的磨蚀破坏,适当降低转速可改善这一状况。

那么,转速应该降低多少呢?这没有通用的公式,只能依据各电站具体参数而定。选型设计时,应综合考虑水轮机的运行范围及各水头下加权因子等因素,一般以转速降低 1 ~ 2 挡(5% ~ 10%)为宜。

三、安装高程的确定

水轮机的安装高程取决于下游水位和吸出高度,其值与吸出高度直接相关。对于多泥沙河流水电站,水轮机吸出高度的计算尚无统一规范。笔者认为,我们仍可参考清水电站的计算公式: $H_s = 10 - \nabla/900 - K\sigma_c H$,但在系数 K 的选值上应有所不同。

K 值的大小决定了 H_s 值及安装高程,直接影响到水轮机运行性能(空蚀、磨损、压力脉动、稳定性等)和工程造价,是个复杂的技术经济问题,应经过详细的技术方案比较后确定。 K 值的选取,应至少考虑以下因素:

(1)与模型试验时临界空化系数 σ_c 的取法有关,IEC 规程规定了临界空化系数 σ_c 的 3 种取值方法,其空蚀余量不同, K 值宜有所区别。

(2)对于新开发(试验)的转轮,其模型试验时已得到初生空化系数 σ_i 。此时,应计算电站空化系数 σ_p 与初生空化系数 σ_i 的比值,其比值应大于清水条件的相应要求。

(3)浑水条件可根据清水条件的 K 值再乘以 1.1 ~ 1.2 系数。如转桨式水轮机,清水条件时 $K = 1.05 \sim 1.2$,浑水条件时取 $K \geqslant 1.3 \sim 1.5$ 。

(4)应根据水轮机不同工况下的电站下游水位及水轮机空化系数,按初定的安装高程及流道尺寸验算 K 值,并从中分析在各特征水头下及汛期/非汛期典型工况下 K 值是否达到预期要求。

四、转轮的设计及制作

转轮的设计和制造是水轮机防磨蚀的核心所在。水力设计时应考虑浑水条件,有条件时可做浑水试验。转轮选材和加工是至关重要的一环,混流式水轮机叶片应尽量采用抗磨蚀性能良好的不锈钢板(如 S135)模压成型。若采用铸件(包括转桨式水轮机叶片),应采用抗磨蚀性能良好的 ZG06Cr16Ni5Mo 或 ZG06Cr13Ni5Mo 不锈钢材料,并采用 AOD 或 VOD 精炼工艺。叶片应尽量采用数控机床加工,以提高叶片型线精度、降低表面粗糙度和波浪度,减小叶片重量差,提高叶片互换性。

对于转桨式水轮机叶片,应在叶片外缘设置抗空蚀边,并适当减小转轮叶片与转轮室的间隙值,且叶片的中心线以上部分按圆柱体、中心线以下部分按球体加工,以减缓叶片外圆的空蚀和磨损。应避免在叶片上开悬挂孔。

对叶片或其他过流表面做喷涂处理,是水轮机防泥沙磨蚀的有效途径。目前,高速火焰喷涂技术(HOVF)已在国内得到应用。经碳化钨热喷涂后的部件,其表面硬度可达 1 000 HV,抗磨性能可提高 70 倍以上,对于泥沙磨蚀特别严重的部件可推荐采用。

此外,设计时还应重视混流式水轮机转轮止漏环的结构型式,选择合适的密封长度和间隙等参数。对于转桨式水轮机,转轮体等部件的磨蚀问题也应引起重视,必要时,可对转轮体的叶片活动范围内做堆焊不锈钢。

五、导叶及其密封

在浑水条件下,水轮机导叶应采取经济合理的防泥沙磨蚀措施。适当加大导叶分布圆直径,能减轻导水机构的泥沙磨损。尺寸较小的导叶,可采用整铸不锈钢结构;对于大型水轮机导叶,以采用碳钢为本体并铺焊、堆焊或嵌焊了不锈钢材料为宜。通常在导叶的头尾部密封面区域、导叶上下端面和导叶轴颈上均应设不锈钢防护层,以提高导叶抗磨蚀性能。对于高水头或泥沙含量大的水轮机,导叶可采用 ZG06Cr13Ni5Mo 不锈钢材料。另外,导叶应尽量设计成"大头形",并在导叶上下轴颈部位设置两道密封,密封圈可选用耐磨聚氨酯等材料。

为了减小导水机构关闭时的漏水量,应考虑可靠稳定的导叶密封。以往的橡胶压板式导叶密封,由于尺寸控制不好、磨蚀等原因,常常发生橡皮条被水冲走现象。导叶漏水量过大,不但浪费水能,加剧磨蚀,还会导致机组开停机时间过长,甚至不能正常开停机(推力轴承采用塑料瓦时更加严重)。这给机组的正常运行、检修工作带来麻烦,并留下机组安全运行的隐患。

使用表明,选用聚氨酯作为导叶密封条的材料具有良好的抗磨蚀性能,设计时应控制好尺寸,立面和端面密封条宜采用不同的结构型式,以适应导叶关闭时不同位置的要求,防止密封条损坏和被水冲走。当然,导叶的立面和端面也可采用金属密封,通过设计考虑的导水机构尺寸链和相关零部件的加工精度保证,来达到设计要求的间隙值,从而保证导水机构的漏水量满足要求。

对于泥沙含量较大的大型水电站,当未设置进水阀门时,在固定导叶与活动导叶之间设置圆筒阀能有效地保护导水机构,从而延长机组大修周期。

六、顶盖、底环抗磨板

在顶盖和底环过流面上均应设置抗磨板,且抗磨板过流面上应避免出现台阶。一般来说,顶盖抗磨板的磨损情况比底环抗磨板要好得多,一般选用45#钢或普通不锈钢板已能满足要求。而底环抗磨板则经常磨损较严重,必须研究、采用特殊的材料和螺栓的防护措施。

运行实际表明,选用 17-4PH 不锈钢或改性超高分子量聚乙烯作为底环抗磨板的材料是可取的,而后者更具有优势。表2列出了东芝水电具有代表性的机组所采用的抗磨板材料,从中可看出,改性超高分子量聚乙烯材料在东芝水电得到了广泛应用。

表2   抗磨板材料统计

电站名称	装机容量 (MW)	最高水头 (m)	转轮直径 (m)	额定转速 (r/min)	顶盖抗磨 板材料	底环抗磨 板材料	投产年份
宁夏唐渠	1×30	20.3	5.5	107.1	45	改性聚乙烯	1994
河南三门峡	2×75	47.7	5.5	88.2	17-4PH	17-4PH	1994
甘肃大峡	4×75	31.4	7.0	88.2	45	改性聚乙烯	1996
陕西魏家堡	3×6.3	99.7	1.0	600	改性聚乙烯	改性聚乙烯	1998
福建雍口	2×25	23	4.45	142.9	1Cr18Ni9Ti	改性聚乙烯	1998
湖南碗米坡	3×80	44.5	5.35	100	1Cr18Ni9Ti	改性聚乙烯	2004

采用改性超高分子量聚乙烯作为底环抗磨板材料,具有如下优点:

(1)抗磨蚀性能增强,试验表明,改性超高分子量聚乙烯的抗磨蚀性能是普通不锈钢的10倍以上[2]。

(2)可以取消导叶下部端面密封,而直接在抗磨板平面上加工一圈小凸台代替,密封方式简单、可靠。

（3）其联接螺栓采用同材质的盖帽保护，加工后抗磨板表面平整，螺栓防护方法简单、效果好。

（4）结构简单，易加工，成本低，与17-4PH不锈钢相比，综合成本可降低30%以上，且制作周期缩短。

（5）备品加工和更换方便。

七、底环的圆弧段

底环的圆弧段处在水流的流态变化较大区域，其工作条件差，往往磨蚀破坏较严重。值得注意的是，有些设计常把底环的圆弧段移至转轮下环处（转轮下环通常为不锈钢材料），认为这样便能解决其磨蚀破坏问题。如果是按清水条件设计的机组，这种处理办法未尝不可。

对于浑水电站，这种处理办法并不可取。研究和试验表明，转轮下止漏环若采用"直缝式"结构，易加剧止漏环及叶片的磨损，在模型试验中可发现严重磨蚀的"亮带"现象，真机转轮也存在磨蚀较严重的情况。

一般情况下，底环的圆弧段可采取铸焊结构、贴焊或堆焊不锈钢层、表面涂非金属抗磨蚀涂层或采用碳化钨热喷涂等措施来解决其磨蚀问题。具体采用哪种方式，要根据电站具体情况和客户的要求来确定。

八、主轴密封结构

多泥沙河流的主轴密封失效是影响机组安全运行的因素之一，历来受到国内外众多专家的关注。在结构繁多的主轴密封中，笔者认为，应首推具有良好自调整功能的水压式或弹簧压紧式端面密封。该密封装置经过多年运行考验，证明在多泥沙河流的水电站中使用是成功的，值得推广应用。

自调整式端面密封宜设计成组合密封型式，并应注意以下几点：

（1）确定合适的布置结构，密封抗磨环宜布置在密封件的下部。这样在离心力的作用下，可将泥浆水往外甩出，以延长密封件的使用寿命。

（2）选择适当的摩擦副，抗磨环可选用耐磨不锈钢或耐磨铸铁材料，其性能优于普通不锈钢。

（3）以往主轴密封件常选用耐磨橡胶。随着技术进步，目前普遍采用高分子材料，可进一步提高主轴密封性能，延长其使用寿命。

（4）为方便安装，密封座设计时宜分成两个部件。

（5）采取措施防止抗磨环分瓣面错位，安装时务必调整好抗磨环的水平。

（6）当采用弹簧压紧式结构时，弹簧力应调整均匀。采用水压式结构时，应提高密封润滑水水质，调整控制好水压。

另外，顶盖内最好设置射流泵，作为备用并可排除顶盖内淤泥，将水直接排至下游，以减少清理集水井的麻烦。

对于泥沙含量较大的中高水头水轮机，非接触式的泵板式密封也是很好的选择。该密封装置具有结构简单、密封效果好且免维护等优点。

九、结　语

（1）为减缓运行在多泥沙河流水电站中的水轮机磨蚀，在水力设计时就应考虑浑水条件。选型设计中应多兼顾汛期的运行工况，使水轮机在汛期尽量少偏离最优工况运行。适当降低水轮机参数，加大转轮直径，选择较低的转速是必要的。

（2）多泥沙河流水电站中水轮机的安装高程应进行综合分析计算，在考虑各特征水头，并兼顾汛期及非汛期运行工况等条件后确定。

（3）多泥沙河流水电站水轮机的结构设计应采取适当的防磨蚀措施，制造上应降低过流部件表面粗糙度和波浪度，同时提高零部件的互换性。

（4）水机磨蚀是复杂的过程，其治理是个系统工程，应进一步加强这方面的研究，采取综合治理措施，设法延长设备使用寿命，以取得更好的效益。

参 考 文 献

1　李国梁.水轮机泥沙磨损防护的技术进展.《水机磨蚀》1999—2000 论文集.
2　姚启鹏.改性超高分子量聚乙烯抗磨性能及应用.《水机磨蚀》1993 论文集.
3　陈梁年.浑水电站水轮机底环的抗磨问题.《水机磨蚀》1995 论文集.
4　陈梁年.大峡水电厂水轮机设计特点和防磨蚀措施.水机磨蚀研究与实践50 年.2005.

碧口水电厂水轮机改造的经验

李世康　韩亚宁　燕　京　王兴民　车服璋　赵春江

（大唐碧口水力发电厂）

【摘　要】　叙述了碧口水电厂 HL702-LJ-410 水轮机改造技术的实施及其效果,为机组增容改造创造了条件,对我国水电厂 20 世纪 60~80 年代投产的混流式水轮机改造提供了借鉴。

【关键词】　水电厂　水轮机　改造　经验

大唐碧口水力发电厂(以下简称碧口水电厂)位于陕西、甘肃、四川三省交界的甘肃陇南文县碧口镇,是白龙江流域第 1 座大型水利水电工程,1969 年主体工程开工,装有 3 台 100 MW HL702-LJ-410 型混流式水轮发电机组。1976 年首台机组发电,1977 年 6 月 3 台机组全部投产发电,通过 3 条 220 kV 分别向甘肃陇南、四川广元、陕西汉中供电,是我国 20 世纪 70 年代中期西北与西南电网连接的枢纽点。

碧口水电厂水轮机转轮 HL702-LJ-410 为 HL220 即前苏联 PO702 转轮,研制于 20 世纪 50~60 年代。经过近 33 年的运行,在空蚀、泥沙磨损的联合作用下,水轮机整体磨损严重,转轮叶片出水边已成刀片状;转轮迷宫环间隙偏大,2004—2005 年度 1# 机组大修测得水轮机上迷宫环间隙达到 5.35~7.0 mm,下迷宫环间隙达到 5.75~7.0 mm,大大超过设计值 1.5 mm 的规定值;转轮空蚀、裂纹严重;水轮机在 1/4 负荷左右有一个强烈的振动区,运行时必需避开;水轮机效率偏离保证值较多,水轮机实测效率在 20~100 MW 范围内,低于设计值,其中在 20~60 MW,平均约低 3%;在 60~100 MW,平均约低 4.2%。而原型按水轮机设计效率保证率,在 $H=73$ m、$P=75$ MW 时,$\eta=89.6\%$,在 $H=86.2$ m、$P=100.0$ MW 时,$\eta=91.3\%$。表 1 为转轮在不同水头下水轮机设计出力与效率,表 2 为额定水头时设计出力与效率。

表 1　　　　　　　　　　不同水头下水轮机设计出力与效率

水头(m)	水轮机出力(万 kW)	效率(%)
86.2	10.5	91.3
73.0	10.5	91.5
57.5	7.2	89.5

由于水轮机转轮是水电站的核心设备,水轮机的水力性能、振动与空蚀主要取决于转轮性能,转轮性能的优劣对高效利用水能、保证电网可靠性方面有着巨大影响,因此对水轮机转轮的更新改造势在必行。通过对水轮机转轮的改型,可提高机组效率,增加电站容量,改善机组运行的安全稳定性。碧口水电厂经过近 5 年的前期工作,在 2009 年 3~6 月实施了

1#水轮机改造工程,水轮机由 HL702-LJ-410 型改造为 HLA835d-LJ-419 型,原 HL702-LJ-410 型水轮机设计效率91.5%,新 HLA835d-LJ-419 型水轮机设计保证效率93%,最优效率达 94.7%以上。

表2 额定水头时设计出力与效率

负荷(%)	100	75	50
效率(%)	91.5	89.6	81.8

一、改造项目概述

本次改造项目是在原有水工建筑物和水轮机埋设部件不变的条件下,对水轮机及其相关过流部件进行改造,改造项目主要有:增设底环固定座、固定导叶修型改造、底环改造、导叶改造、顶盖改造、接力器改造、控制环改造、导水零件、转轮更换、主轴强度核算及尺寸测绘、主轴密封改造、中心补气孔改造、转动机构其他部件改造等。

其中,新水轮机中心调整;转轮与大轴连接并进行联轴螺栓预紧力拉伸,新转轮吊装;导叶提起并捆绑调整导叶端面、立面间隙;接力器吊装及水平测量调整;水轮机、发电机主轴法兰连接及联轴螺栓预紧力拉伸;实调机组上下迷宫环间隙等为改造工程的关键性节点,对水轮机的改造质量有着决定性的影响。

二、改造工程关键性节点的实施经验

根据《水轮发电机组安装技术规范》(GB/T 8564—2003)要求,改造工程关键性节点的质量标准控制在其允许范围之内,并且改造工程中攻克了水轮机中心线内难以确定的困难,解决了转轮与主轴联结过程中螺栓螺纹咬死,顶盖、底环分瓣出厂后内应力在时效作用下存在椭圆度等技术难题,图1为新转轮 HLA835d-LJ-419 型水轮机导水机构示意图。

(一)水轮机中心调整

1. 底环、固定座预装

底环预装——进行水平及中心调整;24 片活动导水叶预装;对 4 瓣式固定座对口端面进行了深 10×45°夹角修磨,在原止漏环的基础螺孔上用 24-M42 螺栓对 4 瓣固定座座体进行均布把合,把合后进行平面合缝焊接,将焊接平面焊缝修磨至水平,然后进行固定座纵缝点焊。

底环把合,选取 8 个均布点测圆(含下迷),最大不圆度为 0.35 mm,将把合好的底环吊入机坑进行预装,选取 12 个均布测点用 0.05 mm 精度水准仪进行水平测量,对不平正面加垫铜皮、不锈钢皮予以调整,最终使得底环上平面水平调整至 0.34 mm 以内。

2. 底环中心调整

原计划以座环第二搪口加工面为基准按 x、y 轴线圆周等分 8 个点利用钢琴线找底环中心,但由于第二搪口加工面经过 30 余年的运行磨蚀比较严重,故改为选择座环第一搪口为

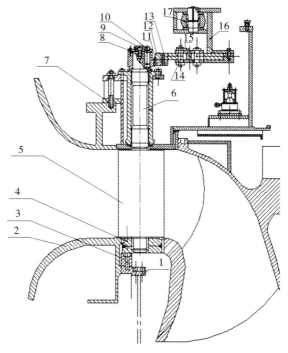

1—基础环;2—座环;3—固定座及特殊螺栓;4—底环;5—活动导叶;
6—套筒;7—顶盖;8—端盖;9—调节螺栓;10—分半键;11—导叶臂;
12—连接板;13—剪断销;14—偏心销;15—偏心扳手;
16—控制环;17—推拉杆

图1 水轮机导水机构示意图

基准找水轮机中心,根据座环第一搪口找好的中心(实际调整后的钢琴线位置)对底环实际位置进行了调整,使其中心偏差度满足要求,用48-M36螺栓对底环进行把合。然后进行固定座环缝分段焊接。

3.顶盖安装过程

顶盖预装,进行了顶盖水平及中心调整;顶盖销钉孔钻铰;顶盖吊出;底环销钉孔钻铰;顶盖把合选取8个均布点测圆(含上迷),最大不圆度0.45 mm。

对活动导叶棱角全部进行倒圆处理,将24片导水叶全部吊入底环之上,在顶盖上对称安装6个套筒,将6个套筒与顶盖连接螺栓带上即可,顶盖吊入机坑,到机坑后在进行几次小幅度起落与导叶配合找正后装上顶盖。设钢琴线,依据底环中心找出水轮机中心,用调整好的钢琴线(水轮机中心线)调整顶盖,找出顶盖中心。

通过测算第一次顶盖应向+y方向偏移0.32 mm,向+x方向偏移0.36 mm,但顶盖移不动,通过检查发现:一是顶盖与座环第二搪口处有死点,二是顶盖与导叶轴间互相掣制。处理了座环第二搪口处死点,并与制造厂沟通。经综合分析认为原因是顶盖、底环分瓣出厂后内应力在时效作用下发生变形造成底环、顶盖均存在一定椭圆度,通过分析底环与顶盖测圆图,验证了底环、顶盖存在椭圆度的问题。于是对顶盖与导叶轴间配合孔进行了修磨处理,单边修磨(扩大)0.5 mm,修磨后调整测量顶盖中心向+y方向偏移0.25 mm,向+x方向偏移0.20 mm,偏移值明显降低。

找好中心后在顶盖上对称 4 个方向钻铰 $\Phi40×410$ mm 锥销孔,对顶盖进行定位,为正式安装及今后的检修奠定基础。

完成这些工作后吊出顶盖和 24 片导水叶,然后在底环与座环交界处钻铰 6 个 $\Phi30$ mm 圆柱销孔,对底环进行定位。固定座纵缝焊接;底环吊出;固定座 24 片防松片焊接;座环上环面与活动导叶上端部位 120 mm×400 mm 配合面修磨 0.8 mm。

(二)转轮吊装及机组中心定位

1.转轮与大轴连接

在螺栓底部装设测长螺塞,然后全部把 M120/M110 联轴螺栓旋到到转轮上。转轮与主轴连接采用摩擦传递扭矩,转轮与大轴连接前将转轮与大轴法兰面清扫干净喷涂碳化硼,用来保证水轮机转轮与大轴法兰连接后摩擦力满足要求。此处法兰连接螺杆预紧伸长值要求为 0.76 mm,本次转轮侧法兰螺杆拉紧伸长最大值为 0.80 mm,最小值为 0.74 mm。

2.转轮中心定位

转轮吊入后顶转子大轴法兰与水轮机大轴法兰,进行转轮水平调整,底环正式吊装,复测水平小于 0.21 mm,然后进行转轮中心精调、24 片活动导水叶吊装;顶盖正式吊装(以销子孔定位),考虑到预装时少部分导水叶端面间隙和小于 0.5 mm,不符合标准要求,于是在正式安装时在座环第一塘口法兰面所有螺孔处加装 δ 0.75 mm 的紫铜垫,24 个套筒安装,顶盖螺栓打紧,96 个 M30 套筒销钉孔钻铰,导叶臂安装。

(三)其他关键节点

(1)导叶提起并捆绑调整导叶端面、立面间隙。

(2)接力器吊装及水平测量调整,推拉杆长度、水平调整最大高差小于 0.68 mm。

(3)双联板安装,调整双联板自身水平≤0.25 mm。

(4)主轴法兰连接,M110 联轴螺栓预紧力拉伸,该处拉伸值为 0.28 mm,实际预紧值最大值为 0.31 mm,最小值为 0.23 mm。

(5)机组中心位置定位;以水轮机上下迷宫环间隙为间隙,通过移轴反复调整达到要求。

(6)盘车,通过各道工艺点的达标工作使得盘车工作顺利完成。

(7)检修密封、主轴密封、转动油盆等安装。

上述主要关键性节点完成后标志着此次水轮机改造安装工程基本完成。

三、改造工程的实施效果

1# 机改造前后水轮机主要技术参数,见表 3。新转轮材质不再采用低合金钢 ZG20SiMn,采用用 ZG00Cr13Ni5Mo 不锈钢材料及 VOD 精炼工艺,消除转轮叶片裂纹、磨损、空蚀等缺陷。图 2 为 HL702-LJ-410 型水轮机的运转特性曲线,图 3 为 HLA835d-LJ-419 型水轮机的运转特性曲线。可以看出水轮机效率保证值提高,可减小耗水率,增发电量。

(一)水轮机出力

1# 水轮机改造后进行了大负荷试验,出力由 103 MW 增加到 113.3 MW。试验工况为水头 72.7 m,发电机无功为零、有功为 110 MW,水轮机出力达到 113.3 MW。此时水头较低,导叶开度仅为 81% 的工况可见,新水轮机出力还有较大裕量。

表 3	水轮机改造前后主要技术参数	
参数	原水轮机	新水轮机
型号	HL702-LJ-410	HLA835d-LJ-419
最大/设计/最小水头(m)	86.2/73.0/57.5	86.2/73.0/57.5
额定出力(MW)	103	113.3
额定流量(m³/s)	160	170.88
额定转速(r/min)	150	150
吸出高度(m)	-3.5	-3.5
效率保证值(%)	91.5	93

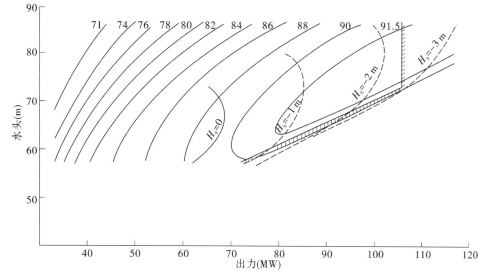

图 2　HL702-LJ-410 型水轮机的运转特性曲线

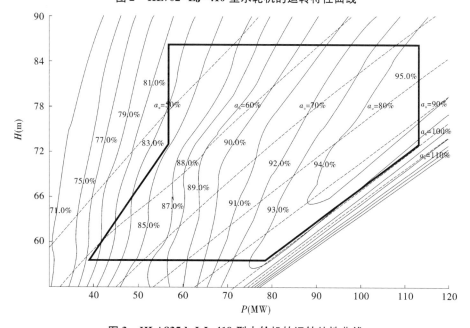

图 3　HLA835d-LJ-419 型水轮机的运转特性曲线

(二)水轮机效率

通过定性比较 1# 水轮机改造后效率比 3# 水轮机效率整体提高 6% ~ 7%[7]，见图 4。

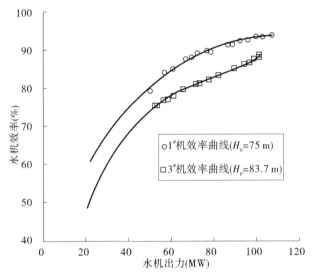

图 4 1#机组水轮机效率与 3#机组效率对比

将水轮机绝对效率换算到 $H_p = 75$ m 工作水头下，由图 5 可以看出效率曲线和保证值曲线线形上基本吻合，变化趋势一致，水轮机效率满足保证值要求。

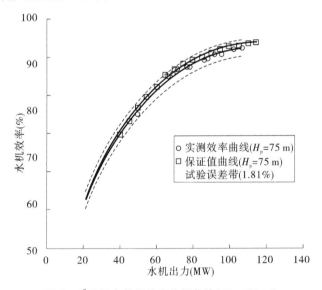

图 5 1#机组水轮机效率特征曲线($H_p = 75$ m)

(三)机组稳定性

1# 水轮机改造后，与旧水轮机相比较振动区明显减小，原水轮机有 2 个振区，第一振区为 20 ~ 60 MW，第二振区为 60 ~ 80 MW，这 2 个振动区均不能安全运行运行，需避开(见图 6)。

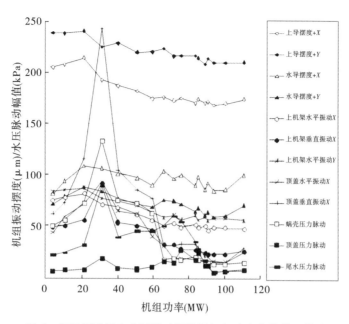

图 6　机组振动摆度水压脉动幅值随机组功率变化关系曲线

新水轮机只有一个振动区,振动区为 20～40 MW。总之,1# 水轮机改造后,机组的运行稳定性明显改善,稳定性试验数据见图 6。

四、结　　语

整体而言,通过现场关键节点的严格控制,1# 水轮机改造是成功的,机组运行平稳,发电耗水率大为降低,同时,新转轮、底环抗磨板采用 ZG00Cr13Ni5Mo 材料,顶盖抗磨板采用 1Cr18Ni9Ti 材料,可保证检修工期的延长,降低检修成本,大修周期预期可从 3 年 1 次延长到 7～8 年 1 次。

以平均提高效率 $\eta = 6.4\%$ 及碧口机组 30 年平均发电量 35 674 万 kW·h/(年·台)计算,年增发的电量 2 283.14 万 kW·h。改造后不但机组稳定可靠性大为提高,又产生了明显的增发电量效益。

按照 1# 机组的改造成果,目前正在进行 2#、3# 水轮机转轮改造的前期工作,最终希望通过 3 台水轮机的技术改造达到全厂增容的目的,同时通过论证发电机改造可行性研究及相应电气设备和微机监控的改造,提高全厂自动化水平以适应"无人值班"的要求。

参 考 文 献

1　樊世英.混流式水轮机转轮裂纹原因分析及预防措施.水力发电,2002(5):38-41.

2　尹述鸿.大朝山 1# 水轮机转轮裂纹原因分析及处理.水利水电技术,2002(12):39-40.

3　何晋军,邓义.盐锅峡水电站 10# 机组转轮异音分析.青海电力,2008(3):10-11.

4　李启章,付联桂,李志民.三峡机组振动及稳定性问题.水利水电技术,1996(12):10-21.

5　何芳.混流式水轮机转轮结构及优化设计.中国优秀硕士学位论文全文数据库,2008(11).

6　吴次光,青长庚.混流式水轮机电站运行稳定性与装机容量选择的探讨.水力发电,2002(7):48-51.

7　甘肃电力科学研究院.大唐碧口水力发电厂 1# 机组水轮机增容改造后绝对效率试验报告.2009.

自熔合金粉末喷焊密封环制作技术的研究与应用

冯 立 荣

（宁夏固海扬水管理处）

【摘　要】　针对扬黄流域水泵铸钢密封环在大量卵石强烈的磨损、磨蚀以及高盐碱水质腐蚀的联合作用之下,磨损严重,使用寿命短,导致水泵大修周期缩短的问题,进行了沅江 48I-35I 型水泵及 32SA-10 A 型水泵新型自熔合金粉末喷焊密封环的研究和试验,解决了水泵效率下降快的问题,经济效益显著。

【关键词】　水泵　自熔合金粉末　喷焊　密封环

一、固海扬水工程基本情况

固海扬水工程从水源分,包括直接从黄河取水的原固海扬水工程、从卫宁灌区七星渠取水的同心扬水工程和世行扩灌三部分组成。同心扬水工程于 1978 年建成,固海扬水工程于 1986 年建成,两灌区合并为现固海扬水工程,1988 年利用世行贷款进行了部分扩建,1993 年完成。目前共建泵站 21 座（其中李旺泵站未投运）,变电所 15 座,安装（投运）主机组 151 台(套),装机总容量 101 425 kW,总扬程 382.47 m,净扬程 342.74 m,设计流量 28.5 m³/s,干渠总长 286 km。

固海扬水工程 70% 的主水泵都是 20 世纪 70 年代生产的产品,建设时由于水泵种类少,一些泵站水泵选型不合适,其本身性能较差,加之经过 31 年的运行,老化严重,超期服役现象突出。宁夏固海扬水管理处早期安装使用的都是铸铁叶轮及密封环,水泵过流部件使用寿命短,平均运行时数不超过 3 000 h,随着钢板焊接叶轮技术的应用,钢板焊接叶轮已逐渐成为黄河中上游扬黄泵站水泵叶轮的主体。但随之也出现了新的研究课题:钢板叶轮进、出水叶片、盖板等部位空蚀、磨损慢,而口缘磨损快,口缘尺寸超标致使容积损失增大,是导致水泵运行效率降低,流量下降的主要原因,口缘这个部位成了决定叶轮寿命的关键。宁夏固海扬水管理处泵站每年 4 月上水前大修的水泵,运行到 8 月秋灌结束时,运行时数仅 3 000 h 左右,因水泵叶轮与密封环配合间隙增大,泄漏损失增加,水泵平均单机提水量下降 6.3% 左右,装置效率下降 3% 左右,在影响泵站安全、高效运行的同时,增加了机电设备维修费及检修人员工作量。同时,每年 8 月正值灌溉高峰期,3 月投运的机组在不间断运行 4 个月后,机组状况已属强弩之末,流量下滑快,即使是满负荷运行也达不到供水要求,供需矛盾十分突出,严重影响了灌区的正常灌溉和社会稳定。

二、试验过程

（一）沅江 48I-35I 型立式离心水泵密封环试验

安装于第一级泉眼山泵站和第二级古城泵站的 14 台沅江 48I-35I 型立式离心水泵，下密封环在大量卵石粒强烈的磨损、磨蚀以及高盐碱水质腐蚀的联合作用之下，磨损十分严重。大修后的水泵，在运行 3 000 h 后（春、夏、秋连灌时间），密封环单边平均磨损量达到 4 mm 左右，此时泄漏损失大，配带的电动机电流平均降低 10 ~ 12 A，单机流量减少 10% ~ 15%，泵站装置效率下降 3% 左右。由于该型水泵结构特殊，更换下密封环就意味着整机大修，成本超过 5 万元，而且检修时间长，维修 1 台水泵需要 10 个熟练的检修工至少花费 14 个工作日才可以完成。过去，我们只能采取停水后检修人员从肘型进水流道进入，对磨损的下密封环进行补焊修复，由于施焊条件不好，焊接修补后下密封环运行 1 000 h 左右后，又恢复到修复前的状态，效果并不理想，只能勉强维持运行，6 000 h 后到进行更换叶轮大修时（一般在 8 000 ~ 10 000 h）才能同时更换下密封环，此时密封环一些部位已经完全被磨通，单边磨损在 10 mm 以上。该型水泵下密封环使用寿命短的问题长期困扰这两个泵站机组的经济、高效运行。

2004 年 3 月，我们确立了下密封环应用硬面技术提高抗磨蚀性能的研究项目，决定研制"火焰喷焊自溶合金粉末铸钢密封环"替代一直使用的铸铁、铸钢下密封环，达到将下密封环使用寿命延长到 9 000 h 左右，能与叶轮匹配使用的目的（见图 1）。2004 年 9 月，首先在古城泵站大修的 5#、7# 水泵上展开试验，4# 安装铸钢密封环，下密封环内径为 $\Phi(1\ 072 + 0.6)$ mm；5#、7# 安装自熔合金粉末喷焊环新型密封环，下密封环内径为 $\Phi(1\ 072 + 0.0)$ mm。检测方式为次年秋灌结束后从管道进入泵体测量，2007 年 9 月份，对这 3 台水泵再次进行大修，这种新型密封环在运行 9 000 h 后，单边磨损量为 3.6 mm，而安装铸钢密封环的 4# 机单边磨损量达到 11 mm，测得数据见表 1。

图 1　沅江泵密封环喷涂后运行 9 000 h 后局部图

（二）32SA-10 A 型卧式离心泵密封环试验

安装在第三级长山头泵站的 12 台 32SA-10 A 型卧式离心泵，由于密封环壁薄，不能进行镶钢圈技术修复,密封环使用寿命仅 2 800 多小时,一个灌季都维持不下来,每年必须更换一次(共 24 只),且秋季检修时工作量大,维修成本高。在沅江 48I-35I 型立式离心水泵自熔合金粉末喷焊密封环试验的基础上,又研制出了 32SA-10 A 型喷焊自溶合金粉末铸钢密封环。试验结果见表 2。

表 1   2004 年 9 月同时大修的 2 台沅江泵安装不同密封环磨损对比表

项目		2005 年 9 月检测	2006 年 9 月检测	2007 年 9 月检测	外观检测
4# 机:普通铸钢下密封环	时数(h)	3 166	6 053	8 871	径向 1/10 部分(周长)磨通
	单边磨损量(mm)	3.3	5.7	11	
5#,7# 机:自熔合金粉末喷焊下密封环	时数(h)	3 313	6 164	9 047	36% 喷涂面积涂层剥落
	单边磨损量(mm)	0.7	1.9	3.7	

表 2   32SA-10 A 自熔合金粉末喷焊密封环磨损试验结果

水泵型号	2 800 h 平均磨损量(单边)		6 200 h 平均磨损量(单边)	7 700 h 平均磨损量(单边)
	普通铸钢密封环	自熔合金粉末喷焊密封环	自熔合金粉末喷焊密封环	自熔合金粉末喷焊密封环
配合面磨损量(mm)	6.8	0.22	0.4	1.43
剥落面积(%)	报废	7	19	34

以上实测数据表明,火焰喷焊自溶合金粉末铸钢密封环在沅江 48I-35I 型水泵及 32SA-10 A 型水泵上的试验都达到了预期目标,取得了显著的技术成果,表面喷焊的 Ni67 自溶合金粉沫,形成的涂层表面硬度达到 HRC60,具有良好的耐磨性,使铸钢密封环使用寿命延长 2～3 倍,大大缩短了密封环更换周期,降低了维修成本(见图 2、图 3)。

图 2 32SA-10 型密封环未进行喷涂运行 2 800 h   图 3 32SA-10 A 型密封环喷涂运行 2 800 h

三、实施工艺

（一）技术原理

氧–乙炔火焰加热喷射 Ni67 自熔合金粉末时，金属粉末成为黏滞状，而火焰中的弱氧化反应使颗粒进入表面层，当适当加速时，黏滞的颗粒在工件表面固定和熔解在接触面中，颗粒产生一层或多层的疏松层，加热到 600 ℃ 左右时，镍基合金粉末（Ni67）中的硼、铬、硅颗粒扩散到界面层，当温度进一步升高到 900 ℃ 时，氧化反应物集中在表面覆盖层，形成致密的光滑涂层。火焰喷焊层与基体的结合纯属溶解扩散冶金结合，喷焊过程中基体是不熔化的，只是喷焊层与基体这间产生熔解作用，基体并未发生相变或再结晶。

（二）材料

喷焊材料是采用甘肃工业大学合金材料总厂生产的镍基合金粉末（Ni67），其物理、化学性能见表 3、表 4。铸钢密封环毛坯材料选用 ZG270–500（旧标准为 ZG35），其性能见表 5。

表 3　　　　　　　　　　　　　　　Ni67 镍基合金粉末物理性能表

粉末牌号	硬度（HRC）	松装密度（g/cm³）	熔点（℃）	用途	工艺性能
Ni67	56 ~ 62	3.3 ~ 4.0	980 ~ 1 080	抗磨蚀	优

表 4　　　　　　　　　　　　　　　Ni67 镍基合金粉末化学成分表

成分	C	B	Cr	Si	Mo	Fe	Ni
含量（%）	0.8	3.5	16	4.0	10.0	≤5	余

表 5　　　　　　　　　　　　　　　ZG270–500 性能表

牌号	含碳量（%）	σ_s（MPa）	σ_b（MPa）	冲击韧性（J/cm²）	铸件厚度（mm）
ZG270–50	0.40	270	500	3.5	<100

（三）喷焊范围及方案

铸钢毛坯 A、B、C 三个面要各预留 2 mm 的预留量。第一次试验时，我们只对密封环磨蚀最严重的径向圆周（A 面）进行喷焊，运行 3 600 h 后检查，喷涂面涂层基本完好，但涂层与两个轴向端面接合部位（即 B 面、C 面）冲刷严重。第二次试验中，对 A、B、C 三个面整体喷焊，沅江 48I–35I 水泵密封环总喷涂面积 0.112 m²，32SA–10 A 水泵密封环总喷涂面积 0.065 m²（见图 4）。

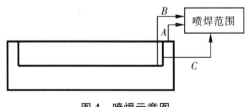

图 4　喷焊示意图

(四)工艺流程

工艺流程见图5。

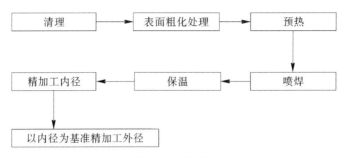

图5 工艺流程

(五)工艺要点

(1)喷砂粗化减少应力。对具有铸造缺陷的部位,可视情况先用电焊补平,有裂纹的位置先打好止裂孔,开坡口,将裂痕全部清理干净再补焊平缺陷部位。

(2)铸钢密封环含碳量大于 0.4%,需预热 250～350 ℃(采用触点式测温计测量)。预热的主要目的是去除工件表面湿气,并产生一定的热膨胀,减少温差,从而减少热应力,有利于提高喷焊层的结合强度和喷焊层质量。预热要求均匀,内圆表面喷焊层冷却有脱离工件的趋势,若预热温度过高,冷却时收缩应力大,会导致喷焊层脱落或引起较大变形。

(3)火焰喷焊选用一步法工艺,应严格遵守由外向里、由薄到厚、由点到面、对称喷焊的工艺原则,合适选择喷焊路线,集中火焰,小区域、分块喷焊。喷枪的喷粉方向顺工件圆周 45°角喷射为好,这样能够喷出清晰的棱角。

(4)喷焊结束后,采用石棉布大面积包裹,缓慢冷却,以降低应力。

(5)喷焊设备采用上海喷涂机械厂生产的 QHT-7/h A 型喷涂重熔两用枪,该枪功率大,升温速度快,可同时进行上粉及重熔工作。使用如下参数,可以得到最佳的火焰喷涂涂层性能:喷涂距离 150 mm,乙炔压力 0.14 MPa,氧气压力 0.3 MPa,雾化压力 0.50 MPa。

四、经济效益分析

(一)沅江 48I-35I 型自熔合金粉末喷焊密封环经济效益

第一级泉眼山泵站安装沅江 48I-35I 型立式离心泵 7 台(设计单机流量 3.8 m³/s);第二级古城泵站安装沅江 48I-35I 型立式离心泵 7 台(设计流量 3.6 m³/s),32SH-19 型水泵 1 台(设计流量 1.4 m³/s),24SH-13 型水泵 1 台(设计流量 0.88 m³/s)。沅江 48I-35I 型立式离心泵钢板焊接叶轮平均使用寿命 8 000～10 000 h(按运行方式,大修周期基本上为 2.5 年),使用自熔合金粉末喷焊的下密封环,其寿命可与叶轮保持同步,且水泵在运行期间,下密封环间隙始终控制在检修规程规定的范围之内,使水泵保持高效运行,以安装新型密封环后第一、第二级泵站按装置效率平均低 2% 计算,2007 年 3～8 月底停机,泉眼山及古城两个泵站春、夏、秋灌期间可节余电量 195.46 万 kW·h,节约电费 11.74 万元。具体计算数值见表6和表7。

表 6   泉眼山泵站平均每年节约电费统计表

项　目	实施前	实施后
装置效率(%)	55.65	57.65
能源单耗(kW·h/(kt·m))	4.890	4.718
用电量(万 kW·h)	2 632.76	2 541.30
节余电量(万 kW·h)	—	91.46
节约电费(万元)(电价:0.06 元/(kW·h))	—	5.49

表 7   古城泵站平均每年节约电费统计表

项　目	实施前	实施后
装置效率(%)	53.62	55.62
能源单耗(kW·h/(kt·m))	5.07	4.89
用电量(万 kW·h)	2 899.61	2 795.38
节余电量(万 kW·h)	—	104
节约电费(万元)(电价:0.06 元/(kW·h))	—	6.25

(二)32SA-10 A 型自熔合金粉末喷焊密封环经济效益

自 2006 年春季、秋季设备检修时,开始批量使用新型自熔合金粉末喷焊密封环,2007 年秋季检修时检查安装的新型密封环,从外观状况及配合面磨损尺寸看,完全可以保证冬季灌溉,即使是报废的新型密封环(运行时数达 8 311 h),其完好程度都好于运行 3 000 h 左右报废的铸钢密封环。

从表 8 可以看出,尽管 32SA-10 A 型自熔合金粉末喷焊密封环比铸钢密封环价格稍高,但其寿命却是铸钢密封环的 2.7 倍,性价比是比较高的。长山头泵站往年安装铸钢密封环,年更换密封环 24 只,不计因此项检修耗用的其他材料费、机械费及人工费,仅此项材料费就达 22 800 元。2006—2007 年安装新型密封环节约材料费 17 760 元,具体计算如下:

表 8   32SA-10 A 型自熔合金粉末喷焊密封环与铸钢环性价对比表

新型环单价 A(元)	铸钢环单价 B(元)	新型环使用寿命 HA	铸钢环使用寿命 HB	价格比 A/B	性能比 HA/HB	性价比 N
1 160	950	7 000 ~ 8 000	3 300	1.22	2.27	1.86

铸钢密封环 2 年维修材料费:48 只×950 元/只=45 600 元

新型自熔合金粉末喷焊密封环 2 年维修材料费:24 只×1 160 元/只=27 840 元

平均每年节约维修费:(45 600-27 840)/2 = 8 880 元

年节约费用百分比:(8 880/22 800)×100% = 38.9%

通过自熔合金粉末喷焊技术在水泵配件制造上的应用,每年可为管理处节约配件直接费和电费合计 126 280 元。

五、技术创新点

氧-乙炔火焰喷焊技术目前在机车、矿车、大型机床表面等设备上应用较多,但在黄河中上游流域大口径、多泥沙水泵密封环上应用在全国尚无先例。密封环其结构简单、厚重,要求有良好的耐磨性,能够承受强烈的磨粒磨损和冲蚀磨损。自熔合金粉末喷焊制作的密封环,具有以下特点:

(1)基体整体受热,不易产生热应力,有效防止裂纹和变形。

(2)喷焊表层组织致密平整,成型好。

(3)喷焊层与基体结合强度高(350~450 MPa),工件可大面积承受强烈的磨粒磨损,冲蚀磨损。

(4)与不锈钢、合金钢材质密封环相比,性能相近,但具有明显的价格优势。

大峡水电站水轮机抗磨蚀技术措施及磨蚀修复

王 旺 宁

（国投甘肃小三峡发电有限公司）

【摘 要】 水轮机磨蚀是一个需综合治理的系统工程,详细介绍了大峡水电站水轮机在水力设计、部件制造、生产维护中所采取的一系列成功应用的抗磨蚀措施,以及对磨蚀开展成功修复工作的成熟工艺措施,可供多泥沙河流水轮机抗磨蚀措施的研究及应用工作者参考。

【关键词】 水轮机 防磨蚀 措施 磨蚀修复

一、前 言

大峡水电站位于甘肃省白银市和榆中县交界处,距兰州市约 65 km。电站以发电为主,兼顾灌溉等综合利用,水库总库容为 0.9 亿 m³,为日调节水库,低水头河床式电站,电站设计装机容量 300 MW(4×75 MW),多年平均发电量 14.65 亿 kW·h,设计年利用小时数为 4 880 h(实际运行 5 000~6 000 h)。1996 年 12 月 8 日首台机投产发电,1998 年 1 月 4 台机全部投产。电站主要参数见表 1。

表1　　　　　　　　　　　　　　　　　电站主要参数

水头特征值		水库泥沙特性参数	
最大水头(m)	31.4	多年平均悬移质含沙量(kg/m³)	2.02
额定水头(m)	23.0	实测最大含沙量(kg/m³)	306
最小水头(m)	13.2	汛期平均含沙量(kg/m³)	4.02
全年加权平均水头(m)	23.8	多年平均悬移质输沙量(万 t)	6 500
汛期加权平均水头(m)	20.73	多年平均推移质输沙量(万 t)	15
非汛期加权平均水头(m)	28.29	悬移质中值粒径(mm)	0.019

根据黄河中上游同类型电站实际运行状况,水轮机磨蚀问题不可避免,而且往往是造成转轮、导水机构等部件破坏,成为进行机组检修的主要解决目标问题。大峡电站汛期河流泥沙含量大,水头变幅快,因此在机组设计、制造及后期的运行实践中,为了最大限度地减少磨蚀,延长机组检修间隔周期,降低运行成本,采取了合理选择水轮机参数、优化水力设计和结构设计、采用优质抗磨材料等主要措施以增加水轮机的抗磨蚀性能,并成功摸索出一套有效的水轮机磨蚀修复工艺。

二、水轮机设计制造中主要采取的抗磨蚀技术措施

(一)降低水轮机转速参数,减小转轮出口相对流速,以减轻转轮的磨蚀

根据国内外在水力机械泥沙磨损方面的研究成果,水力机械的磨损速度和转轮的圆周速度的 4～5 次方成正比。按照常规设计选型,该机组按照模型最优单位转速 $n_{10}' = 134$ r/min,其转速可选用 88.2、90.9、93.75 r/min 三种转速方案中较高转速,能在全年加权平均水头 23.8 m 时,水轮机基本运行在最优单位转速上,而且电机重量减轻,从而降低机组造价。但当在汛期加权平均水头 20.73 m 运行时,却偏离最优工况较远,且转轮出口相对流速较大,这对水轮机运行十分不利,必将加剧转轮的磨蚀。相反,若采用 88.2 r/min 的较低转速,则其汛期运行工况较好,并且可减小转轮出口相对流速,减轻转轮的磨蚀,虽然电机重量将有所增加,但对运行较为有利。综合比较,选型设计时兼顾了汛期运行工况,选择较低的机组转速 88.2 r/min 方案,使水轮机在汛期尽量少偏离最优工况运行,从而减轻高速含沙水流对水轮机部件的磨蚀。

(二)综合工况考虑,合理选择水轮机的吸出高度,确定安装高程

在浑水条件下,空蚀往往提前发生,而且空蚀与磨损的联合作用又将进一步加重水轮机的磨蚀损坏程度。一般而言,安装高程适当降低较为有利于降低磨蚀,但因汛期下游水位高,机组装得过低对防反水锤造成的转桨式机组的"抬机"非常不利,所以应综合计算额定工况、汛期运行工况和非汛期运行工况,进行技术经济指标综合比较,合理选择水轮机吸出高度。

鉴于黄河流域泥沙含量大,通常应选择较大的空蚀余量系数。本电站选择该系数时,有专家建议,将空蚀余量系数选择 $K = 1.4$,由此确定的吸出高度应为 $H_s = -6.6$ m,根据水库运行实际特性,电站装机 4 台,在运行调度上有很大的灵活性,水轮机在一台机流量以额定出力运行出现的频率极低,大部分时间运行在汛期和非汛期加权平均水头附近,按照额定工况时浑水电站空蚀余量系数取值最小值 $K = 1.3$ 取值,在汛期加权平均水头工况则为 $K = 1.51$,有较大裕量;在非汛期加权平均水头工况(水质较清)则为 $K = 1.36$,也有较多裕量,由此确定的吸出高度仅为 $H_s = -5.5$ m。所以经综合分析比较,最终选定吸出高度为 $H_s = -5.5$ m,据此确定机组安装高程,既留有一定的裕量,保证水轮机能有效地抗空蚀、抗磨损并长期高效运行,又减少电站投资。

(三)优化水力设计,提高水力性能

轴流式水轮机内,从导叶出口到转轮叶片进口,是一段水流非常复杂的区域。在导叶出口边水流有脱流旋涡,比较紊乱;在导叶出口的下端面和底环之间还有一个楔形区,水流在导叶下断面形成新的脱流;而且,此时水流还要转弯,如底环型线设计不好,又会在转轮室上环形成脱流旋涡,进而对该部位形成空蚀破坏,所以在将导叶分布圆直径从 $1.16D_1$ 加大到 $1.2D_1$ 的基础上,通过优化流道设计将蜗壳包角由 180° 改进为 225°;通过转轮体有限元计算分析选择转轮轮毂比由 0.44 降为 0.43,相应的空蚀系数由 0.575 降为 0.465,空蚀裕量增大;另外通过固定导叶、活动导叶双排叶栅损失计算,叶片局部修型等手段,对过流部件的水力合理匹配,对 ZZ500 转轮进行进一步优化改型研制出富春江水工厂的 F24 转轮,最大限度地减少水力损失和空化的发生,以达到机组水力设计在最优工况,保证水轮机既具有较高

的水力性能,又有较好的空蚀性能和运行稳定性。

(四)优化结构设计,采用优质材料,提高制造质量

为延长水轮机抗磨寿命,在结构设计上采取了必要的防磨蚀措施,主要有:

(1)导水机构:顶盖和底环过流面均设有抗磨板,活动导叶的上、下端面及进出水边均采用不锈钢型材加工而成。其中顶盖抗磨板选用45#钢,而对更易磨损的底环表面,选用改性超高分子量聚乙烯材料抗磨板,其抗磨性能是不锈钢1Cr18Ni9Ti 或 Cr16Ni5Mo 材料的 8～10 倍以上,抗空蚀性是常用不锈钢1Cr18Ni9Ti 材料的 10 倍以上,且具有很强的韧性,但硬度很低,易加工。使用该材料后,其导叶端面密封还可以直接在抗磨板平面上加工一个凸台(图1)而成,简单有效。

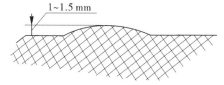

图1 抗磨板环形凸台

为保护抗磨板连接螺栓的头部,避免其磨蚀以方便检修时拆卸,采用两种型式的盖帽:A 型适用于六角螺栓,所占位置较大;B 型适用于内六角或圆柱头螺钉,安装位置受限时使用。安装时在盖帽螺丝处涂胶,拧紧后与抗磨板同车削,使抗磨板表面平滑,可避免局部磨损,且更换方便(图2)。

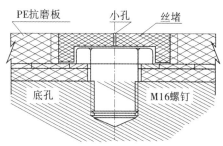

图2 抗磨板安装固定图

(2)水轮机转轮:转轮体母材为 ZG20SiMn,转轮叶片为抗磨蚀性能较好的 ZG0Cr13Ni4Mo 不锈钢材料,为减缓间隙流引起的叶片外缘的空蚀和磨损,在叶片外缘设有抗空蚀裙边。叶片型线、表面粗糙度及波浪度是影响水轮机效率和抗磨蚀性能的重要因素,为此在制作过程中,除采取了一些措施以提高不锈钢的冶炼质量外,还严格控制加工工艺,尽力提高叶片质量,以增强其抗磨蚀性能。

为解决叶片进水边的脱流空蚀,延长水轮机抗磨寿命,还采用叶片头部比较厚,进水边圆弧比较大的翼型,这样做尽管会降低最优工况效率,但可提高叶片对不同冲角的适应能力,减轻脱流。

(3)转轮室的主要磨蚀部位也采用 ZG0Cr13Ni4Mo 不锈钢材料。

三、机组磨蚀状况及磨蚀修复

采用如上磨蚀措施后,不管从流道全模拟试验,还是真机空蚀检测均达到了预期的效果。在1999 年3 月制造厂与电站共同进行的 1# 水轮机的空蚀磨损情况检测中,叶片进水边靠外缘迎水面及叶片正面靠出水边外缘处局部有轻度的磨蚀,单个叶片空蚀坑最大面积约

69.3 mm^2,空蚀最大深度约 1.6 mm,转轮的失重量远远低于允许的失重量(此时实际运行时间已达 9 802 h,而技术文件规定的运行 8 000 h 允许失重量不超过 36 kg),水轮机检修周期可明显延长。表 2 统计了 4 台机组自投产以来的检修状况,从中可看出,不管是 A 级还是 B 级,检修间隔年均较《发电企业设备检修导则》规定时间有大幅度的延长。

表 2   4 台机组自投产以来的检修状况

机组编号	投运时间	B 级检修时间	A 级检修时间	转轮局部磨蚀修复(基坑内)次数	转轮全面磨蚀修复(基坑外)次数
1#	1997.06	1999.03 2004.02	2007.11	1	1
2#	1996.12	1998.02 2007.01	2002.11	1	1
3#	1998.06	2005.12	2009.11	1	1
4#	1997.12	1999.11 2005.01	2008.11	1	1

下面就电站机组长期运行后的磨蚀状况及磨蚀修复工艺予以介绍:以 3# 机组为例,该机组第一次 B 级检修时机组累计运行时间 42 056 h,B 级检修后截止到开始第 1 次 A 级检修时运行 25 534 h,累计运行 67 590 h。检查发现主要磨蚀部位有:转轮轮毂体表面(在叶片活动区域范围内与叶片配合处局部深坑)、转轮叶片表面(第 1 部分主要发生在叶片边缘向内侧延展部位的上下表面的翼型空蚀,在整体磨蚀量中占比较大;第 2 部分主要发生在叶片的外圆弧形部位的间隙空蚀;第 3 部分主要是局部空蚀,在叶片出水边及叶片根部等区域发生的不规则的小坑槽)、转轮室分半组合缝、转轮室与凑合节焊缝、尾水锥管与凑合节环缝等部位,其中主要以转轮叶片表面磨蚀为主,其余均为局部小范围空蚀磨损,而顶盖、底环、导水叶等流道部位抗磨板基本完好,结构表面磨蚀轻微。所以,磨蚀修复的主要工作集中在转轮叶片的处理上,图 3 所示是 2009 年 A 级检修时叶片表面磨蚀状况。

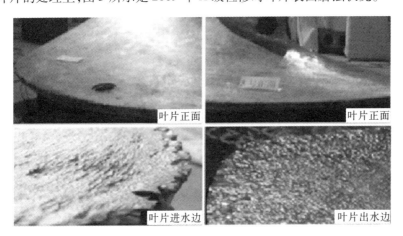

图 3   3# 机组 2009 年 A 级检修时叶片表面磨蚀状况

水轮机过流表面已发生空蚀的部位凹凸不平,更易磨损。试验研究表明,在相同工况下,泥沙水产生的空蚀强度是清水的4~6倍。因此含沙水中空蚀和磨损的联合作用,进一步加剧水轮机过流部件的损坏。而对转轮叶片进行磨蚀修复处理往往直接决定机组的检修周期,所以在综合实际磨蚀情况及机组运行稳定性各方面因素后,对3#机组在2005年进行转轮室内的修复,在2009年吊出机坑全面修复。由于在基坑内空间位置限制、处理后无法高温退火消除应力、浆叶焊接过水边较薄处易变形等因素,其处理方案与机坑外处理有所区别,各自的处理方案如下。

(一)叶片在转轮室内处理工艺

B级检修时检查确定主要需进行修复部位集中在5个叶片出水边空蚀磨损较严重区域,因此属小区域范围修补,修补工艺相对简单,主要控制点如下。

(1)根据叶片的翼形制作叶片正面出水边部位叶片靠模,靠模要求从叶片出水边100 mm处开始,沿叶片外缘切线方向每100 mm制作1条,共6条;沿叶片径向每隔100 mm也制作1条,然后将径向与纵向靠模板垂直固定,确保与叶片固有叶型一致,透光检查间隙均匀。

(2)修磨需修复部位,露出完好的金属母材,对焊接部位进行分区。

(3)焊接顺序:先焊空蚀严重区,后焊其它区域,再焊叶片背面和正面并与其他完好区域平缓过渡。

(4)焊接采用直流反接法,电焊接地线接在被焊浆叶上,用小电流(焊接电流不大于120 A,叶片较薄区域控制在100 A左右)短弧焊,在焊接过程中采用对称交错堆焊;焊接时严格控制温度,以手触叶片焊接位背面不烫手为原则;在焊接过程中采用锤击法来消除焊接应力。

(5)在焊出水边三角区时采用Φ3.2 mm的0Cr13Ni4Mo不锈钢焊条。焊接过程中应随时利用木模检测,避免局部过热产生变形现象。

处理效果:单个叶片平均消耗焊条90 kg,处理过程靠模检查无大的变形,运行6 000 h后检查修补部位无明显空蚀磨损,对叶片磨蚀起到很好的抑制。但因空间限制,叶片表面经打磨后抛光,表面光洁度仍较低,轮叶外缘无法进行修复。这也是机坑中处理无法完成的盲点。

(二)叶片在机坑外处理工艺

检修过程中首先检查记录了转轮叶片空蚀区域,空蚀磨损情况如下:第1部分主要发生在叶片边缘至内侧1 500 mm部位的叶片表面翼型空蚀,最大空蚀深度5~7 mm,空蚀面积占焊接面积的75%;第2部分主要发生在叶片的外缘弧形部位的间隙空蚀,最大空蚀深度10 mm,空蚀面积占焊接面积的15%;第3部分主要是局部空蚀,在叶片出水边及叶片根部等区域发生的不规则的小坑槽,空蚀面积占焊接面积的10%,需要大面积进行铺焊处理,并对叶片外缘补焊修形,修补裙边。具体工艺如下。

(1)修复环境:因检修工作一般安排在冬季,室外温度较低,因此作业时应选择通风条件好又利于保温的室内环境,要求室内温度大于10 ℃,如不达标,可在施焊浆叶周围布设取暖电炉。

(2)焊材选择:焊接采用直流手工电弧焊,焊条选择郑州机械研究所生产的0Cr13Ni4Mo不锈钢焊条,焊条规格:Φ4 mm、Φ3.2 mm两种(焊接电流应控制在140~160 A、100~120 A)。

（3）主要施工措施：

①用砂轮机将叶片损坏严重且不易施焊部位如深坑、沟槽等磨开后，露出完好的金属母材。

②以桨叶正面出水边 1/3 的面积区域为基准，制作桨叶模板（图 4a）。

③确定叶片焊接原则顺序：从叶片中央位置向四周施焊；焊接时先将沟槽、深坑补平，再大面积盖面；先焊叶片背面，后焊叶片正面。

④焊接电流选择：叶片背面靠外缘侧由于面积较大空蚀较小，采用小电流焊接，焊接时不用加固措施；叶片正面（除三角区）及头部较深的空蚀坑采用小电流补焊的方法；铺焊过程中，应采用小电流短弧焊接，施焊过程中严格控制温度，母材温度控制不超过 150 ℃，避免局部过热产生变形现象。叶片背面出水边三角区补焊时，除严格控制焊接电流外，还应采取相应变形检测或加固措施。

其中刚性固定法（图 4b）为：采用 $\delta = 16$ mm、宽 120 mm 的 A3 钢板制作刚性支撑，要求与叶形相吻合，点焊到叶片的背面，点焊要求钢板两边对称焊，焊接长度 30 mm，间隔 100 mm；框架用"井"字形，"井"字形对角线与施焊方向垂直，框架小格为 150 mm×150 mm，加固框架总面积应超过施焊部位，长宽均必须超过 300 mm。退火处理后将刚性支撑拆除，补焊支撑遮挡的部位。

百分表检测法：叶片立面放置后将三角区域按 10 cm² 为单位进行划分，采用正反位置、同一电流、分块跳跃焊接。焊接前在叶片进水边单侧装设 2 个百分表进行检测以控制其变形量。变形大时，应采取矫正措施。

⑤叶片出水边的穿通孔焊接时，先在孔下衬厚 12 mm 的钢板，在上面补焊，补焊后将衬板刨去，在背面将孔焊平。

⑥焊接完后叶片进行退火处理，用加热器将叶片加热，加热温度为（300～450 ℃）保持 1 h 后自然冷却，用叶片模型检查叶型（图 4c）。

⑦叶片外缘及裙边按要求补焊成形。

⑧铺焊应高出叶片 1～2 mm，用砂轮按原型打磨，打磨后叶片曲线过渡光滑，不得有凸棱、凹槽高低起伏现象，表面粗糙度应达到 12.5 μm 以上，最后用风砂轮机使粗糙度达 3.2 μm 以上（图 4d）。

图 4　叶片机坑外处理基本步骤

处理效果:2002 年 2#机组首次采用此法处理后,叶型控制基本无变形,单个叶片平均消耗焊条 140 kg 左右,回装后检查叶片外缘与转轮室、叶片根部与轮毂体配合间隙修复不甚理想,在修后运行 24 400 h 检查,叶片表面无明显的空蚀磨损深坑及裂纹,无大面积空蚀,正面出现鱼鳞状坑,背面裙边处出现深约 4 mm 的局部带状空蚀坑。单个叶片修复平均消耗焊条 16 kg。说明全面修复工作对叶片磨蚀起到很好的抑制,达到预期目的。

四、结　语

大峡电站水轮机通过采取一系列的抗磨蚀措施经实践证明是有效的,所总结出的叶片磨蚀处理措施进一步取得了有效延长转轮检修周期的效果,4 台机组都仅只经过一轮的 A 级检修,大大超过《发电企业设备检修导则》推荐检修工作间隔年。当然所暴露出的叶片外缘与转轮室、叶片根部与轮毂体配合间隙在检修中难以完全修复达标问题,在后续的工作中虽采取措施予以改进,但质量仍难以控制,有必要在今后的工作中继续进行深入的研究与探索,以取得更好的效果。

参 考 文 献

1　陈梁年,徐红新. 黄河大峡水电厂水轮机设计回顾与探讨. 第 14 次中国水电设备学术讨论会.

红山嘴电厂水轮机抗磨课题研究

刘 丁 桤

（新疆天富股份公司红山嘴水力发电厂）

【摘 要】 介绍了红山嘴电厂在水轮机转轮抗磨工作中所进行的工作及采用的一些新工艺、新方法及存在的问题,为多泥沙电站的水轮机抗磨工作提供了借鉴。

【关键词】 叶型 金属喷焊 软抗磨涂层 加盖底环

新疆天富股份公司红山嘴水力发电厂(下称"我厂")拥有 4 座梯级水电站,引玛纳斯河水发电,共有水轮发电机 19 台,是典型的引水渠式水电站。玛纳斯河为典型的内陆季节河,夏季洪水期流量大,是红山嘴电厂发电的黄金季节;但是,由于洪水期玛纳斯河泥沙含量很大,且泥沙为颗粒状石英砂,硬度很大,磨蚀能力极强,磨蚀程度甚至超过黄河,并且上游无湖泊、水库、堤堰沉积泥沙,致使红山嘴电厂水轮机磨损极为严重(见图 1)。特别是一级电站和三级电站,7 台机组需每年大修一次,与国家要求的 5 ~ 7 年大修一次相去甚远,洪水期由于磨蚀严重造成机组临时停机抢修达数十次之多。

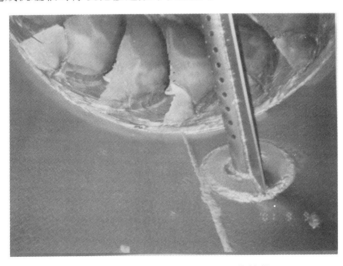

图 1 严重磨损现场紧急焊补后的转轮

课题研究内容有:

(1)研制新型抗磨叶型转轮,并采用金属和非金属抗磨涂层;

(2)结构改进;

(3)改变转轮焊接工艺。

课题研究工作从 1996 开始,由甘肃工业大学和中国水科院机电研究所对转轮进行设计,使用情况如下。

一、改变转轮叶型,叶片用金属粉末火焰喷焊及非金属抗磨涂层处理,改善磨蚀

(1)1997年,我厂同中国水科院合作,设计1台抗磨转轮,材料为20SiMn,叶片由14片改成13片,同时对叶片出口三角区进行金属粉末火焰喷焊处理(见图2),底环采用非金属高分子超聚乙烯抗磨板。1997年5月投入运行,负荷8 750 kW,1997年7月2日检查叶片开口,底环抗磨板磨损严重,不再使用。

图2 经过高温金属喷涂后的转轮

(2)1998年,我厂对三级电站2#机进行了机组增容改造,同时机组增容至10 500 kW,经过修复的水科院转轮,破坏更加严重,叶片三角区成块状掉落。

(3)1999年我厂同甘肃工业大学合作,对三级电站2#机进行抗磨增容试验,选择上冠为ZG35,叶片及下环采用0Cr13Ni5Mo,改造后的叶片比HL702-LJ-140转轮叶片要长要宽,其表面积要大于HL702转轮叶片,5月投入运行。9月23日叶片掉落,从检查结果看,叶片和下环焊接部位几乎全部被蚀空。只是叶片叶角没有HL702转轮叶角磨损严重。

(4)2000年,继续同甘肃工业大学合作,把叶片掉落情况进行反馈,进一步对叶型进行修正,转轮材料采用上冠ZG35,下环、叶片为0Cr13Ni6Mo。同时改变底环结构,并对叶片叶角进行金属粉末火焰喷焊保护处理,5月投入运行,转轮出力下降到9 500 kW,在7、8两个月经过两次简单补焊,从2001年4月拆机看,磨蚀情况比以往有较大改善,同时,转轮可以修复使用。

(5)2003年同郑州黄河水利委员会高新技术研究开发中心合作,对三级电站1F发电机转轮进行改性聚氨酯环氧金刚砂软抗磨涂层试验,在转轮叶片上涂抹一层2~4 mm厚的改性聚氨酯环氧金刚砂涂层。由于三级电站水头高(69 mm),泥沙磨蚀极为严重,到洪水期结束,该涂层100%被磨蚀,完全失去了对转轮叶片的保护作用,试验失败。我们没有因为失败而放弃此项新工艺,而是把此项技术应用在水头较低、磨损相对较轻的二级、四级和五级电站,取得了成功。二级电站2F机经软涂层处理后已经过2个洪水期,经检查,整个涂层基本完好,经简单修补后完成第3个洪水期的运行不成问题。

2004 年,经对二级电站 1F 机及五级电站 2F 机修补后,采用软抗磨涂层处理,由于该涂层具有较好的抗磨性和抗蚀性及抗剪切能力,特别是施工工艺简单、方便,适合大面积涂抹,2002 年我们将此项工艺推广到四级电站 2F 机蜗壳、座环及固定导叶的抗磨试验,经 2 个洪水期的考验,其抗磨涂层 98% 完好无损,个别部分经简单修补完好如新。解决了运行 40 多年,修补十分困难的机组埋设部分的磨蚀问题(特别是铸铁蜗壳),开辟了一条光明的道路。2005 年我们计划对四级电站 3F 机和五级电站 1F 机蜗壳、座环及固定导叶进行软抗磨处理,以提高这些机组的抗磨能力。

(6)2003—2004 年继续同甘肃工业大学合作,把叶片磨蚀情况进行反馈,进一步对叶型进行修正,从 2004 年 10 月拆机来看,磨蚀情况比以往有了进一步的减轻。

二、改变底环结构,提高水下部件抗磨能力

对于三级电站不仅转轮磨损严重,底环迷宫环、导叶轴径同样磨损严重。原采用的对缝间隙密封时,每年 8 月份机组都会因为间隙过大(20 mm 以上),机组出力由 8 750 kW 下降到 6 000 kW 左右,在底环、迷宫环上加焊钢筋后,出力有所回升。而且转轮下环上平面磨蚀也相当严重,磨蚀锯齿型斜坡状。

2000 年 5 月,对三级电站 2# 机底环加导流盖处理。对导叶下轴径进行加粗,同时焊耐磨材料。2001 年 4 月拆机检查,迷宫环保护完好,导叶磨损较轻,底环固定螺孔和导叶限位块的磨蚀较严重。底环未加导流盖时,转轮焊缝周围有一道深深的沟槽,加导流盖后,沟槽已不存在,明显看出对减轻转轮的磨损起了一定的作用。

由此,2001 年三级电站机组大修,3 台机都加导流盖处理,所有限位块都焊在顶盖上,取消固定螺栓孔,采用底环和座环点焊,同时把两者结合缝用环氧金刚砂浇灌,以保证底环基础环不被冲坏,保持底环平面的平整。从 7、8 月检查来看,水下部件磨蚀情况有很大改善,为我们下步工作打下良好基础。

三、改变转轮的焊接工艺,提高转轮的抗磨能力

对于叶片的焊接方式,通常采用 R_{20} 的圆滑过度角,但是,在这几年的运行实践中发现,在叶片的下端出口处焊缝磨损严重,由此伤害到叶型。对于这个问题的解决,在 2001 年机组检修中采用了分段焊接方式,在叶片开口上半部仍然以 R_{20} 圆滑过度,开口的下半部采用斜坡状,R_{50} 以上的焊接方式。先在 9 500 kW 转轮上进行试验,磨损明显减轻。在 2002 年 10 500 kW 转轮上继续做试验发现,由上海司太立公司超音速喷焊的耐磨层,在机组运行一个月以后全部脱落,但叶型完好。2 个月后停水检查发现,叶片及焊缝磨损均匀,有轻微的沟槽,抗磨效果相当明显,已开始在转轮制作中推广。

(一)投入及效益情况

(1)1996—1998 年投入 35 万元。

(2)1999—2002 年投入 100 万元,2001 年对三级电站其中 2 台机进行了改进,由原来每年损失几百万千瓦时,到每年增发几百万千瓦时以上。

(3)2003—2004 年投入 100 万元,对三级电站 3 台机转轮,进行了改进,进一步提高了

转轮的抗磨能力。

(二)存在的问题和建议

从目前看,我们虽已取得一定的成绩,也已在 4 个电站进行推广,但离两年一次大修还有一定的差距,需要进一步的改进。

(1)盘根对大轴的磨损日益严重,严重威胁到机组的安全运行,成为亟待解决的问题。

(2)三级底环加盖后磨损严重,一年需更换一个底环,此问题需解决。

(3)三级底环加盖后转轮出口磨损减轻,但进口磨损加剧,而且此位置难以补焊,急需解决。

(4)现在我们还无法对机组的效率进行科学的鉴定。特别是对流量的测定,无法对机组的实际运行工况进行科学的分析,只能从简单测量和以往比较来判断机组的运行特性和抗磨能力,应寻求更多交流及合作。

红山嘴电厂水轮机综合抗磨蚀工作运用

刘　洪　文

（新疆天富股份公司红山嘴水力发电厂）

【摘　要】 介绍了红山嘴电厂在水轮机综合抗磨蚀工作中所采用的一些新工艺、新方法,为多泥沙电站的水轮机抗磨工作提供了新的思路。

【关键词】 优化　运行方式　螺旋流漏斗　排沙　金属喷焊　软抗磨

一、概　　述

水轮机泥沙磨蚀问题是一个世界性的难题,目前国际上尚没有好的解决办法。在我国由于生态问题,水轮机磨蚀问题尤其严重。据不完全统计,目前我国水电中约有 40% 的水电站的水轮机的过流部件都遭受不同程度的泥沙磨蚀破坏,导致水轮机出力不足,使用寿命缩短,运行效率下降,运行可靠性降低。全国每年因泥沙磨蚀被迫停机检修少发电近 30 亿 kW·h,直接经济损失高达几十亿元,间接经济损失难以计数。

新疆天富股份公司红山嘴水力发电厂拥有 4 座梯级水电站,引玛纳斯河水发电,共有水轮发电机 19 台,是典型的引水渠式水电站。玛纳斯河为典型的内陆季节河,夏季洪水期流量大,是红山嘴电厂发电的黄金季节。但是,由于洪水期玛纳斯河泥沙含量很大,且泥沙为颗粒状石英砂,硬度很大,磨蚀能力极强,并且上游无湖泊、水库、堤堰沉积泥沙,致使红山嘴电厂水轮机磨损极为严重(见图 1 和图 2),其泥沙磨蚀程度甚至超过黄河。特别是一级电站和三级电站,由于水头高、单机容量大,磨蚀尤为严重。7 台机组需每年大修一次,与国家要求的 5~7 年大修一次相去甚远,且洪水期由于磨蚀严重造成机组临时停机抢修达数十次之多。每年因此少发电 380 万 kW·h,增加大修费用 140 万元。水轮机泥沙磨蚀问题已成为制约红山嘴电厂经济发展的第一要害。

多年来红山嘴电厂为解决水轮机磨蚀问题,投入了大量人力、物力,通过有关专家分析论证,技术人员研究试验,并根据多年运行、检修积累的丰富经验,历经了上百次的失败教训,终于找到了一条水轮发电机抗磨蚀综合治理技术之路。使红山嘴水电厂水轮发电机的抗磨蚀能力有了很大的提高。其技术水平达到国内领先水平,其中的排沙漏斗技术被国际上公认为目前最先进、高效、节水的排砂技术,在国内外有重要的科技示范作用。

二、抗磨措施研究

造成水轮机磨损的因素很多,是一门涉及多学科的系统工程,红山嘴电厂通过多年研究,主要从三个方面入手解决水轮机磨蚀问题:

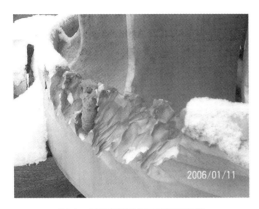

图 1 严重磨损的不锈钢转轮

图 2 严重磨损的下座环

（1）优化机组运行方式；

（2）改善引水渠水质；

（3）对过流部件采取抗磨措施。

其技术流程见图 3。

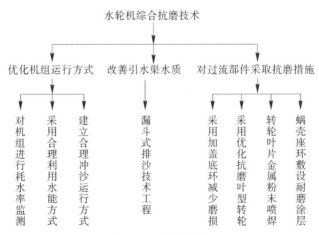

图 3 抗磨措施流程

（一）优化机组运行方式

（1）对机组进行耗水率监测。合理针对玛河水质特性、水文变化规律,对水轮机进行耗水率监测,摸索出一套科学的、适合本厂实际的用水方式,从而有效减少磨蚀。

（2）采用合理水能利用方式。优化运行调度,合理调整机组负荷,尽可能的让水轮机工作在最优工况下,这样既能提高机组效率,又能保证机组运行的稳定性,并且能够有效减轻磨蚀破坏,减少脱流、旋涡、空蚀造成的局部磨蚀破坏。

（3）建立合理冲砂运行方式。每年夏季洪水期（一般为 6、7、8 三个月）渠系含沙量最大,水轮机的磨蚀情况最为严重。在洪水期红山嘴电厂制定了合理的冲砂制度,增加冲砂次数,减少过机沙量。

（二）改善引水渠水质

修建螺旋流排沙漏斗工程（见图 4）。为了减轻玛河水中的泥沙含量,达到改善引水渠水质的目的,1997年红山嘴电厂在二级渠首修建直径为30 m的螺旋漏斗排沙工程。排沙工程其原理是利用进入漏斗的高沙水流,在几何边界和重力的共同作用下形成立轴旋转流,使水砂分离,泥沙从漏斗的排砂孔经排砂廊道排走,清水自漏斗溢流边墙溢入河道,从而达到"引清排沙的目的"。其特点是:排沙耗水量少,截砂效率高,结构简单,运行可靠,管理方便,是造价低廉的新型排砂设施。

(三)对过流部件采取抗磨措施

(1)采用加盖底环减少磨损。红山嘴电厂所有电站的水轮机底环,原来采用的都是对缝间隙密封底环,由于底环迷宫环间隙裸露,直接被泥沙所冲蚀,因此底环迷宫环、导叶轴径磨蚀十分严重。每年8月,部分机组迷宫环间隙可达20 mm以上,使机组出力严重下降。三级电站尤为严重,机组出力由8 750 kW下降到6 000 kW。2000年5月,对机组采用底环加导流盖处理,使底环迷宫环间隙不直接暴露,而是被导流盖有效的保护起来,同时对导叶下轴径进行加粗,并加焊耐磨材料,使导叶下轴径磨损减轻,达到迷宫环抗磨蚀的目的。

(2)采用优化抗磨叶型转轮。针对原转轮叶片三角区磨蚀严重,抗磨效果差的缺点,1999年我厂同甘肃工业大学合作,采用新型抗磨转轮。转轮上冠材料采用ZG35,下环、叶片采用0Crl3Ni6Mo,新转轮的叶片比HL702-LJ-140转轮的叶片加长、加宽,表面积也增加了,有效的增强了转轮特别是叶片三角区的抗磨蚀能力。

(3)转轮叶片金属粉末喷焊。为增强转轮的抗磨蚀能力,多年来红山嘴电厂一直进行转轮表面耐磨层的探索和研究,先后同上海司太立公司应用超音速喷涂技术,对转轮易磨损部位进行进口耐磨材料镍基碳化铬X3007喷涂试验;应用黄委水利科学院研制的聚氨酯,对转轮易磨部位进行喷刷试验;与甘肃工业大学合作,对转轮叶片进行氧乙炔金属粉末喷焊。经多年实践,目前采用甘肃工业大学氧乙炔金属粉末喷焊法,对转轮叶片进行喷焊(见图5)。

图4 螺旋流排沙漏斗

图5 金属粉末喷焊后的转轮

(4)蜗壳座环敷设耐磨涂层。红山嘴电厂四、五级电站机组运行年限都已超过了40年,其水下埋设部件,特别是蜗壳、座环等部件磨损十分严重,水车室多处发生渗漏。2002年对四级电站2#机蜗壳、座环进行了环氧金刚砂涂抹,经一个洪水期试验,其效果较为理想。

三、项目应用情况及经济效益

(一)项目应用情况

(1)优化机组的运行方式,在红山嘴电厂已应用了多年,已摸索出了一条行之有效的运行方法,并形成了规章制度。对提高机组效率,增强运行的稳定性,减小脱流、旋涡、空蚀,降低机组磨蚀,有积极的、明显的效果。

(2)改善引水渠水质最主要的措施就是修建排沙漏斗工程。自从1998年螺旋流漏斗排沙工程投入使用后,其排除砂石、改善水质的效果十分明显。经取样测试、化验,发现排沙漏斗对粒径0.1~0.25 mm悬移质泥沙排除率为74.1%;对粒径为0.25~0.5 mm悬移质泥沙90%排除,推移质泥沙100%排除,排砂耗水率为2.71%。推移质泥沙不再进入引水渠,渠道不再淤积,过水断面增加,引水流量超过设计流量56 m³/s,达到60 m³/s,能够安全超额引水,今后可以不再清淤。

(3)对过流部件采取抗磨措施后,其抗磨效果十分明显。新型抗磨转轮,采用优化转轮叶型设计,增大了叶片表面积,增加了水轮机出力,增强了水轮机抗磨性能。使水流更加流畅,水流效率提高,并且起到了减小叶片空蚀和泥沙磨蚀的作用,有效地延长了转轮的大修期。对机组采用底环加导流盖处理,使底环迷宫环间隙不直接暴露,同时对导叶下轴径进行加粗,并加焊耐磨材料,使导叶下轴径磨损减轻,达到迷宫环抗磨蚀的目的,减少水流损失。采用氧乙炔金属粉末喷焊,工艺上解决防止转轮受热变形,喷涂厚度达到0.8~1 mm,有效缓解了机组一个汛期的快速破坏问题。对四级电站2#机蜗壳、座环进行环氧金刚砂涂抹,经一个洪水期运行,检查发现涂层完好,对蜗壳、座环的防护效果十分显著。

(二)项目经济效益

该项目实施以来在节能降耗、增加机组效率等方面产生了巨大的经济效益。

(1)全厂机组大修周期延长一倍,每年由大修7~8台减少为4~5台,并且有效地增加了转轮、顶盖、底环、导水叶等过流部件的使用年限,大大降低了检修成本,每年节约大修费用近140万元。

(2)减少了非正常停机次数。转轮抗磨蚀能力的提高,有效地减少了三级电站机组的非正常停机次数(不需多次停机割、补焊叶片)。以三级电站为例,每年每台机减少3次,合计9次,每次按10 h计,可增加发电量81万kW·h。

(3)水轮机改型后可使全厂机组效率增加2.5%,汛期按120 d计,每天按90%出力计算,可增加发电量487.5万kW·h。

(4)有效提高枯水期水轮机的发电效率。项目实施前,枯水期由于水轮机过流部件磨损严重,每年需大修7~8台机组,剩余5~6台机组,虽然磨损相对较轻不需大修,但其出力大大下降,效率约下降10%。该项目实施后,枯水期可提高发电效率10%左右,年增加发电量1 000万kW·h。综上所述,该项目实施后年增加发电量1 568.5万kW·h,按上年度平均电价0.35元/(kW·h)计,增加收入548.98万元,每年节约检修成本费140万元,在不增加人员、设备、投资的情况下每年新增利润总额为688.98万元,上缴所得税后每年净利润为461.6万元。其经济效益十分明显。

（三）社会效益

该项目实施后不仅经济效益十分明显，而且产生了十分显著的社会效益。

（1）该项目实施后大大减轻了检修人员的劳动强度。由于过流部件磨损严重，以前每大修期需大修 7~8 台机组。由于时间紧任务重，检修人员为赶工期常常加班加点进行拆机、水下补焊、过流部件加工、装机等工作，劳动强度极大。项目实施后大修机组减为 4~5 台，大修机组比过去少了一半，有效地减轻了检修工人的劳动强度。项目实施后由于渠道中含砂量减少，极大地改善下游自治区最大的玛纳斯火电厂生产用水的水质，也减少了泥沙进入农田，为垦区的农业生产作出了贡献。

（2）该项目的实施推广，对我国多泥沙河流上水电站的水轮机抗磨工作有极大的参考价值。同时对多泥沙河流的排砂治淤工作有很好的示范作用。

新疆天富热电红山嘴水力发电厂，多年来致力于水轮发电机抗磨蚀综合技术的研究和应用，其中的某些项目在疆内乃至国内同一领域，具有突破性、独创性。

红山嘴电厂非金属材料抗磨应用

郭维克

（黄河水利科学研究院）

刘丁桤　刘洪文　古　勇

（新疆天富股份公司红山嘴水力发电厂）

【摘　要】 介绍了红山嘴电厂采用改性聚氨酯环氧金钢砂软抗磨材料,增强低水头老机组蜗壳和转轮的抗磨蚀能力,为多泥沙老电站的水轮机抗磨工作提供了新的思路。

【关键词】 复合聚氨酯环氧金钢砂　改性聚氨酯　蜗壳抗磨　转轮抗磨

新疆玛纳斯红山嘴电厂,位于玛纳斯河流域下游,引玛纳斯河水发电。拥有 5 座梯级水电站,共有水轮发电机 19 台,是典型的引水渠式水电站。汛期时(6~9 月),水中含沙量大,并伴随大量的推移质、杂木、石砾。冬天气温低,水中夹杂大量的冰碴,因而水电站磨损和气蚀严重。磨损主要部位包括水轮机转轮叶片下部、迷宫环、导叶、底环等。由于磨损气蚀问题,水电站的各机组平均大修期为 1~3 年。水轮机蜗壳因使用年限较长,磨损气蚀也相当严重,特别是蜗壳侧面和底部,磨损气蚀更为严重。

从 2001 年开始,红山嘴电厂使用黄河水利委员会抗磨研究室开发的非金属抗磨材料进行抗磨试验,目的是寻找筛选出适合红山嘴水电厂应用的抗磨材料,解决困扰红山嘴电厂多年的磨损气蚀问题。最主要目的是使大修期延长至 3~4 年。转轮也能反复使用。水轮机蜗壳经抗磨处理后,主要磨损的蜗壳底部和侧面耐磨涂层能保证再使用 40 年以上,避免更换新蜗壳。

一、改性聚氨酯复合树脂砂浆在蜗壳抗磨应用

改性聚氨酯复合树脂砂浆是黄河水利委员会抗磨研究室开发的一种新型的非金属抗磨材料,主要包括有聚氨酯、环氧树脂、金刚砂、固化剂等组成,该耐磨材料具有良好的耐磨性和一定的抗气蚀性能。

红山嘴电厂四级电站 1961 年投产运行,经过近 50 年的运行,水轮机蜗壳磨损极为严重。为了解决磨损问题,以前曾采用环氧金刚砂技术进行抗磨处理,但由于红山嘴电厂的引水除含大量泥沙外,还含有许多大颗粒推移质,脆性较大的环氧金刚砂材料未获成功。我们考虑使用带一定弹性的改性聚氨酯复合砂浆耐磨涂层,除耐磨和抗气蚀性能高出环氧金刚砂外,主要和蜗壳的黏合强度增加,黏结的剥离强度高,涂层并且有一定弹性,具有很好的抗推移物质的冲击性。

2001 年冬天,四级电站第一台水轮机蜗壳进行抗磨涂层的修复(包括固定导叶)。修复涂层除把磨损深度补平外,改性聚氨酯复合砂浆涂层在磨损较严重的侧面和底部抹涂厚度为 4~6 mm。上部平均为 3 mm。固定导叶厚度平均 2~3 mm。施工周期为 7 d,施工环境

温度为-25 ℃,涂层设计使用30年。

实用效果:耐磨涂层经过多年的运行,整体对水轮机蜗壳保护良好,特别是磨损严重的蜗壳底部和侧面,耐磨涂层磨损极少,抗磨效果十分明显,但因初次试验,施工期间环境温度为-25 ℃,气温太低,人工加温不到位。施工工艺更为麻烦和复杂,所以使用10年后固定导叶受推移质的冲击,又未及时进行修补,边缘部分出现剥落和损伤现象,但可利用春季停水期间修复即可。

多年来,改性聚氨酯复合砂浆材料作为抗磨材料修复磨损严重的水轮机蜗壳都获得了成功。红山嘴电厂水轮机蜗壳抗磨处理效果良好,更重要意义在于解决了环境温度很低(-25 ℃),施工工艺复杂的情况下,涂层也能取得较好的抗磨效果。当然,如果红山嘴电厂能把施工时间安排在春季停水修渠时期,此时的自然平均温度已是0 ℃以上,修复蜗壳使用改性聚氨酯复合砂浆涂层能固化得更好,强度更高,涂层抗磨和使用寿命会更长。如和田乌鲁瓦提水电厂,其蜗壳使用同样耐磨涂层,施工时间在春季,虽然该电站水头高达90 m(比四级电站高出近3倍),但运行数年来涂层完好无损(见图1)。

图1　红山嘴四级电站蜗壳抗磨涂层

二、改性聚氨酯复合树脂砂浆涂层和改性聚氨酯弹性体耐磨涂层在水轮机的应用

红山嘴电厂水轮机因水中含沙量高,磨损气蚀严重,有7台机组平均一年一大修,12台机组平均2~3年大修一次,特别是转轮叶片的底部出口处、迷宫环内侧最为严重,因此,只要解决水轮机转轮的磨损和气蚀,水轮机其他磨损问题就好解决,水轮机的大修时间就可以延长。

由此黄河水利委员会抗磨研究室考虑使用两种抗磨方案,对水轮机抗磨蚀处理。第一种方案设计使用改性聚氨酯复合砂浆涂层,对磨损严重的下部正反两面、迷宫环内侧抹涂耐磨涂层。平均厚度为2~3 mm。分别在二级、四级、五级电站进行试验,电站平均水头为35 m,经过一个大修期(2~3年),耐磨涂层对叶片的正面和迷宫环内侧保护良好,涂层表面磨耗平均不超过 0.3 mm,叶片背面强气蚀区的涂层出现少部分(边缘部位)剥落现象。如果只考虑一个大修期,涂层对叶片的保护目的已达到,但如果涂层考虑在叶片使用 4～5 年以上,叶片背面强气蚀区应使用抗气蚀性能更好的改性聚氨酯弹性体作耐磨耐气蚀涂层;因此,第 2 个方案设计水轮机转轮叶片正面和迷宫环仍使用改性聚氨酯复合砂浆涂层,而转轮叶片背面的强气蚀区使用改性聚氨酯弹性体涂层。在叶片背面强气蚀区考虑到涂层成败与否,主要决定于改性聚氨酯弹性体涂层和水轮机叶片黏结的强度。为此选出两种聚氨酯黏结剂,其中一种为自主研发被其他电站使用证明黏结良好的聚氨酯黏结剂,另一种是新型的进口黏结剂。在四级电站转轮上使用自主研发的聚氨酯黏结剂,在二级电站转轮上使用两种不同聚氨酯黏结剂进行比较,考虑到进口黏结剂虽然在实验室做过黏结效果试验,但从未在现场使用过,因此只选择二级电站转轮 1#～4# 叶片背面使用进口聚氨酯黏结剂,5#～14# 叶片背面仍使用自主研发的聚氨酯黏结剂,涂层厚度为 2～3 mm。转轮经过一个大修期运转后,两个转轮叶片的正面和迷宫环内的改性聚氨酯复合树脂砂浆涂层对叶片保护良好,涂层抗磨能力非常明显。使用自主研发黏结剂的四级电站转轮背面的聚氨酯弹性体涂层完好无缺,涂层未见磨损和气蚀迹象,而二级电站的转轮 1#～4# 叶片背面使用进口聚氨酯黏结剂的涂层出现剥落现象,5#～14# 叶片使用自主研发的聚氨酯黏结剂,其叶片背面的改性聚氨酯弹性体涂层同样完好无损,平均磨损不超过 0.2 mm,未见气蚀现象。显然自主研发的聚氨酯黏结剂解决了聚氨酯弹性体和叶片的结合问题,意味着水轮机叶片背面的强气蚀区的磨蚀问题得到解决,实践证明,按第 2 个方案红山嘴电厂大多数梯级电站转轮使用年限可以从平均 3 年延长到 5～6 年修补 1 次(见图 2)。

图 2 红山嘴四级电站 2# 转轮抗磨涂层

三、水轮机的底环及活动导叶的抗磨

水轮机的底环虽然磨损严重,但使用聚氨酯弹性体做底环面层的抗磨板技术非常成熟,一般在多泥沙河流中使用我们设计的改性聚氨酯抗磨板寿命都大 30 年以上(磨耗平均不超过 0.5 mm 为标准),如宁夏青铜峡水电厂。据测算,红山嘴水电厂三级电站若使用聚氨酯抗磨板应在 10 年以上,其他梯级电站改性聚氨酯底环抗磨板寿命应最低 15 年以上,因此,底环抗磨、活动导叶。轴套等抗磨都不是技术难点,可以作为试验依据。

四、结　论

(1)综上所述,改性聚氨酯复合树脂砂浆和聚氨酯弹性材料在红山嘴水电厂应用是成功的。解决了水轮机蜗壳的磨损及抗磨问题,磨蚀漏水的水轮机蜗壳有效地得到处理改善。当然,如果水轮机蜗壳将来能选择在春季停水期间进行抗磨技术处理,由于气温较冬天气温高,涂层黏结效果和强度更好,使用寿命更长。

(2)使用改性聚氨酯复合砂浆及聚氨酯弹性材料对水轮机转轮磨损严重部位保护效果非常明显。由于解决了转轮磨损和气蚀问题,可以使得红山嘴电厂多个梯级电站的转轮使用年限增加,大修期有望能够从平均 3 年延长到 5~6 年。

(3)红山嘴电厂每年春季都要进行停水修整渠系,可利用这段时间对蜗壳和转轮的耐磨涂层进行检查,如发现因工艺及偶然事件损坏的涂层,在机坑内就可修复,因此非金属抗磨涂层更适合红山嘴电厂。

(4)金属热喷涂能使叶片变型,从而影响效率,非金属材料涂层使用不存在这个问题,因此使用非金属材料进行抗磨的转轮能反复使用。

(5)从 2002 年开始水轮机的转轮改性聚氨酯耐磨涂层应用中,也发生过涂层从叶片脱落的现象。开始一直以为配方、材料质量和工艺出现的问题,最后确认是因为叶片涂抹非金属涂层后,后续工作对转轮迷宫环使用埋弧焊堆焊,整个迷宫环叶片过热(涂层耐温度不能超过 140 ℃),黏结强度下降,出现涂层分离剥落现象。若把耐磨涂层安排在转轮修复最后一道工序后,就不会出现这种问题。所以今后要从材料质量、工艺要求、施工标准、操作程序等方面科学合理的安排工序流程,避免出现涂层过热现象,以致影响耐磨涂层的质量和寿命。

利用钢索卷扬机更换旧压力钢管

周 文 忠

（新疆天富股份公司红山嘴水力发电厂）

【摘 要】 介绍了红山嘴电厂在旧压力钢管更换过程中采用的钢索、卷扬机悬吊法,此方法简单易行、安全可靠,为老电站的旧压力钢管更换工作提供了新的思路。

【关键词】 索道架设 割除旧管 新管制作 新管防腐 新管更换

新疆天富股份公司红山嘴水力发电厂始建于 1959 年,位于玛纳斯河流域下游,引玛纳斯河水发电,到 2007 年共建成一级、二级、三级、四级、五级 5 个梯级引水式电站,共 19 台水轮发电机组,增容改造后装机总容量为 11.2 MW。电厂建设共分 4 个阶段:1959—1961 年建设四、五级电站,1976—1981 年建设二、三级电站,2004—2005 年四、五级扩建,2005—2007 年建设一级电站。

红山嘴电厂是典型的明渠引水式水电站,设有前池通过压力钢管将水流引入蜗壳中。其中四、五级电站 6 台机组,单机 0.3 MW,机组 20 世纪 60 年代初期发电,当时采用的是木质压力管,后更换为混凝土压力管,到 20 世纪 60 年代末至 70 年代初全部更换为钢制压力管。二、三级电站 70 年代建成,全部采用钢制压力管。

玛纳斯河为典型的内陆季节河,冬季枯水期流量小,水质好,是发电的低峰时期;夏季洪水期流量大,是发电的黄金季节,但是,由于洪水期玛纳斯河泥沙含量很大,且泥沙为颗粒状石英砂,泥沙硬度很大,磨蚀能力极强,并且上游无湖泊、水库、堤堰沉积泥沙。2004 年红山嘴水电厂生产科曾对四、五级压力钢管进行过测厚,原来 10 mm 厚的压力钢管最薄处只有 5 mm 左右。当时曾向上级部门提出更换或加固压力钢管,但是由于压力钢管一直没出什么问题,加上更换难度大、预算资金不足等一系列原因,更换或修理压力钢管的工作一直没有进行。

2009 年 1 月 23 日 11∶45 四级 3# 压力钢管发生爆管事故,爆裂处离厂房约 10 m,在压力钢管 9∶00 的位置,长度大约 3 m(见图 1)。水流从爆裂处涌向厂房,由于当时是枯水期单机运行,流量只有约 13 m³/s,再加上排水措施得力,运行、检修人员处理及时得当,除集水井进水被淹外没有受到其他损失。

事故发生后厂领导十分重视,立刻联系新疆质量监督局对除一级电站外所有 13 条压力钢管进行探伤、测厚、材质检验等。检验结果令人大吃一惊,除三级电站 3 条压力管情况稍好外,其他压力钢管内部腐蚀、磨损极为严重,最薄处只有 2.7 mm,且所有被测焊缝均不合格,二级电站压力钢管材质也有问题,钢管母材出现龟裂纹,建议立即停运更换。

接到更换任务后,红山嘴电厂检修安装公司立刻进行组织、计划和安排。首先,进行实地测量、研究,确定工程量和施工方案。经反复对比、研究和实地测量确定了利用厂房和前

图 1　爆破的四级 3[#]压力管

池地锚以及人字扒杆架设索道吊运压力管的施工方案;其次,与有关设计单位联系绘制施工图纸和压力管分节图;确定采用材质为 Q235D,管道壁厚为 12、14、16 mm 三种规格钢板。最后,根据工程量和施工方案,组织具体施工安排,确定了层层承包的施工组织措施和分配机制。

整个工程分索道架设、旧管拆除、新管制作、防腐、新管安装等 5 个步骤,具体施工方案如下。

一、索道的安装

(1)在前池闸室出水边紧贴墙根处,要拆除的压力管轴线上用 2 根 Φ300 的无缝钢管搭人字形支架,支腿分别落在两个 Φ300、深 50 cm 的浅坑里,支腿之间用 14 槽钢焊接在一起;无缝钢管交叉点用 Φ60 的圆钢(45[#])连接,交叉点用 Φ30 的钢丝绳绳扣悬挂一个 3 轮的滑轮组,滑轮组的中心略高于闸室窗户。

(2)Φ30 的钢丝绳中点分别用 2 个 5 t 的吊葫芦固定在前池的 2 个地锚上,2 个绳头从闸室二楼的窗户(窗户下方垫方木,方木略高于窗户下沿)穿过人字形支架下方的滑轮组(分别穿过两边的单个滑轮),通过厂房的窗户(窗户台上垫方木)分别固定在厂房内进水边两个立柱上的锚点上。

(3)在前池用吊葫芦将 Φ30 的钢丝绳拉紧。

(4)在前池用 20 t 的吊葫芦将拉紧的 Φ30 钢丝绳固定在第 3 个地锚上;在厂房把 2 个绳头用元宝卡子连在一起,用 20 t 的吊葫芦固定厂房内出水边立柱的锚点上,以防万一。

(5)在闸室前用 U 形卡子把 2 根 Φ30 的钢丝绳连在一起,用 3 t 吊葫芦拉紧固定在 20 t 吊葫芦上。

在出厂房窗户前用 U 形卡子把 2 根 Φ30 的钢丝绳连在一起,用 3 t 吊葫芦拉紧固定在 20 t 吊葫芦上,以防钢丝绳分开。

(6)人字形支架上端用 2 根 Φ12 的钢丝绳分别绑住 2 个管头,用元宝卡子固定在 Φ30

的钢丝绳上,以防架子受力移位。

(7)在4#机闸室北边制作2个地锚,2台卷扬机(1台控制起吊、1台控制行走)固定在地锚上;在架子支腿上安装2个定位滑轮,用3组滑轮中间的单个滑轮悬挂1个滑轮组,用于控制起吊和行走的卷扬机钢丝绳。

二、旧管拆除

(1)从前池往厂房方向进行拆除。

(2)先用氧气把凑合节割掉,为后面起吊钢管留出空间。

(3)用钢丝绳把要拆除的压力管捆绑好,待起吊卷扬机把钢丝绳拉紧后再进行切割;用索道把切割完毕的压力管运送到镇墩上装车,拉运到指定地点堆放(见图2)。

图2 旧管割除

三、新管制作

(一)材料管理

(1)材料进货验收:所有的钢材、焊条、焊剂、焊丝以及油漆等送到现场后,材料员对来料依据设计图纸、设计变更、材料计划等进行验收,主要检查材料的材质、规格及型号是否与材料质量证明书相符,几何尺寸是否超标,检查合格后卸货、签字,并交资料员存档。

(2)所有材料使用应注明型号、用处、数量及谁领的,每月统计一次报资料员存档。

(3)所有出货包括送往工地的压力钢管、焊条、焊机、焊把线、氧气工具、配电柜、电源线、槽钢、角铁等设备、工器具及材料必须有详细清单,一式两份。一份做记录,一份交工地负责人验收签字后带回交资料员存档。

(4)采购材料、工具需队部领导、财务人员、材料员三方共同办理。

(5)所有从工地拉回的设备、工器具及材料必须有详细清单,一式两份,一份由工地负责人保存,一份验收签字后交资料员存档。

(二)钢板划线

(1)由安检员进行技术交底、提供图纸和书面通知。

(2)确定所用钢板的材质、长度、厚度和板幅是否同图纸相符。

(3)钢板如需拼接,采用二氧化碳保护焊工艺焊接,拼接前应检查边长是否为直线、宽边与长边是否垂直,同时,用氧气-乙炔焰割刀对钢板进行修整,保证钢板宽度与设计相符,切割和刨边面的熔渣、毛刺和缺口,应用砂轮磨去,所有板材加工后的边缘不得有裂纹、夹层和夹渣等缺陷;焊前将焊口两侧 10~20 cm 范围的铁锈、熔渣、油垢、水渍等清除干净,检查合格后方可施焊;当单侧焊完后,将钢板用天车缓慢翻面,用电弧刨清根、打磨干净后再继续施焊。拼接好的钢板根据板厚的不同,确定展开尺寸,同时在钢板上画出展开图,认真检查平行线和对角线,检查无误后方可下料。

(4)钢板划线的极限偏差如表 1 所示。

表 1   极限偏差值

序号	检查项目	极限偏差(mm)
1	宽度和长度	±1
2	对角线相对差	2
3	对应边相对差	1
4	矢高(曲线部分)	±0.5

(5)相邻管节的纵缝距离不小于 100 mm,最好大于 300 mm。

(6)在同一管节上相邻纵缝间距不小于 500 mm。

(7)钢板划线后应用油漆、冲眼分别标出钢管分段、分节、分块的编号、水平和垂直中心线、坡口角度线以及切割线等明显标记。

(8)上述工作完成后先自检,后报安检员检验。检验合格后方可交下一道工序并做书面记录存档。

(三)钢板下料、打坡口

(1)由安检员进行技术交底和书面通知。

(2)确定下料的钢板、起止线和各部尺寸位置。

(3)用等离子切割机下料,在使用等离子切割机前应检查喷嘴、电极,检查合格后进行下料。

(4)按所划线为基准,控制偏差±2 mm 之内,垂直度偏差 2°~5°。

(5)管道坡口加工时由于壁厚均不大于 16 mm,故均采用 V 形坡口(25°~30°)。按钢板厚度钝边要求 3~4 mm,坡口宽度为板厚的 0.4~0.5 倍,坡口偏差为 2~3 mm。

(6)管道坡口采用氧气-汽油半自动割刀加工,半自动割刀无法加工的特殊部位可采用手工切割加工。

(7)坡口加工后必须除去坡口表面的氧化皮、熔渣及影响接头质量的表面后,并应将凹凸不平处打磨平整。

(8)切割面的熔渣、毛刺和由于切割造成的缺陷应用磨光机磨去。

(9)上述工作完成后先自检,再报安检员检验。检验合格后方可交下一道工序并做书面记录存档。

（四）钢板卷制

（1）由安检员进行技术交底、给书面通知。

（2）确定所卷制的钢板并进行尺寸复查（周长、宽度、板厚、卷板起止点、中心线位置等）。

（3）确定圆弧样板。为方便检查，保证钢管及各种管道零部的制作安装精度，采用 0.5 mm 的铁皮制作样板。根据设计要求钢管内径弧度检查、支撑环、加劲环等都须制作样板，样板的弧长必须符合规范要求（根据管径不同，样板的弧长在 0.5 ~ 1 m）。样板制作完毕后，必须经过黄师傅检查，同时作上标记，以防止在使用过程中混用。

（4）钢管卷制时利用天车配合卷制。首先，用天车将钢板缓慢送入卷板机，在卷制过程中，天车与卷板机保持同一速度，用准备好的样板对钢管的弧度进行监控，随时调整卷板机上下轴的间距；当钢板卷至一定长度时用天车将卷制好的部分吊住，使钢板自重不致将卷制中的钢板压变形（见图 3）。

图 3　新管卷制

（5）卷板时，不许用大锤锤击钢板，防止钢板出现任何裂纹。

（6）卷制成形后，气割卷边时确定气割角度。

（7）用夹具将接口对平，错边不大于 1 mm，点焊牢固。

（8）校圆必须达到模板靠圆要求，靠模间隙控制在 ±2 mm 之内，用与钢管内径等长的临时支撑在管口两边加以固定，使其不致在吊装过程中发生变形。

（9）上述工作完成后先自检，后报安检员检验。检验合格后方可交下一道工序并做书面记录存档。

（五）管口对接

（1）由安检员进行技术交底、给书面通知。

（2）确定所对接的钢管及排序。

（3）校对管口直径，直径 2 300 mm 的管口周长误差小于 10 mm，相邻管节周长小于 10 mm。直径 1 350 mm 的管口周长误差小于 5 mm，相邻管节周长小于 5 mm。

（4）对口间隙保证在 2 ~ 3 mm 之内，错边小于 1 mm。

（5）点固、加固焊点必须低于板面。

（6）对楔固点要清除干净，焊疤、焊瘤清除干净，气割深坑补焊磨平。

（7）焊渣及氧化渣用磨光机清除干净。

（8）上述工作完成后先自检，后报安检员检验。检验合格后方可交下一道工序并做书面记录存档。

（六）钢管焊接

（1）由安检员进行技术交底，并下达焊接作业指导书。

（2）焊接作业指导书是焊接工作的技术指令，必须严格遵照执行才能保证焊接质量。焊工应真实可靠地填写焊接记录，作为执行作业指导书的见证。

（3）压力管道工程的管道材质为 Q235D，管道壁厚为 12、14、16 mm 三种。根据设计文件及施工现场的具体情况，焊接采用手工电弧焊，二氧化碳保护焊和埋弧焊相结合的焊接方式，一般情况下，钢板接料和管道的纵缝焊接采用埋弧焊，二氧化碳保护焊和手工电弧焊，管道环缝及加劲环采用二氧化碳保护焊和手工电弧焊，其余部分采用二氧化碳保护焊或手工电弧焊焊接。

（4）焊接工艺

工程管道焊缝按其重要性分为三类。其中：

一类焊缝：

①岔管的所有焊缝。

②主管管壁纵缝。

③主厂房内明管环缝。

④凑合节合拢环缝。

⑤闷头与管壁的连接焊缝。

此类焊缝若用超声波探伤抽查率为 100%，射线探伤复查率为 5%，质量要求为 B1 级合格。

二类焊缝：

①钢管管壁环缝。

②止水环、加劲环的对接焊缝及其与管壁之间的组合焊缝。

此类焊缝若用超声波探伤抽查率为 100%，射线探伤复查率为 5%，质量要求为 B2 级合格。

三类焊缝：

受力很小，且修复时不致停止发电或供水的附属构件焊缝。

①焊缝组对前应将坡口及其内侧表面不小于 10 mm 范围内的油、漆、垢、锈、毛刺等清除干净，且不得有裂纹、夹层等缺陷。

②管子或管件对接焊缝组对时，内壁应齐平，内壁错边量不宜超过管壁厚度的 10%，且不应大于 2 mm。

③焊条使用前应按规定进行烘干，并应在使用过程中保持干燥。焊丝使用前应清除其表面的油污、锈蚀等。

④采用自动焊时，在下一道焊接前，应用磨光机清除已完成焊道表面的密集气孔、引弧处及高凸处，施焊前应清除焊道间的熔渣。

⑤焊接材料应按下列要求进行烘焙和保管:焊条、焊剂应放置于通风、干燥和室温不低于5℃的专设库房内,设专人保管、烘焙和发放,并应及时做好实测温度和焊条发放记录。烘焙温度和时间应严格按厂家说明书的规定进行。烘焙后的焊条应保存在100~150℃的恒温箱内,药皮应无脱落和明显的裂纹。现场使用的焊条应装入保温筒,焊条在保温筒内的时间不宜超过4h,超过后,应重新烘焙,重复烘焙次数不宜超过2次。焊丝使用前应清除铁锈和油污。

⑥遇有穿堂风或风速超过8m/s的大风和雨天、雪天以及环境温度在−5℃以下、相对湿度在90%以上时,焊接处应有可靠的防护措施,保证焊接处有所需的足够温度,焊工技能不受影响,方可施焊。

⑦施焊前,应将坡口及其两侧50~100mm范围内的铁锈、熔渣、油垢、水迹等清除干净。

⑧焊缝(包括定位焊)焊接时,应在坡口上引弧、熄弧,严禁在母材上引弧,熄弧时应将弧坑填满,多层焊的层间接头应错开。

⑨定位焊焊接应符合下列规定:一、二类焊缝的定位焊焊接工艺和对焊工要求与主缝(即一、二类焊缝,下同)相同;对需要预热焊接的钢板,焊定位焊时应以焊接处为中心,至少应在150mm范围内进行预热,预热温度较主缝预热温度高出20~30℃;定位焊位置应距焊缝端部30mm以上,其长度应在50mm以上,间距为100~400mm,厚度不宜超过正式焊缝高度的1/2,最厚不宜超过8mm;施焊前应检查定位焊质量,如有裂纹、气孔、夹渣等缺陷均应清除。

⑩工卡具等构件焊接时,严禁在母材上引弧和熄弧。

⑪双面焊接时,单侧焊接后应用碳弧气刨或角向砂轮机进行背面清根,将焊在清根侧的定位焊缝金属清除。采用碳弧气刨清根时,清根后应用砂轮修整刨槽。

⑫焊缝组装局部间隙超过5mm,但长度不大于该焊缝长的15%时,允许在坡口两侧或一侧作堆焊处理,但应符合下列规定:

a.严禁在间隙内填入金属材料;

b.堆焊后应用砂轮修整;

c.根据堆焊长度和间隙大小,对堆焊部位的焊缝应酌情进行无损探伤检查。

⑬纵缝埋弧焊在焊缝两端设置引弧板和熄弧板,引弧板和熄灭弧板不得用锤击落,应用氧-乙炔焰或碳弧气刨切除,并用磨光机修磨成原坡口型式。

⑭焊接完毕,焊工应进行自检。一、二类焊缝自检合格后,应在焊缝附近用钢印打上代号,做好记录。

(5)上述工作完成后先自检,后报安检员检验。检验合格后方可交下一道工序并做书面记录存档。

(七)对加劲环、加强块

(1)由安检员进行技术交底、给书面通知。

(2)确定所对接的加劲环在钢管上的位置及排序。

(3)钢管的校正和加固。因钢管在制作、焊接、吊装过程中可能会出现局部变形,必须重新对钢管的弧度进行校正,校正主要采用千斤顶调整钢管的圆度,局部地方可采用火焰校正。首先对管口校圆,其同端管口实测最大和最小直径之差小于4mm,至少应测4对直径,然后加支撑。为确保钢管在运输及安装过程中不会发生大的变型,校正后的管段需重新进行加固处理,加固采用临时支撑点焊在管口内壁上,支撑点的多少根据现场实际情况进行调整,以满足强度需要为原则,尽量减少在管道内壁的焊接量。

(4)钢管校正加固后就地进行加劲环组装,先在钢管壁上划出对接加劲环的位置,焊好托板,将加劲环放在托板上,加劲环要垂直、紧贴管壁,局部间隙不得大于 3 mm,在拼接加劲环时,其接头间隙应小于 4 mm,组对时,应错开拼接时的焊缝。加劲环、止水环的对接焊缝与压力管纵缝错开 100 mm 以上。

(5)上述工作完成后先自检,后报安检员检验。检验合格后方可交下一道工序并做书面记录存档。

(八)加劲环、加劲板焊接

(1)由安检员进行技术交底、给书面通知。

(2)加劲环焊缝采用平角焊,一面焊完后管道进行 180° 翻身,焊角高度必须按图纸要求,不能焊的太高、太厚,以免造成材料浪费。

(3)焊缝应无夹渣、气孔、咬边等缺陷(见图 4)。

图 4　新管现场焊接

(4)焊接完成后用磨光机把飞溅、焊渣等清除干净。

(5)上述工作完成后先自检,后报安检员检验。检验合格后方可交下一道工序并做书面记录存档。

四、压力钢管防腐蚀

(1)钢管表面预处理前应将油污、焊渣等污物清除干净。

(2)表面预处理应采用喷沙除锈,所用的磨料应清洁干燥,喷射用的压缩空气应经过滤,除去油水。

(3)喷射除锈后,除锈等级应符合规范要求。

(4)钢管除锈后,钢材表面应尽快涂装,涂装应按设计文件或厂家说明书规定进行。

（5）涂装后外观检查,应表面光滑,颜色一致,无皱皮、起跑、流挂、漏涂等缺陷。

五、压力钢管安装

（一）压力管道安装工艺

（1）基础复核为确保管道的平面坐标位置及高程,在管道安装前,应重新复核管道的中心线及支墩的标高,核对无误后方可施工,同时做好检测记录。

（2）管道运输及安装顺序。

待安装的压力管加工好经检验合格以后,用汽车转运到安装地。压力管通过卷扬机牵引用索道托运至安装点。本工程拟将厂房镇墩前的第一节支管作为首装节,逆水流方向施工。如果现场情况不允许按上述方法施工,则按实际情况调整。

（二）压力管安装

（1）按照厂生产科提供的各项技术参数及确认点复查压力管的轴线和旧支墩的高程,确认无误后做好记录交资料员存档。

（2）复查要安装的压力管的管节编号、长度、壁厚、圆度及安装方向是否和压力管制作方提供的数据一样,确认无误后做好记录交资料员存档。

（3）在前池上镇墩压力管内安装1台 J2 型经纬仪,其中心在前池上镇墩压力管和厂房下镇墩压力管中心的轴线上。

（4）按照压力管制作方提供的管节编号、安装方向从厂房下镇墩逆水流依次向前池上镇墩安装,用 J2 型经纬仪控制所安装的压力管的中心及高程(见图5)。

图 5　新管更新

（5）高程和纵、横中心不应大于 5 mm。

（6）明管安装中心极限偏差应符合技术规定不应大于 5 mm。

（7）明管安装后管口圆度、环缝、纵缝对口错位应符合技术规定。

（8）环缝的压缝、焊接和内支撑、工卡具、吊耳等的清除检查以及钢管内、外壁表面注坑的处理、焊补应遵守有关的技术规定。

从 2009 年 3 月 4 日开始进行压力钢管更换,首先更换四级 3#压力钢管。接着在不影响正常发电的情况下,利用春季和秋季枯水期,陆续更换了二、三、四、五级 7 条压力钢管。所有更换压力钢管均检测合格。目前最后 3 条压力钢管的施工正在紧张的进行,预计到明年 5 月全部 10 条压力钢管的更换全部完成。

红山嘴电厂旧压力钢管更换工程,施工方法简单易行,施工成本很低,施工安全可靠性高,施工进度快,施工质量有保证。为旧电站更新改造压力钢管探索出了一条成熟的道路。借此机会介绍给大家,如有这方面需要的单位可与我们联系,我们一定会把我们的经验和想法告诉大家。

减小泥沙河流电站水轮机导水机构关闭时漏水量的结构措施及选材

王民富　　　　王春雷　姚传贤

（哈尔滨电机厂有限责任公司）　（哈尔滨新科发电设备有限公司）

【摘　要】　本文提出的改进导叶立面密封和端面密封,特别是采用非金属材料与金属复合的可互换性抗磨板,变检修为更换互换性备品等措施,保证导水机构始终在完好状态下运行,停机时漏水损失小,从而达到节能减耗的目的。

【关键词】　导水机构　抗磨板　磨蚀　非金属材料　钢板复合抗磨板　导叶密封　漏水损失

一、前　　言

多泥沙电站水轮机由于导水机构系统的密封磨蚀破坏漏水量增加,甚者造成机组开、停机困难,即开机时进水阀的旁通阀难以实现平压,开启困难。停机时,导水机构已关闭,漏水量大,冲动转轮难以停转。水电机组在电力系统中多担任调峰、调频和事故备用任务,年停机备用时间较长,漏水损失惊人。影响导水机构关闭时漏水量,主要是导叶立面密封、导叶端面密封、底环和顶盖的抗磨板以及导叶轴承及其密封等。不言而喻,保证导水机构关闭时漏水量不超限,首先要保持这些部件的磨蚀轻微,工作处于完好状态。本文从减小导水机构关闭时漏水量着眼,从提高相关部件材料的耐磨性能、过流表面无空化源、结构上零修理、可互换、便于拆卸几个方面,开展了一些研究,并取得了一定进展。现总结如下,愿与同行切磋,为提高我国水轮机技术经济水平共同努力。

二、抗磨板

审视水轮机抗磨板的历史演变过程:早期水轮机底环和顶盖主要是铸铁件,为防护过流表面磨蚀破坏,曾采用碳钢抗磨环,这就是抗磨板的最早出现。后来采用碳钢制造底环、顶盖时,为增强过流表面的耐磨性,提出了许多防护措施,主流是采用堆焊不锈钢或铺(镶)焊不锈钢钢板。改革开放后,通过和国外技术先进的厂商合作生产,掌握了国外采用特殊工装、宽带快速堆焊的国际现代先进技术;但是抗磨板的检修,实际上是检修大部件底环和顶盖。需在机组解体大修时进行,此时抗磨板已破坏不堪,需要动用大型机械加工设备,甚至运回制造厂修复。电站普遍要求采用螺钉连接的可拆卸结构,初期曾采用螺钉连接的碳钢、不锈钢或工程塑料抗磨板,但螺钉头部的洼坑形成空化源,引起磨蚀加重。后期开始采用特殊圆头螺钉连接的不锈钢抗磨板。刘家峡电站的经验是底环采用标准螺钉连接的超高分子量聚乙烯抗磨板,螺钉头部加封盖后,用立式车床加工过流表面。顶盖采用超高分子量聚乙烯抗磨板可靠性差,仍用不锈钢抗磨板,实现了抗磨板可拆卸更换,消除了螺钉头部洼坑引起的严重破坏。但抗磨板的检修仍需机组解体占用大型机械加工设备,甚至返厂修复,检修时,抗磨板的磨蚀也很严重。

近年来,开发了高分子材料和钢板复合的抗磨板结构。复合结构的优点是:用钢板保证与底环(顶盖)的连接强度和尺寸稳定性;过流表面的高分子材料层具有良好的耐磨性能。以半成品的形式提供给水轮机制造厂,用螺钉把合到底环(顶盖)上后,用特殊的封盖封住螺钉头。由制造厂精加工过流表面,内、外圆和导叶轴孔。这种结构已在4座电站14台水轮机上应用(见图1)。

最近从20种非金属材料中,通过旋转式冲蚀磨损机,筛选出聚氨酯L材料,其耐磨性能是不锈钢的3.76倍[1]。聚氨酯L与钢复合抗磨板,已在电站水轮机底环上试用。其结构与图1相似(见图2)。

图1 抗磨板

图2 聚氨酯与钢复合抗磨板

纵观水轮机导水机构抗磨板的耐磨材料和技术工艺的发展演变,我国已经取得很大的进步,在发展中形成了特色,处于世界先进水平;但是,就目前抗磨板在电站,特别是泥沙河流电站的运行情况来看,破坏依然严重,甚至控制机组的大修周期和检修的工期,损失大,耗费多。对底环、顶盖抗磨板的磨蚀—抗磨蚀,破坏—修复的传统思路,很难解决上述问题。因为底环和顶盖都是水轮机的大部件又处于机组的下部,检修时必须拆卸机组,动作大、工期长,由于检修工期长,不等到磨损严重破坏不堪的程度是不会轻易检修的,因而也就难以保持导水机构始终处于良好的运行状态。

以节能减耗为纲,以政府支持技术创新的号召为动力,本文推出了如图3、图4所示的可互换性抗磨板新结构。取消抗磨板的检修,变解体大修为更换可互换性抗磨板备件。可互换性抗磨板,即抗磨板、底环和顶盖分别加工为成品件,抗磨板用标准螺钉把合到底环(顶盖)上,并用特殊的封盖将螺钉沉孔封堵修平,不再进行机械加工。因此,成品抗磨板可以在制造厂把合到底环(顶盖)上发往工地,也可以分别发货,电站安装时,在现场把合到底环、顶盖上。

可互换性大抗磨板的结构如图3所示。在两导叶轴孔之间设左抗磨板1、中抗磨板2和右抗磨板3。用标准螺钉5把合到底环(或顶盖)6上。螺钉沉孔用特殊封盖4封堵,手工修平,保持平滑牢固。

这种结构达到了把合螺钉头部封盖平滑不产生空化源,抗磨板可互换性,结构简单,更

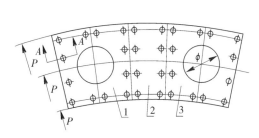
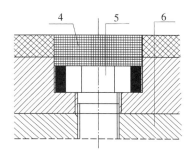

1—左抗磨板;2—中抗磨板;3—右抗磨板;4—特殊封盖;5—标准螺钉;6—顶盖或底环

图3　可互换性大抗磨板

换方便,及时更换,可以控制磨蚀深度。使运行中的抗磨板始终处于良好状态,保持导水机构关闭时漏水量不超过限制值。

可互换性小抗磨板的结构如图4所示。众所周知,传统抗磨板在检修时,可以观察到:在导叶分布圆 D_0 处环形区,磨蚀深度达十几甚至几十毫米,已经破坏不堪,而内侧和外侧环形区破坏轻微,甚至依然完好,即3个环形区的磨蚀强度不同。抗磨板尺寸庞大,价格昂贵,整块更换,造成大量浪费。本结构抗磨板按3个环形区布置:磨蚀严重的中环区抗磨板1与磨损轻微的内环形区抗磨板2和外环形区抗磨板3。3个区的抗磨板如采用同样材料,抗磨板1根据磨蚀情况可以比抗磨板2、3更换得次数多些。或者按磨蚀等程度的观点,采用不同相对磨蚀系数的材料。总之,由材料的耐磨性,结构的互换性和装拆的便捷性三者配合控制磨蚀量,保证导水机构始终处于完好的运行状态。

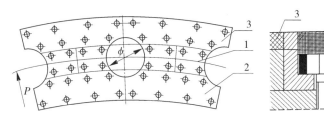
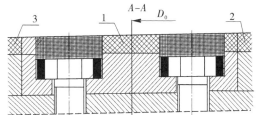

1—中环形区抗磨板;2—内环形区抗磨板;3—外环形区抗磨板

图4　可互换性小抗磨板

以上两种非金属材料与钢板复合的可互换性抗磨板的生产厂商,可根据水轮机制造厂生产或者电站检修、改造的需要,按双方认可的图纸提供成品抗磨板和特殊安装工具以及安装说明书。必要时首台可派员到现场指导安装。双方取长补短,通力合作,变抗磨板检修为备品更换,把抗磨板技术向前推进一步。

三、导叶立面密封

导叶立面密封的传统结构[2]为:水头低于40 m的水轮机,采用圆橡胶条直接镶入导叶体上的鸽尾槽内的结构,中高水头水轮机则采用图5所示的已形成标准系列化的用压板固定的成型三角橡胶条密封结构。当水头较高或水中含沙量大时,这种结构把合螺钉头部的洼坑和压板与橡胶条之间的沟槽产生空化源,引起强烈的磨蚀破坏。有的采用导叶体相贴合处仔细研合实现密封。封水效果也不令人满意。目前现状,导叶立面密封破坏严重,造成大量漏水,也给机组运行维护带来麻烦。

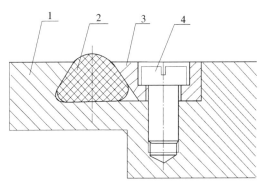

1—导叶;2—成型密封条;3—压板;4—螺钉

图5　导叶标准密封图

最近推出了无空化源的聚氨酯L密封结构,见图6。图7为聚氨酯L密封条照片。这种结构由于聚氨酯L为目前在泥沙水中最耐磨蚀的材料,可以看出过流表面平滑无空化源,能够保证运行中的完好状态和理想的密封效果。已在电站应用。

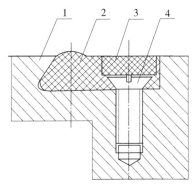

1—导叶;2—密封条;3—封堵;4—螺钉

图6　无空化源导叶密封图

图7　聚氨酯L密封条

目前电站运行的如图5所示的压板固定的成型三角橡胶条密封结构,很容易改造为图6所示的无空化源的聚氨酯L的密封结构。可以顺利解决密封损坏,导水机构关闭时漏水量大的问题,从而取得经济效益。

四、导叶端面密封

目前水轮机导水机构端面密封主要采用传统的标准结构、组合密封结构和间隙密封(硬密封)。

传统的标准结构和立面密封相似,即低水头采用圆橡胶条镶入底环(顶盖)上的鸽尾槽中的结构。当水头高于40 m时,采用压板固定成型三角橡胶条结构(见图5)。应该指出,立面密封,橡胶条和导叶接触、压紧过程中,没有相对滑动。而端面密封,导叶端面与橡胶条接触、压紧过程中,是有滑动和压力摩擦的。当导叶关闭时,具有5°～6°倾角的端面与橡胶条接触并呈楔形挤压、滑动到全关闭位置与橡胶条压紧,其压力应大于被封水压,实现密封。低水头圆橡胶条镶入鸽尾槽中的结构,在导叶全关闭位置时,橡胶条圆截面被压缩变形部分的体积,挤入鸽尾槽中多余的空间中。导叶开启时端面移开后,橡胶条恢复圆形截面。水头高于 40 m 采用压板固定成型三角橡胶条结构时(见图5),由于槽中没有足够的空间供橡胶变形时填充。在封闭的轮廓中,橡胶是不可压缩的,橡胶条凸出部分只能被挤压啃坏。显然这种结构是不合理的。实践中也没有成功的经验。

　　组合密封结构是改革开放后从国外引进的,如图8所示,由把紧螺钉1、压板2、弹性体3和耐磨密封环4组成。当机组运行时,耐磨密封环4在弹性体3的弹力作用下,其两个凸肩分别与压板2和底环(顶盖)5上的止口贴紧,保证耐磨密封环4处于图8所示位置,保持过流表面平滑流畅。

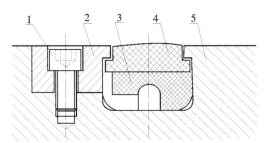

1—把紧螺钉;2—压板;3—弹性体;4—耐磨密封环;5—底环(顶盖)

图8　组合密封结构图

　　当停机导叶处于全关闭位置时,导叶的端面,将耐磨密封环4压下,在凸肩贴合面上,出现间隙,导水机构外部的高压水通过外间隙进入弹性体内腔。在弹性体的弹力和其内腔的水压力共同作用下,使导叶端面与耐磨密封环之间的压力大于被封水压力,实现密封。

　　这种结构在导叶启、闭过程中,耐磨密封环和导叶端面之间组成有压力的滑动摩擦副,因此耐磨密封环不宜采用耐磨蚀性能较好的不锈钢,现有结构中用黄铜。泥浆中耐磨试验证明,黄铜比碳钢低4.9倍,比不锈钢低5.83倍,磷青铜比碳钢低1.93倍,比不锈钢低2.3倍[3]。耐磨密封环处于导水机构磨蚀最严重的部位,在水头较高或浑水电站中应用,其效果不会令人满意。

　　间隙密封(准硬性密封)由于采用弹性元件堵塞导叶端面与底环(顶盖)之间的间隙的密封结构(软密封),在运行中并不成功。中高水头,特别是泥沙河流水轮机导水机构端面密封主要靠导叶端面与底环(顶盖)之间的间隙密封(硬密封)。由于导叶厚度不大,间隙不宽;导叶高度制造时存在误差,导叶启、闭时端面避免和底环(顶盖)接触,因此间隙不能太小。故间隙密封的效果很差,抗磨板及导叶端面磨蚀严重。

　　鉴于现有水轮机导水机构端面密封效果不佳、磨蚀严重,本文推荐高分子材料与钢板复合的无空化源的密封结构(准硬性密封),见图9。这种结构的特点是:抗磨密封件的基体为钢板,保证其把合强度和尺寸稳定性;聚氨酯 L 耐磨表面的耐磨性能优于不锈钢和超高分子量聚乙烯;表面层有自润滑性能,允许与导叶端面接触摩擦,故密封间隙可调得比规定值小些;结构可互换,更换备品方便。这些特点,可以保证水轮机在运行中端面密封处于良好状态,减小导水机构关闭时的漏水量。

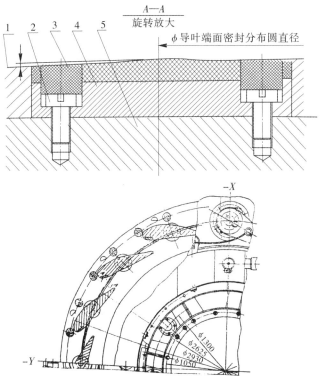

1—抗磨板;2—螺钉;3—封盖;4—复合密封件;5—底环(顶盖)

图9 无空化源端面密封圈

五、结 语

导水机构某些部件的失效,主要是由磨蚀造成的,而磨蚀过程的能量消耗、破坏后的功能失佳、漏水增大,都导致机组效率降低能源损耗。值此全球能源危机,节能呼声震耳之际,特别是对于我国水电装机已达到2亿kW和尚有2亿多kW有待开发的巨额水电资源而言,减小导水机构能量损耗,意义非常重大。我国浑水河流多,水轮机磨蚀严重,导水机构抗磨板防护技术虽然取得很大进步处于世界先进水平,但是,抗磨板的磨蚀破坏仍很严重,检修仍要和底环、顶盖大部件一起进行,规模大、工期长、耗费多,亟待改进。

本文推出了非金属材料与钢板复合的可互换性抗磨板,取消抗磨板检修,变机组解体检修为互换性备品的更换,以及导叶立面密封和端面密封的改进,企业希望保证导水机构始终在完好状态下运行,减小关闭时漏水损失。愿与同行通力合作,把这项工作推进一步。

参 考 文 献

1 王春雷,曲建俊.水轮机导水机构抗磨板选材试验研究与结构改进.北京:中国水利水电出版社,2008.

2 哈尔滨大电机研究所.水轮机设计手册.北京:机械工业出版社,1976.

3 POLYHI/MENASHA公司(美国).TIVAR-88和TIVAR-100产品说明书.

卡普卡电站增容改造中的抗磨蚀措施

梁 彦 松

（新疆疏附县水力发电公司）

【摘　要】 介绍了卡普卡电站的基本参数,阐述了增容技改中的抗磨蚀措施,提出机组在运行和维护中的注意事项。

【关键词】 卡普卡水电站　水轮机　抗磨蚀措施

一、电站概况

新疆喀什地区疏附县卡普卡水电站增容改造工程属国家第4批中级电气化县建设电站改造工程。该电站原设计装机容量为 $2×1\,600$ kW,增容改造后装机容量为 $2×2\,000$ kW。年发电量为 $2\,232$ 万 $kW·h$,年利用时间为 $6\,975$ h。前池布置型式为正面池水,冲沙,侧面引水;前池设计水位 $1\,519.72$ m,最低水位为 $1\,518.37$ m。压力管道进口为虹吸式进口。电站布置形式为径流式,电站设计水头 $H_p = 11.47$ m,电站引用流量 $Q = 43$ m^3/s。

该电站原水轮机基本参数为:

型号	ZD510-LH-180
转轮直径 D_1(m)	1.8
设计水头 H(m)	11.47
额定出力 N_T(kW)	1 697
额定转速 n(r/min)	300
额定流量 Q(m^3/s)	18.49
尾水吸出高度(m)	−2.99

由于该电站为径流式电站,河水含沙量大,虽多年平均含沙量为 6.8 kg/m^3,但每年夏季发电高峰期的含沙量却远远大于这个数字,而且沙粒中硬度很高的石英砂所占比例很大。因此水轮机转轮及过流部件磨损严重,大修周期短,维修成本高,严重地影响了电站的经济效益。

这次增容改造为减少技改投资,在利用原机组的座环、机坑里衬、顶盖、调速环、水轮机大轴的基础上加工新的转轮室、转轮、底环、尾水管、导叶、支持盖、油盆,水机轴瓦、主轴密封、紧急真空破坏阀、连板、剪断销和发电机上短轴等,配置发电机下机架制动器、制动柜及相应的水机自动化元件。要求选用新型高效大能量转轮,在少量增加流量的条件下使发电机出力由原来的 $1\,600$ kW 增至 $2\,000$ kW,达到增容的目的,并在结构上采取必要的措施,选用抗磨蚀材料,最大限度地减缓转轮及过流部件的磨蚀,延长机组的大修周期,从而提高电站的经济效益。

二、采用的抗磨蚀措施

(一)尽可能地降低空蚀破坏

众所周知,泥沙磨损和空蚀的联合作用比其中任何单项的损坏更为严重,因此,降低水轮机在运行过程中的空蚀对导水机构和转轮的磨蚀具有重要意义。

1. 选用了空化性能好的转轮

根据电站的实际运行水头和现有的技术资料及已应用同类型机组的成功实例,使用了国外先进的高效率转轮 ZD400a 型——该转轮系国外研制的性能先进的轴流式转轮,已成功应用于众多电站,且通过了用户最终验收。该转轮具有空化性好,高效率,性能优越。以替代原 ZD510 型号转轮,其基本参数比较见表 1。

表 1 转轮基本参数

转轮型号	导叶相对高度	最优单位转速(r/min)	最优工况			限制工况		
			单位流量(m^3/s)	效率(%)	空蚀系数	单位流量(m^3/s)	效率(%)	空蚀系数
ZD510-46	0.400	135	1.06	87.5	0.5	2.00	76	0.87
ZD400a-50	0.414 2	157	1.35	92.1	0.41	2.20	89	0.54

从表 1 可看出,新转轮不仅过流量大、效率高,使机组出力达到 2 000 kW,而且空蚀系数也低于老转轮,可降低空蚀破坏的影响。

2. 改进了补气装置

由于泥沙磨损大,十字补气不实用,本次采用环形短管补气,补气装置与尾水管制作成一整体。增强了补气效果,提高了抗空蚀破坏的能力。

(二)改进了部分结构,增强了抗磨蚀能力并便于检修

(1)转轮室分两层制作。第 1 层为上下法兰、下止扣,中间有加强筋板的永久性基础层,壁厚 20 mm 以上。第 2 层为可拆卸的上下带止扣的抗磨层,采用铸钢材料,壁厚 20 mm 左右,便于磨损后能拆出维修更换。内外圆车削,与第 1 层紧密配合,组装后不转动。

(2)转轮是此次增容改造的核心部件。泄水锥与轮毂制成一整体,转轮叶片设置抗空蚀裙边,以减轻叶片与转轮室间的间隙空蚀,叶片表面光洁,无裂纹或凸凹不平等缺陷;转轮轮毂采用铸钢,叶片采用耐磨不锈钢。

(3)底环制作在原座环和改进后的转轮室的基础上改进为可拆卸式,大修时能与座环和转轮室分离,便于维修。利用导叶下轴孔使用紧固件固定,采用铸钢材料。为增加其抗磨蚀、抗磨损、抗空蚀性和可换性,在底环上加一护板,材料为 Q235 钢板。

(4)导叶采用普通碳素钢整体铸造,有 3 个支承轴承,轴瓦采用铜背复合材料,自润滑、轴颈处采用高精度加工。导叶套筒上、下端装有"O"型橡胶止水软垫,该结构简单不需要调整,通过软垫及其他部位渗漏的水和主轴密封漏水汇至支持盖,通过电站设有的 2 台互为备用的排水泵排出。导叶轴颈上端装有调节螺栓,借导叶臂和端盖将导叶悬挂吊起,并保持导叶上、下端面间隙均匀以及满足规范要求,使上下端面间隙尽量小,此次在原活动导叶上下

轴端面增加平压板,从而解决导叶上下端由于间隙水流造成泥沙对导叶端面、导叶轴及抗磨板产生的磨蚀。

(5)支持盖与原调速环高程配合重新设计,设置紧急真空破坏阀,底部设置可拆卸护罩,在不拆卸支持盖的条件下可从尾水管内拆卸更换转轮。

(6)在支持盖部位设置的主轴密封装置,采用无接触密封加空气围带检修密封,以确保机组的密封性能,结构简单,轴封严密、耐磨。

本次采用的密封座是2道无接触式间隙密封,起初工作时,其渗漏的水靠电站的射流泵外吸,排至集水井,后靠虹吸原理排水(每道单独排水)。另外前道密封由转动的空气围带座、固定的密封座以及盖板、空气围带和空气围带压盖组成的梳齿密封,空气围带座固定在主轴上,靠空气围带座和密封座的减压迷宫环来达到密封的目的。轴封的静止部分与转动部分不接触,这样,密封有极长的寿命。该密封不需检修,在水机正常运行时不需冷却或润滑。为防止泥沙对主轴的磨损破坏,在主轴上密封座对应的位置堆焊一层不锈钢,厚度为2 mm,在密封座内壁铸有巴氏合金,以增加其抗磨蚀能力。

为缩短停机检修时间,主轴密封下部装有空气围带式的检修密封,平时围带与主轴凸缘侧保持1~2 mm间隙,长期停机或停机检修时,通入0.5~0.7 MPa的压缩空气,空气橡胶围带就把密封座抱住,封住下游的尾水进入,不用时只要放去压缩空气,橡胶围带即自行松开回到原来位置。

本次设计有三处结构防止漏水,一是转轮与支持盖采用迷宫间隙配合,二是在主轴打上泄水孔,三是有主轴密封。此结构已于2003年应用于新疆吾库沙克电站,使用效果很好。

三、运行及维护中应注意的问题

除遵循运行及维护的一般规定外,为减缓水轮机转轮及过流部件的磨蚀,应特别注意以下问题:

为达到增容目的,改造后额定流量由原来的18.49 m³/s提高到现在的20.3 m³/s,在流道尺寸保持不变的情况下势必加大了过流速度。众所周知,影响空蚀最大的因素是流速,空蚀与流速的高次方成正比(为5~7次方)。这意味着将会加剧水轮机的磨蚀,尤其在洪水期泥沙含量大时更为显著。为此,在汛期(尤其在泥沙高峰时段)必须使机组在最优工况下运行,更不能为多发电而超负荷运行。

为减轻泥沙对过流部件的磨损及其与空蚀的联合作用,必须做好不定期排沙工作,尤其在泥沙严重的洪水期,更要缩短排沙间隔,以最大限度地降低过机水流的含沙量。

大量电站的经验表明,磨损和空蚀都是随着时间的推移加速发展的,因此,应该适当缩短机组的检修间隔并提高检修质量,对因磨蚀而产生的小缺陷及时予以修补、打磨光滑,以减缓磨蚀速度,从而延长大修周期,提高机组的使用寿命。

参 考 文 献

1 吴培豪.减轻泥沙磨损的其他措施.水机磨蚀研究与实践50年.2005.

2 吴培豪.磨损、磨蚀机理、影响因素等踪述.水机磨蚀研究与实践50年.2005.

3 刘显耀.渔子溪一级电站过机泥沙和水轮机磨蚀问题.水机磨蚀,1993.

刚果(金)ZONGOⅡ水电站水轮机转轮抗磨蚀选型

张维聚   卞东阳

(中水北方勘测设计研究有限责任公司)(中国水利水电第一工程局有限公司)

【摘　要】　刚果(金)ZONGOⅡ水电站属于低坝引水径流式电站,本电站属于多泥沙电站,矿物成分为石英,介绍了该电站水轮机转轮抗磨蚀选型技术方案。

【关键词】　水轮机　抗磨蚀　刚果

一、水轮机选型说明

刚果(金)ZONGOⅡ水电站装机容量150 MW,电站机组设计引用流量160.5 m^3/s。电站最大净水头114.6 m,3台机组满发时电站最小净水头104.9 m,电站加权平均净水头106.4 m,年利用时间约为5 746 h。电站投入系统后将位于基荷运行。本电站属中高水头、多泥沙、低坝引水径流式电站。经统计分析,计算时段内入库最大日含沙量为1.6 kg/m^3,若不打开泄洪排沙闸,过机含沙量可能会超过5 kg/m^3,经沙样测试,矿物成分为石英,根据现场查勘的资料分析,ZONGOⅡ水库悬移质中值粒径约0.02 mm。

鉴于本电站属于低坝引水径流式和多泥沙的特点,水轮机选型应重视的关键因素是运行期间的过机泥沙含量,结合对水轮机稳定运行范围要求和对多泥沙电站设备多年来设计、制造、供货经验,可以降低叶片过流表面压力和出口相对流速在较低水平,以降低泥沙对过流部件的磨损,延长水轮机的大修间隔。

有关统计资料显示,目前国外生产的水轮机比速系数达到2 300~2 500,国内生产的水轮机比速系数达到1 900~2 300,且有提高的趋势。但现阶段国内的新疆、四川大渡河等多泥沙水质电站实际采用的比速系数仍在1 700左右,仍处于比较保守的水平。鉴于这样的情况,经过对1 700~2 100参数范围的转速300、272.7、250 r/min等进行比算,比速系数分别达到2 071、1 882.6、1 725.9。针对现在的水平,在额定转速300 r/min和250 r/min不同参数水平比较。并采用水科院开发的JF3011转轮(水轮机型号:HLJF3011-LJ-240)和JF2062转轮(水轮机型号:HLJF2062-LJ-285)进行比选。具体比选如下。

(一)转轮模型参数比较

见表1和表2。

表1　　　　　　　　　　　　　　模型转轮基本参数表

转轮型号	使用水头(m)	最 优 工 况			限 制 工 况			单位飞逸转速(r/min)	水推力系数
		n'_1(r/min)	Q'_1(m^3/s)	η(%)	Q'_1(m^3/s)	η(%)	σ		
JF3011-35	~115	69.92	0.855	94.36	1.136	89.5	0.104	122.3	0.28~0.36
JF2062-35	~200	68.67	0.547	94.05	0.765	89.22	0.08	114.78	0.20~0.26

表 2 模型转轮流道参数表

型号	蜗壳		导叶			尾水管			叶片数
JF	直径 D_s	流速系数 Q_1	高度 B_o/D_1	叶片 Z_o	分布圆 D_o/D_1	高度 h/D_1	长度 L/D_1	出口宽度	Z_1
JF3011-35	456.1	0.75	0.3	24	1.18	3.04	5.32	3.39	13
JF2062-35	362.8	—	0.2	24	1.18	3.199	4.512	2.02	14

（二）真机参数比较

见表 3。

表 3　原型水轮机主要参数表

水轮机型号		HLJF3011-LJ-240		HLJF2062-LJ-285	
额定转速（r/min）		300		250	
效率修正 $\Delta\eta$（%）		1.2		1.35	
最大水头 114.6 m	水机出力（MW）	45% P_r 23.08	100% P_r 51.28	45% P_r 23.08	100% P_r 51.28
	单位转速（r/min）	67.26		66.56	
	单位流量（m³/s）	0.427	0.785	0.287	0.551
	真机效率（%）	77.91	94.23	82.39	95.18
	模型气蚀系数 σ_c	—	0.059	—	0.034 1
	理论吸出高度 H_s（m）	—	-3.786	—	-0.142
加权平均水头 106.4 m	水机出力（MW）	45% P_r 23.08	100% P_r 51.28	45% P_r 23.08	100% P_r 51.28
	单位转速（r/min）	69.8		69.07	
	单位流量（m³/s）	0.459	0.866	0.312	0.621
	真机效率（%）	80.99	95.49	84.55	94.37
	模型气蚀系数 σ_c		0.064		0.050 5
	理论吸出高度 H_s（m）	—	-3.883	—	-1.01
额定水头 105 m	水机出力（MW）	45% P_r 23.08	100% P_r 51.28	45% P_r 23.08	100% P_r 51.28
	单位转速（r/min）	70.26		69.53	
	单位流量（m³/s）	0.465	0.884	0.317	0.635
	真机效率（%）	81.58	95.39	84.99	94.13
	模型气蚀系数 σ_c	—	0.064 5	—	0.054 3
	理论吸出高度 H_s（m）		-3.808		-1.666

续表3

水轮机型号	HLJF3011-LJ-240		HLJF2062-LJ-285	
额定转速(r/min)	300		250	
效率修正 $\Delta\eta$(%)	1.2		1.35	
最小水头 104.9 m — 水机出力(MW)	45%P_r 23.08	100%P_r 51.28	45%P_r 23.08	100%P_r 51.28
最小水头 104.9 m — 单位转速(r/min)	70.3		69.57	
最小水头 104.9 m — 单位流量(m³/s)	0.466	0.886	0.317	0.636
最小水头 104.9 m — 真机效率(%)	81.62	95.38	85.02	94.11
最小水头 104.9 m — 模型气蚀系数 σ_c	—	0.064 5	—	0.054 5
最小水头 104.9 m — 理论吸出高度 H_s(m)	—	-3.795	—	-1.697
额定工况叶片出水边相对流速(m/s)	38.45		34.25	
模型最高效率(%)	94.36		94.05	
原型最高效率(%)	95.56		95.4	
最高效率水头(m)	106.0		107.7	
比转速	202.1		168.4	
比速系数	2 071.1		1 725.9	
运行范围及超出力说明	最优效率时的水头106.0 m,与加权水头106.4 m非常接近,运行范围合理,适合汛期多泥沙、大出力运行,气蚀、压力脉动等指标满足规范要求,能保证机组运行稳定		最优效率时的水头107.7 m,与加权水头106.4 m非常接近,运行范围合理,且适合汛期多泥沙、大出力运行,气蚀、压力脉动等指标满足规范要求,能保证机组运行稳定	

注:①吸出高程计算公式:$H_s = 10 - K\sigma H - \dfrac{\nabla}{900}$(其中 $K=2.0$;$\nabla=237$ m)。②效率修正公式:$\Delta\eta = \dfrac{2}{3}(1-\eta_{max})(1-\sqrt[5]{\dfrac{D_m}{D_1}})$。

(三)结论

通过以上比较,额定转速 250 r/min、JF2062-35 转轮气蚀、效率性能、出口流速由于优于额定转速 300 r/min、JF3011-35 转轮,更适应本电站多泥沙的使用特点。故选型把比速系数控制在 1 700 左右,推荐额定转速 250 r/min 的方案,水轮机为 HLJF2062-LJ-285 配 SF50-24/6080 发电机。

二、防止和减轻水轮机泥沙磨蚀的措施

为防止和减轻泥沙对水轮机过流部件的磨损,水轮机设计、制造拟采取以下措施。

（一）选用空蚀性能和运行范围良好的转轮，控制空蚀指标、过流流速，减轻泥沙磨损破坏

有关研究表明，水轮机某一部位的磨蚀量 δ 可用下列数学模型表达：

$$\delta = \frac{1}{\varepsilon K}\beta S W^m T$$

式中　ε——材料耐磨系数；

　　　　K——表面粗糙度；

　　　　β——泥沙磨损能力系数；

　　　　S——过机平均含量，kg/m^3；

　　　　W——水流相对速度，m/s；

　　　　m——流态影响系数，对于混流式水轮机 $m = 2.3 \sim 2.7$；

　　　　T——运行时间，s。

上式表明：水轮机的磨蚀与泥沙特性、流态及流速、材料、运行时间等有关，因此在机组选型时，一是选择的模型转轮在保证水力性能的条件下，过机相对流速要相对较低，以减轻泥沙对水轮机过流部件磨损；二是选择的模型转轮气蚀性能要优，在保证水轮机气蚀性能的条件下，以减轻泥沙磨损与气蚀联合作用，对水轮机过流部件的破坏。

（二）改善水轮机过流部件的结构设计、制造工艺、材料选用，提高抗泥沙磨损的能力

混流式水轮机的过流零部件包括：蜗壳、座环、导水机构、转轮、尾水锥管和肘管。气蚀和磨损主要发生部位：转轮进口、下环、出口和密封间隙位置，导叶头与尾部、导叶与顶盖、底环形成的间隙部分，顶盖、底环的过流面，尾水锥管进口等。针对这些过流部位，分析其流态和泥沙运行轨迹及破坏成因，应改善水轮机过流部件的结构设计、制造工艺及质量、材料选用，提高抗泥沙磨损的能力，主要采取以下措施：

（1）适当增大导叶节圆直径，降低导叶区间流速，减少磨损破坏。

（2）固定导叶和活动导叶的数量及相互位置进行合理的匹配，大范围适应和减小水流对活动导叶表面的冲击，防止这一区域的二次回流。

（3）转轮采用主轴中心孔补气，中心孔补气管延伸到转轮中心适当位置（见图1），增强补气效果，保证降低叶片出水边的气蚀破坏、泥沙磨损，并增强水轮机的稳定运行。经过多个电站的运行证明，这种补气效果更好。

（4）提高转轮结构设计和材料适应档次，保证核心部件的抗磨水平。水轮机转轮采用钢板模压焊接结构。叶片采用精炼不锈钢板00Cr13Ni5Mo（水电板）模压、采用五轴数控加工，上冠与下环采用 VOD 精炼不锈钢工艺铸造，采用数控加工；转轮上下止漏环采用不锈钢板00Cr13Ni5Mo（水电板）制造，方便更换和检修。

（5）底环与转轮下环进口结合位置采用盖帽结构（见图2），即底环过流面将转轮下环平面遮盖住，避免间隙气蚀和泥沙进入下环间隙和直接冲击下环平面与间隙带来的破坏。目前该结构在我国新疆等多泥沙电站的水轮机结构中广泛采用，起到了很好的使用效果。

（6）转轮上冠间隙密封后采用泵板结构（见图3），保证降低进入主轴密封的水质含沙量和漏水量，做到正常运行基本无漏水，且为在密封位置的主轴设置不锈钢护套，可做到对主轴和密封没有破坏。

（7）对顶盖应用有限元分析,确保顶盖刚度,保证导叶端面间隙可靠,以减小间隙气蚀破坏和泥沙磨损。

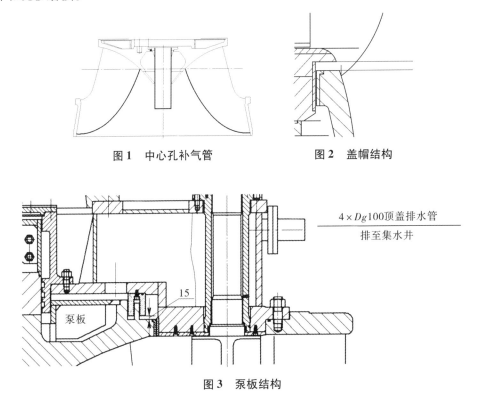

图1　中心孔补气管　　　　　　图2　盖帽结构

图3　泵板结构

（8）导叶端面采用黄铜条密封结构(见图4),保证间隙密封可靠,减少间隙气蚀和泥沙磨损。

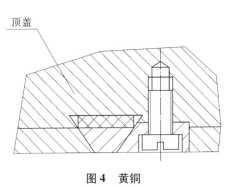

图4　黄铜

（9）顶盖、底环的抗磨板采用不锈钢00Cr13Ni5Mo(水电板)材料,增强耐磨性能,延长大修周期。止漏环采用1Cr18Ni9Ti。

（10）提高制造工艺质量,重点监控过流部件表面焊缝质量和加工粗糙度,防止局部气蚀产生,减少磨损破坏(见表4)。

表 4　　　　　　　过流部件容易发生磨蚀的部位采用材料、表面粗糙度及硬度要求

项　目		材　料	表面粗糙度 R_a (μm)
转轮	叶片	叶片采用精炼不锈钢板 00Cr13Ni5Mo(水电板) 模压、采用五轴数控加工,上冠与下环采用 VOD 精炼不锈钢工艺铸造,采用数控加工;叶片硬度 HB240-290 上、下止漏环采用不锈钢板 00Cr13Ni5Mo(水电板)	1.6
转轮	叶片根部焊缝	叶片采用精炼不锈钢板 00Cr13Ni5Mo(水电板) 模压、采用五轴数控加工,上冠与下环采用 VOD 精炼不锈钢工艺铸造,采用数控加工;叶片硬度 HB240-290 上、下止漏环采用不锈钢板 00Cr13Ni5Mo(水电板)	3.2
转轮	下环及止漏环	叶片采用精炼不锈钢板 00Cr13Ni5Mo(水电板) 模压、采用五轴数控加工,上冠与下环采用 VOD 精炼不锈钢工艺铸造,采用数控加工;叶片硬度 HB240-290 上、下止漏环采用不锈钢板 00Cr13Ni5Mo(水电板)	3.2
转轮	上冠及止漏环	叶片采用精炼不锈钢板 00Cr13Ni5Mo(水电板) 模压、采用五轴数控加工,上冠与下环采用 VOD 精炼不锈钢工艺铸造,采用数控加工;叶片硬度 HB240-290 上、下止漏环采用不锈钢板 00Cr13Ni5Mo(水电板)	3.2
导叶	上、下端面及立面密封面	导叶 ZG06Cr13Ni4Mo,整体铸造,硬度 HB280	3.2
导叶	其他立面	导叶 ZG06Cr13Ni4Mo,整体铸造,硬度 HB280	6.3
顶盖	抗磨板及止漏环	抗磨板采用 00Cr13Ni5Mo (水电板),止漏环采用 1Cr18Ni9Ti,硬度 HB200~240	3.2
底环	抗磨板及止漏环	抗磨板采用 00Cr13Ni5Mo (水电板),止漏环采用 1Cr18Ni9Ti,硬度 HB200~240	3.2
座环	固定导叶及环板	Q345C、Q345C(Z15)	12.5
尾水管		Q235B+1Cr18Ni9	25
蜗壳		Q345C	25

三、结　　论

　　本电站为多泥沙电站,对比国内已运行的同类电站的经验、教训,为减少机组的磨损破坏,必须结合机组选型、过流部件选材、结构设计等多方面措施才有可能起到良好的效果。

黄河三盛公水电站水轮发电机组及附属设备设计

徐宝兰　　杨　旭

（中水北方勘测设计研究有限责任公司）

【摘　要】　三盛公二期水电站,采用了灯泡贯流式机型。根据电站以灌溉为主兼顾发电的特点,分别论述了机组的选型设计、水轮机的参数确定、抗磨蚀和结构要求及附属设备的配置。

【关键词】　工程特点　贯流机　选型　参数选定

一、工程概况

三盛公水利枢纽工程位于内蒙古巴彦淖尔盟磴口县东南的黄河干流上,是一座以灌溉为主兼顾发电的低水头引水枢纽。枢纽主体工程于 1961 年建成。

1968 年在距枢纽进水闸 3.4 km 处的北总干渠跌水工程右侧建成装机 4×500 kW 的三盛公一期水电站,为充分利用北总干渠的水能,补充河套灌区电站的排灌用电之需,于 2007 年 4 月份开始动工兴建了内蒙古黄河三盛公二期水电站,电站装机容量 16.11 MW,装机 3 台,单机容量 5.37 MW,多年平均发电量 5 357 万 kW·h,机组年利用小时数 3 325 h。电站首台(1#)机组在 2009 年 11 月 8 日并网发电,3#机组和 2#机组分别在 2009 年 11 月 13 日与 2010 年 5 月 3 日进行 72 h 运行后并网发电。

本电站基本为径流式电站,额定水头 5.25 m,每年引水时间为 4 月中下旬至 10 月底,个别年份延至 11 月上旬。额定水头的确定,按毛水文系列计算,多年平均年弃水天数为 51 d,占总发电天数的 29.6%。按净水文系列计算,多年平均年弃水天数为 14 d,占总发电天数的 8.2%。根据国内外径流式电站额定水头的选择经验,以及实际径流式电站的运行应用情况,弃水天数按 5% ~10% 来确定装机容量和额定水头,是比较经济合理的。本电站的弃水天数按净水文系列符合国内外惯例。

二、水轮机主要参数和性能

(一)通过对水轮机参数的比选和论证,确定的水轮机参数

水轮机型号	GZ1250a-WP-400
转轮直径(m)	4.0
额定出力(MW)	5.565
额定水头(m)	5.25
额定转速(r/min)	115.4
额定流量(m³/s)	119.26

额定工况比转速(m·kW)	1 083
飞逸转速(r/min)	332(非协联工况)
吸出高度(m)	−5.87

(二)水轮机的能量指标

(1)在额定水头 5.25 m 下的水轮机额定出力为 5 565 kW。

(2)在最小水头 4.74 m 水轮机出力为 4 820 kW。

(3)水轮机超出力至 6 121 kW。

(4)在全部运行范围内,水轮机的最高效率为 93.39%,高出 93.0% 的保证值。

(5)水轮机的加权平均效率为 91.6%,

(三)空蚀性能

$H_s = -5.87$ m(大轴中心线),在额定水头对应的装置空化系数 $\sigma_p = 2.64$。

(四)稳定性

原型水轮机尾水管压力脉动值不大于表1。

表1 原型水轮机尾水管压力脉动值

水头(m)	额定出力的百分数 (%)	双振幅 $\Delta H/H$	频率 (Hz)
最大水头 7.02	30 ~ 110	5.1	0.93
加权平均水头 5.55	30 ~ 110	6.3	1.20
额定水头 5.25	30 ~ 110	7.0	1.80
最小水头 4.74	30 ~ 86.6	6.0	0.85

(五)水轮机的安装高程

机组在额定水头是 3 台机组运行,在高水头段为 1~2 台机组运行;确定水轮机的安装高程,有两个条件:第一,经过运行范围内的工况计算,额定工况的空蚀性能好坏,是控制安装高程的条件;第二,在最小流量及下游尾水位最低时,考虑机组的安全稳定运行,尾水管顶部需淹没深度 0.5 m 以上,是控制安装高程的条件。本电站经过计算比较,安装高程以额定工况的气蚀性能来控制,即以吸出高度 H_s 为 −5.87 m,确定的安装高程为 1 040.50 m,相应的电站装置空蚀系数 K_σ 为 1.29。

三、调速器及油压装置

本电站设有 3 台 BWST 型伺服比例阀式可编程微机双重调速器,每台套调速器及油压装置由电气和机械组合柜、回油箱、压力油罐、导叶反馈装置、分段关闭装置、事故配压阀及辅助部件组成。在调速器油压装置的总体结构形式上,将事故配压阀和分段关闭装置全部组装在油压装置回油箱上,由武汉四创自动控制技术有限责任公司成套供货。调速器采用 PLC 型伺服比例阀带动液压随动系统,实现对水轮机的控制。

调速器的基本规格及主要参数:调速器型号 BWST-80-6.3,主配压阀直径 80 mm,额定工作油压 6.3 MPa。

四、水轮发电机组的主要部件和材料

(一)水轮机

(1)转轮。水轮机为灯泡贯流转桨式,转轮轮毂为大型的铸钢件,材料采用ZG20SiMn;桨叶端部轮毂表面加工成球形,并堆焊不锈钢。转轮叶片3个,材料选用ZG0Cr13Ni4Mo,有很好的耐磨性及抗气蚀性。叶片与枢轴为分体结构,叶片与转臂用螺栓把合在一起,2个圆柱销传递扭矩,叶片法兰的密封形式采用"V"、"X"橡胶组合密封,可有效地保证不漏油、不渗水。

(2)水轮机主轴。水轮机与发电机共用一根轴,采用材料为45A优质钢材锻制,中空而两端带有锻制法兰,两端法兰分别与转轮、转子用螺栓联结并有销钉传递扭矩。

(3)转轮室。转轮室分为上下两瓣,结合面采用法兰连接;为避免间隙空蚀,在桨叶外圆活动范围内,采用不锈钢材料;为减少转轮室和导叶外环的环形焊缝及焊后变形,转轮室和导叶内、外环均采用模压成型球面及双曲面来代替常规设计的多段锥面拟和球面和双曲面。

(4)导水机构。导叶数量16个,材料为ZG35#,分布于与机组中心线成60°夹角的锥面上,外配水环由钢板模压焊接而成,外配水环和导叶配合面为球面,外配水环上的导叶轴承采用球铰结构。内配水环采用钢板焊接结构,与导叶的配合为球形。导叶间采用本体金属接触式密封,导叶转角范围为80°。控制环由钢板焊接而成,控制环装在外配水环下游侧法兰外部。在控制环水平中心线上设有悬挂重锤,靠重锤本身自重和导叶自关闭水力矩联合作用,形成关闭力矩操作导叶关闭。

(5)轴承装配。水轮机导轴承采用动、静压组合式油膜轴承,轴瓦采用锡基合金材料,分瓣结构。

(二)发电机

(1)发电机总体结构采用国际上大中型贯流机组常用的2支点悬吊型结构,辅助支撑为灯泡互成角度两支撑方式。而通风冷却系统也采用了国际上大中型贯流机组惯用的径、轴向混合强迫通风、冷却套二次循环。

(2)定子。定子机座采用整圆结构,由结构钢焊接而成,定子铁芯采用贴壁结构以利部分损耗通过机座壁传导到流道河水中。

(3)转子。转子采用无轴上游悬臂结构,转子支架和磁轭圈在制造厂整体焊接后运输至工地,转子磁极由卖方负责现场挂装完成。

(4)组合轴承。发电机的正、反向推力轴承和径向轴承组装在同一个轴承座内,设在转子的下游侧。推力轴承正、反推力瓦采用钨金瓦(巴氏合金)。

五、水轮机主要抗磨措施

为了减轻水轮机过流部件磨损,从水轮机参数选择以及材料等方面考虑,采取了综合的防泥沙磨损措施。

(1)工程设计方面:在渠道分叉后,设置了挡沙坎,避免含沙量较高的水流,进入机组流道。

（2）参数选择方面：根据黄河上多泥沙水电站水轮机运行情况和有关含沙水流磨蚀试验资料，并结合本电站运行的特点，对水轮机的过流部件流速加以适当限制。本电站在额定工况下，转轮叶片出口相对流速 $W_{2r} \leqslant 29.3$ m/s，在低水头期导叶开至最大工况下，转轮叶片出口相对流速 $W_{2H_{min}} \leqslant 26.4$ m/s。

（3）水轮机过流部件的材质和防磨损方面：转轮室在转轮中心线前后一定范围内采用全不锈钢材料。转轮与转轮桨叶：转轮桨叶采用不锈钢整铸，材料等同于 ZG0Cr13Ni4Mo；转轮体采用铸钢整铸，材料等同于 ZG20SiMn；在相邻导叶之间的接触立面上，均设置有不锈钢堆焊层。

六、机组供水循环冷却

机组供水循环冷却系统设计，根据单台机组的容量，首先考虑的是冷却方式，其次考虑的是水源问题。本电站作为黄河电站，由于水质的原因，河水作为机组直接冷却满足不了运行的要求，如果采用地下水，需要打几口井，并且配置一系列的机电设备和管路附件等。该方案不但增加施工工程量和总投资，还给以后运行带来很多麻烦，鉴于以上情况和该机组容量的可行性分析，本电站的发电机组和轴承油箱的冷却，在机组合同中大胆地采用了灯泡夹层二次循环冷却的方式，尾水外置冷却器二次循环冷却做为备用，该备用冷却方案在设计上预留了接口，如果灯泡夹层二次循环冷却满足不了要求时，即时安装尾水外置冷却器二次循环冷却装置。目前，电站 3 台机组均经过了两个夏季运行，水轮发电机组的轴承温度均没超过 40 ℃，定子绕组和定子铁芯虽然最高达到 100 ℃ 左右，但没有超过制造厂提出的允许值 115 ℃。通过三盛公电站的运行，说明单机容量 5.37 MW 和转轮直径 4.0 m 的中型灯泡贯流式机组，采用灯泡头夹层循环冷却是可行的。

七、结　语

本电站水轮机转轮直径为 4.0 m，属于中型的灯泡贯流式机组，在机组的参数选择，即性能指标和结构上，达到了较先进水平，并根据电站为多泥沙水流的特点，在减轻水轮机磨蚀上采用了综合的治理措施，3 台机组从 2009 年 11 月至今经历了高、低水头段的运行，以及在大小负荷各工况点的运行中，机组都是稳定的，且机组效率达到了预期的设计指标。而采用的调速器油压装置总体结构，也大大简化了烦琐的液压系统，节省了高压油管路和布置空间。水轮发电机组的灯泡夹层二次冷却，在单机容量 5.37 MW 和转轮直径 4.0 m 的中型灯泡贯流式机组中采用，目前是国内首例，并已经过一年的运行，冷却效果很好，值得以后在类似电站的设计中借鉴。

万家寨引黄北干线平鲁地下泵站水泵抗泥沙磨蚀设计

杨　旭

（中水北方勘测设计研究有限责任公司）

【摘　要】　水泵的泥沙磨蚀破坏一直是水泵运行、维护及管理工作中的一个重要问题。对山西省万家寨引黄入晋北干线工程平鲁地下泵站所安装的 5 台卧式单级双吸离心泵在抗泥沙磨损方面所采取的措施进行了论述及分析。

【关键词】　平鲁地下泵站　单级双吸离心泵　泥沙磨蚀

一、平鲁地下泵站概述

平鲁地下泵站位于北干线大梁水库右岸山体中,在大梁水库右坝肩上游约 230 m,介于北干 1# 输水隧洞 TBM 检修洞室与放水洞之间,埋深约 140 m。在北干线正常输水月份(每年 10 月~翌年 7 月)从北干 1# 输水隧洞将部分水扬入大梁水库,设计抽水流量 2.64 m³/s;在水库充水和放水期间,均需要从大梁水库放水 0.25~1.15 m³/s 向平鲁区供水。在汛期引黄停止输水时,从大梁水库经放水洞入北干 1# 输水隧洞向朔州、大同等地区供水,8、9 两月下泄流量 3.1 m³/s。

平鲁地下泵站安装 5 台单级双吸卧式机组,泵站运行扬程 120~137 m,单机流量 1.21~0.88 m³/s,正常工况 3 台运行、2 台备用,配套电动机功率 1 800 kW,总装机 9 000 kW。

二、平鲁地下泵站泥沙含量情况

引黄工程从万家寨水库引水,预测引水多年平均含沙量为 0.94 kg/m³,悬移质泥沙粒径,非汛期 11 月~翌年 6 月为 0.032 2 mm,多年平均过机泥沙中值粒径 d_{50} = 0.025 mm。引水期泥沙含量大于 5 kg/m³ 的时间不超过 48 d(占总引水天数的 15.8%),最大引水含沙量控制不超过 10 kg/m³。从实际运行情况看,I 期工程初期运行沿线泥沙沉积较轻。但为安全起见,平鲁泵站过机泥沙含量条件考虑与 I 期工程已装泵组的运行条件相同(见表 1)。

表1　　　　　　　万家寨水库取表层水多年平均引水含沙量预测表　　　　　　　kg/m³

月份	10	11	12	1	2	3	4	5	6	7	平均
平均含沙量	1.84	0.83	0.09	0.06	0.05	0.55	0.6	0.59	0.68	4.05	0.94

三、泵站运行条件和基本参数

北干线由总干线下土寨分水闸分水后,经无压隧洞输水,至 1# 洞大梁附近,经地下泵站将水加压后通过出水竖井输送至大梁水库,按照 2008 年底完成的初步设计,该竖井兼用做 8、9 月份水库放水期间的放水洞,其水库调蓄方式为每年调蓄一个周期(蓄放循环);现在将充库时间缩短后,每年水库可能要经过 2 ~ 3 个充放循环,期间水泵运行扬程变化较大。

泵站进、出水池(大梁水库)水位和扬程如下。

(一)泵站的进、出水池水位和几何扬程

泵站进水前池水位只取决于北干线 1# 洞分期输水流量;出水则由大梁水库水位确定。分析计算泵站几何扬程(见表 2)。

表 2　　　　　　　　　　平鲁提水泵站进出水池水位和几何扬程　　　　　　　　　　m

状态	进水池(1# 洞)水位	水库水位	泵站几何扬程
最高	1 265.90(最终规模 22.2 m³/s)	1 399.61	135.96
设计	1 264.65(2020 年水平年 11.8 m³/s)	正常蓄水位 1 398.26	133.61
最低	1 263.65(投运初期 4.54 m³/s)	死水位 1 385.00	119.10

(二)水泵运行扬程

根据工程布置,水泵从进水池采用单管引水,管路直径为 φ800 mm,流量从 0.88 ~ 1.05 m³/s,水力损失 0.25 ~ 0.4 m 水头;水泵出水管管径 φ700 mm,流量从 0.88 ~ 1.05 m³/s,水力损失 0.63 ~ 0.89 m 水头;采用 5 台机并联汇总在 1 根 φ1 400 mm 的出水总管上,流量从 0.88 ~ 4.2 m³/s,水力损失 0.7 ~ 4.0 m 水头。

平鲁泵站水泵运行最低扬程发生在:北干线最终规模前池最高水位、大梁水库最低死水位,1 台机以最小流量运行(变频)时,相应的几何扬程为 119.10 m,进出水水力总损失 1.58 m;水泵运行极高扬程发生在:北干线初期规模前池最低水位、大梁水库最高水位,4 台机以最小流量运行时,相应的几何扬程 135.96 m,进出水水力总损失 3.10 m;水泵运行正常高扬程发生在:北干线初期规模前池最低水位、大梁水库设计蓄水位,4 台机均以最小流量运行时,相应的几何扬程为 133.61 m,进出水水力总损失 3.10 m。

依此初步计算泵站运行扬程范围见表 3。

表 3　　　　　　　　　　平鲁地下泵站水泵运行扬程　　　　　　　　　　m

运 行 扬 程	扬程值
极高扬程	139.06
正常高扬程	136.70
最低扬程	120.68

地下泵站最大运行扬程变幅 18.38 m。

四、平鲁地下泵站所选卧式单级双吸离心泵主要技术参数

平鲁地下泵站共安装 5 台卧式单级双吸离心泵,制造商为日立泵制造(无锡)有限公司,正常工况 3 台运行、2 台备用。卧式单级双吸离心泵的主要工作参数:

泵型　　　　　　　　　　　卧式单级双吸离心泵
泵站装机台数　　　　　　　5 台(正常 3 台工作,2 台备用)
高扬程点(m)　　　　　　　137(流量 0.88 m³/s)
低扬程点(m)　　　　　　　120(流量 1.21 m³/s)
水泵效率 η(%)　　　　　　85.2(高扬程),86.15(低扬程)
运行区域内控制 NPSHr(m)　4.5(高扬程),6.0(低扬程)
额定转速 n_r(r/min)　　　　993
转轮直径 D_2(mm)　　　　　950
水泵设计点比转速 n_s　　　68
配套电动机型号　　　　　　卧式异步电动机
额定功率 P_m(kW)　　　　　1 800
异步转速 n_r(r/min)　　　　993

五、泵站流量调节与平衡

在平鲁地下泵站规划运行期内,进水前池最大水位变化约 2.32 m,考虑到大梁水库的水位变化,累计几何扬程总变幅达到 21 m。泵站采用 1 根总管出水,不同时期流量变化较大,造成输水系统水力损失变化较大,运行扬程变幅约 18 m。在该变化幅度下,水泵运行流量变化约从最高扬程、最小流量(约 0.88 m³/s)变化到最低扬程、最大流量(约 1.05 m³/s),单泵流量变化约 0.17 m³/s,3 台机运行总变化 0.51 m³/s,占平鲁泵站抽水总流量的 20%。这个扬程及流量变化区间对如何保证整个北干线系统的流量平衡及水泵的安全稳定运行提出了要求。由于离心泵本身并不具备主动调节流量的能力,因此,因扬程变化造成水泵运行流量的变化需要通过外部辅助措施才能实现北干线供水和大梁水库蓄水的流量控制平衡。

随着容量在 2 000 kW 左右电动机的变频调速技术日渐成熟和节能要求,特别是投资成本的降低和工程实际需要,工程确定采用低耗能、精调流的变频调节方案。为避免水泵经常在偏离设计工况运行,便于灵活调度,简化操作程序和降低控制难度,工程采用了"一对一"拖动变频调速方案。

六、水泵通流部件抗泥沙磨蚀防护措施

水泵采用变频调速,通过优化控制可改善水泵运行状态,对改善水泵通流部件的泥沙磨损是有益的,但是,为了尽量避免含沙水流对水泵通流部件的泥沙磨蚀,还必须对水泵通流部件的设计采取进一步的措施。

(一)结构设计

针对山西省万家寨引黄入晋工程北干线平鲁地下泵站的水质,制造商日立泵制造(无锡)有限公司除了采用引进日本日立公司先进的 Y 型水力模型,使水泵具有优秀的水力性能外,还专门对本次工程使用的 550SW-130 卧式中开双吸泵进行了 2 处改进结构的防沙设计。

常规的轴套设计是转动部件与泵体之间的相对运动,轴套与泵体之间间隙 δ,无沙子磨损时,间隙不会增加;但在平鲁地下泵站中水质含沙量大,容易造成转动部件轴套与泵体之间的磨损,使间隙 δ 增大,而间隙 δ 增大后表现在 2 个方面的磨损,一为轴套的磨损,二为泵体的磨损,轴套的磨损可以通过更换轴套,但是泵体的磨损就很难解决。而更改后的结构就解决了泵体磨损的问题,通过增加一个防磨损套,使防磨损套与泵体之间保持相对静止,是转动部件与防磨损套之间的相对运动,从而保护了泵体。

常规的密封环的设计是叶轮与密封环之间的相对运动,叶轮与密封环之间间隙,无沙子磨损时,磨损很少,一般通过更换密封环可以解决;但在平鲁地下泵站中水质含沙量大,容易造成叶轮与密封环之间的磨损,使间隙增大,而间隙增大后也同样表现在 2 个方面的磨损,一为叶轮的磨损,二为密封环的磨损。

对此种现象本次进行了 2 方面对策,一是在叶轮上增加耐磨口环,二是采用了更加耐磨的沉淀型不锈钢 ZG0Cr17Ni4Cu4Nb 作为耐磨口环和密封环的材质。即使考虑到更换,只要对叶轮部分的耐磨口环更换即可,不用更换整个叶轮,从而达到更高的性价比。

(二)材料的选择

针对本次项目的水质含沙量大的问题,制造商日立泵制造(无锡)有限公司选用的材质如下:泵体材质为优质 ZG310-570 铸钢件,具有较高的硬度和耐磨性,叶轮的材质为 ZG0Cr13Ni4Mo 铸不锈钢,具有高强度和高硬度,有优良的抗气蚀和冲蚀性能;同时外镶嵌沉淀型不锈钢 ZG0Cr17Ni4Cu4Nb 耐磨口环,轴套材质为 ZG2Cr13,轴的材质为 2Cr13、密封环材质为耐磨沉淀型不锈钢 ZG0Cr17Ni4Cu4Nb。

(三)抗泥沙磨蚀涂层防护

针对本次项目水质含沙量大的情况,在过流部位上,主要在于叶轮、泵腔等零部件表面的侵蚀、磨损、冲击、擦伤、微震等原因造成的生产效率下降,维修成本提高,维修时间增加,使用寿命降低等危害。针对以上问题,对主要过流部位的零部件进行热喷涂处理。

泵件热喷涂(耐磨、耐腐蚀涂层等)是一项机械零件修复和预保护的新技术。它能够对零部件表面喷涂防腐、耐磨、抗高温、耐氧化、隔热、绝缘、导电、密封、防微波辐射等多种功能涂层。它可以在新产品制造中进行强化和预保护,使其"益寿延年",也可以在设备维修中修旧利废,使报废的零部件"起死回生"。目前无论在设备、材料、工艺、科研等方面都在迅速发展提高,它已成为机械产品提高性能,延长寿命,降低成本一个不可缺少的技术手段,已成为表面工程的一个重要组成部分。其发展趋势:设备(喷枪)方面向高能、高速、多功能、超音速发展;材料方面由金属、陶瓷、塑料三大类已发展到单一与复合涂层材料系列化、标准化、商品化,以保证不同用途高质量涂层的需要;工艺方面从简单的手工操作发展到计算机自动程序控制、机械手操作;从零件局部喷涂修补发展到大型钢结构整体喷涂现场施工;从军品宇航工业发展到民品应用等。

制造商日立泵制造(无锡)有限公司在将叶轮、泵体外协以超音速火焰喷涂设备和等离子喷涂设备对上述零部件的工作表面进行热喷涂工艺处理后,使工作表面具有耐热,耐磨损,耐化学腐蚀,表面强度增强的性能。大幅度提高了使用寿命,平均提高 3～5 倍,提高了产品质量,降低维修成本,减少维修时间,提高了生产效率。

热喷涂工艺及相关数据:

喷涂工艺:超音速热喷涂(HVOF);喷涂材料:硬质合金(Co-Wc);预计喷涂厚度:0.3～0.4 mm;涂层硬度:HV 1 200～1 500。

七、结　　语

水泵的泥沙磨蚀破坏一直是水泵运行、维护及管理工作中的一个重要问题,平鲁地下泵站所用水泵通过改变水泵部分结构设计、提高水泵材料的强度及加强涂层保护等几个方面来提高水泵的抗磨蚀能力,具体效果可在平鲁地下泵站投入运行后验证。

三门峡水电站 1# 水轮发电机组改造设计

张维聚　姜立武　王晓红

（中水北方勘测设计研究有限责任公司）

【摘　要】　介绍了三门峡水电厂 1# 机组技术改造的机组选型和结构设计以及采用的新材料，改造后的机组较之原机组出力、效率、抗磨损和空蚀都有很大提高，经验和方法值得推广。

【关键词】　水轮机　机组改造　机组选型　结构设计　磨损和空蚀

一、电站基本情况

三门峡水利枢纽位于黄河中游河南陕县境内，控制流域面积 68.84 万 km^2，占全流域的 91.5%，枢纽 1957 年 4 月开始建设，1960 年 9 月水库蓄水运用。由于蓄水后库区发生严重淤积，工程于 1965—1968 年、1969—1978 年先后进行了两次大的改建。改建后的枢纽工程有效地增加了枢纽泄流规模和排沙比，结合水库采用"蓄清排浑"运行方式，使库区淤积问题基本得到解决。

三门峡水电站现在装设 7 台水轮发电机组，其中 1#～5# 机组为轴流转桨式水轮发电机组，单机容量为 50 MW。为减小非汛期弃水，只在非汛期运行的 6#、7# 机组采用混流式水轮发电机组，单机容量为 75 MW。

5 台轴流式水轮发电机组自 1973 年底至 1980 年期间，1#～5# 机组为全年运行，这期间水库处于"滞洪排沙"的运行方式，黄河高含沙水流对水轮机过流部件的严重磨蚀损坏，使水轮机效率下降 10% 以上，以致到 1978 年底先投入的 3#、4# 机组叶片及转轮室严重破坏已近于报废。

为改善机组运行状况，从 1980 年起，电站停止汛期运行，每年损失电量为 (3～4) 亿 kW·h。

小浪底电站投运后，三门峡各月运行水位以及电站运行方式与过去比较均有较大改变，再加上非汛期电量随上游来水量减少而减小，因此解决汛期发电问题已成为三门峡电站生存与发展的头等大事。

1989 年开始进行汛期浑水发电科学试验，研究解决电站汛期浑水发电难题，通过长达 6 年的试验研究，分别在水轮机抗磨研究、水库优化调度、电站运行管理等方面取得了一定的经验和成就，为 1# 机组改造提供了实施的基础。

二、机组改造前运行情况

自 1973 年底第 1 台机组投入运行至今，电站经历 3 个阶段，即 1980 年以前的全年运行期；1980—1989 年非汛期运行；1989—1999 年的非汛期的清水发电和汛期浑水发电试验。

电站第一阶段时期,枢纽泄流建筑物处于改建过程中,还不能完全达到设计要求的泄量,水库处于"滞洪排沙"期不能正常发挥效益,库内大量泥沙需排出,因此机组过机含沙量大量增加,据1974年实测过机含沙量统计,汛期平均过机含沙量为26 kg/m³,最高达153 kg/m³。

由于水轮机长期受高含沙量水流磨蚀,转轮叶片和转轮室遭受极其严重破坏,以致机组效率下降10%以上。以4#机组为例:机组在运行30 400 h,浑水8 700 h(经历了第4个和第5个汛期)之后,水轮机遭受极其严重的破坏,叶片磨蚀破坏已近于报废。转轮叶片背面靠外缘的严重磨蚀区域占叶片背面总面积的40%,环氧金刚砂抗磨涂层早期脱落,叶片背面铺焊的不锈钢板也已蚀掉,母材侵蚀成葡萄串的深坑和沟槽,平均侵蚀深度达30 mm,叶片进水边和出水边已大面积磨蚀掉,叶片外缘已磨蚀去120 mm,残留部分是不规则锯齿状锋利刀口,叶片与中环之间间隙扩大到50~120 mm,叶片背面内侧区域涂层基本保留。叶片正面环氧金刚砂涂层面积保留95%以上。

更为严重的是6套转轮共计48个叶片,有45个叶片在叶片枢轴根部出水边一侧不断发现有不同程度的裂纹,机组被迫大修。水轮机的主轴密封和叶片枢轴上止封装置等也遭受泥沙磨损的影响,事故常有发生。

原1#~5#发电机组是20世纪70年代初期生产的第一代"黄绝缘"B级绝缘电机。因受当时制造水平的限制,并经受了长期机械、电气、各种热负荷运行的影响,发电机线棒和槽绝缘受电腐蚀较为严重,且温升较高,线圈绝缘日趋老化。虽经压紧处理,仍然状况不佳。

综上所述,三门峡水电站过机泥沙条件和原设计抗磨防护措施已不能保证机组全年安全发电运行,三门峡1#~5#机组必需改造。

三、机组改造选型和结构设计

(一)机组改造选型
三门峡水电站最大水头41.7 m,最小水头21.5 m,额定水头31.5 m,单机容量50 MW。

在上述水头范围内,可供改造选择的水轮机机型有:轴流转桨式和混流式两种。在三门峡水电站,采用混流和轴流各有优缺点。

1.混流式机型的优缺点

(1)混流机组与轴流机组相比,机组转速可以从现有的100 r/min降为83.3 r/min,从而使水轮机转轮在额定工况出口相对流速从33.5 m/s降为26.6 m/s,磨损强度可降为原有的0.446~0.397。

(2)混流式机型结构简单,没有转轮室,可避免转轮室的磨蚀与检修的困难,也没有叶片裂纹问题。

(3)混流式机型空化系数小,在现有装机高程下对减轻空蚀有利。

(4)混流式机型缺点是不能利用现有机组的发电机、蜗壳和座环。不仅原有设备报废,水工流道也要改造,施工周期长达2年,施工难度大,投资大。

2.轴流式机型的优缺点

(1)发电机、水轮机埋设件可不动,建设周期短,投资少。

(2)水头变化大,汛期与非汛期单位流量比达1.65倍,轴流式机组效率变化平缓,以保持水轮机具有较高的效率。

（3）轴流式机组转轮叶片可拆,叶片宽敞平坦,检修方便,抗磨涂层施工方便。

（4）轴流机组转轮室磨蚀后检修工作量大,难度较大。

（5）轴流机组转轮出口相对流速较混流机组大,相对磨蚀比混流机组要高些。

（6）三门峡水电站原轴流式机型转轮叶片根部产生裂纹,严重影响电站的安全运行。

（7）在汛期低水头,轴流机组比混流机组多装机 10 MW。

综上所述,轴流式机型在运行特性、效率、检修、防护技术等方面都有一定的优势,主要缺点是转轮出口流速较高,叶片根部易产生裂纹。

对三门峡水电站机组改造,首先是要解决汛期发电问题,增加电站经济效益,并适当加大机组容量。轴流式机组资金投入少、技术简单、施工周期短,见效快。而原三门峡水电站轴流机组的转轮所存在的问题,通过合理选择水轮机的水力参数、修型及更换叶片,合理选择材料和表面保护等措施是能较好解决的。

（二）转轮最优工况参数的选择

根据近 10 年电站运行资料和今后电站的运行方式计算结果,电站运行水头为 21.5 ~ 41.7 m,加权平均水头为 33 m;汛期 7 ~ 10 月,水头一般为 21.5 ~ 25.5 m,汛期加权平均水头为 24.4 m;汛期前后 6、11、12、1 月 4 个月水头一般在 25.9 ~ 33.7 m,这期间平均水头为 32.7 m;2 ~ 5 月水头一般在 37.1 ~ 41.7 m,这期间平均水头为 40.0 m。从水轮机稳定性出发,水轮机设计水头选择为 33 m。

1. 最优单位转速的选择

三门峡电站投运的 ZZ360 转轮,经长期观察,叶片进口边背面及外缘空蚀严重,高水头条件下转轮进口边背面脱流空化是其主要原因之一。降低 n_{110} 使高水头运行于较好工况区,则可减轻进口边空蚀。

2. 最优单位流量的选取

据机组在汛期低水头运行时,水轮机单位流量比较大的特点。要解决汛期磨损问题,应尽量使机组运行工况点靠近最优工况区较好,根据三门峡水电站汛期运行情况,水轮机最优单位流量在 900 L/s 左右为好。由于三门峡水电站原流道先天不足,蜗壳进口直径较小,尾水管高度较低,限制了机组流量,因此在转轮设计上需多做工作;相反,转轮在 Q_{110} 一定的条件下,对低水头水轮机出力作些限制。

（三）水轮机流道参数

水轮机流道参数的修改目的也是为解决原转轮存在的问题和提高水轮机浑水运行时的抗磨蚀性能,流道参数的选择如下。

1. 底环型式

转轮室采用全球型结构(将底环和中环制成整体)。全球型转轮室将底环的曲率半径减小,使底环转弯处的切点直径减小,使水流在该处拐弯时拐点向内移,改善了导叶出流条件,使进入转轮之前的水流环量改变更加充分,实际上相当于加大导叶节圆直径。底环形式改变减小了水流在该部分脱流,改善了转轮入口水流条件,提高效率,还会减轻进水边空蚀及因旋涡流而引起的磨损。

2. 叶片的中心线高度 h_0(底环面至叶片中心)

原机组 h_0 偏小($h_0 = 0.208D_1$)转轮流态不好。汛期低水头运行时,桨叶处于大的转角,叶片头部立得较高,转轮进口流态不好,兼顾出流条件,适当加大 h_0,新转轮比原转轮加大了 0.5 m。

3. 喉管直径 D_t

由于新转轮叶片少,叶片包角小,有利于加大喉管直径 D_t。

三门峡水电站运行单位流量不超过 1.2 m^3/s,叶片转角一般不超过 +100(最优工况为 -20),叶片出水边伸出转轮室少,因此可以增大 D_t。

增大 D_t,流量可加大或喉管处流速可降低,对转轮能量、空化及抗磨性能有利。

4. 喉管处外切圆圆弧半径 R_t

R_t 减小,大大弥补了由于喉管直径增大而造成的转轮室包角降低。喉管处外切圆圆弧半径减小,可使喉管处距叶片中心线处高程差 h_t 降低,R_t 减小,可使尾水管直锥段与圆弧切点抬高,减小尾水管扩散角,改善了尾水管水流条件。

(四)叶片裙边

经裙边试验结果和其他轴流式机组电站的改造经验,轴流转桨机组在叶片加裙边条件下,可改善叶片外缘和转轮室空化性能。

(五)新转轮主要性能参数

1. 各水头时模型最大效率

模型最大效率见表1。

表1　模型最大效率

水头 H(m)	ZZ360(原机组)(%)	ZZK7(新转轮)(%)
41.7	85.2	91.2
31.5	87.2	90.8
30.0	87.3	90.8
24.4	87.2	88.9
21.5	86.6	87.2
最优点	87.54	91.3
运行区模型加权平均效率	86.62	89.7

2. 空化性能

在电站装置空化系数 σ_p 下,在叶片可视区域(叶片进口头部区域不可视),除叶片外缘靠出口边处有间隙空化外,在叶片表面没有发现空泡;特别是在低水头大负荷时,初生空化系数小于电站装置空化系数。空化性能良好(见表2～表4)。

表2　ZZK7(新转轮)空化性能

电站净水头 H(m)	最小出力 (MW)	最大出力 (MW)	尾水位 (m)	电站装置空化系数 σ_p	空化安全系数 σ_p/σ_s
21.5	10.00	41.75	282.7	0.80	1.82
24.4	12.25	48.90	280.7	0.60	1.46
30.0	15.56	62.24	279.2	0.46	1.37
41.7	21.50	65.0	278.4	0.31	1.89

表 3　　　　　　　　　ZZK7(新转轮)主要性能参数

工况	项目	参数
	转轮直径 D_1(m)	6.1
	额定转速 n_r(r/min)	100
额定工况	额定水头 H_r(m)	31.5
	额定容量 N_r(MW)	61.9
	额定流量 Q_r(m³/s)	218.89
	额定效率 η_r(%)	91.5
	模型空化系数 σ_s	0.28
	电站吸出高度 H_s(m)	−4.0
	空化安全系数 K_σ	1.55
最大水头工况	最大水头 H_r(m)	41.7
	水轮机容量 N_r(MW)	61.9
	水轮机流量 Q_r(m³/s)	160.9
	水轮机效率 η_r(%)	94.04
	模型空化系数 σ_s	0.155
	电站吸出高度 H_s(m)	−3.4
	空化安全系数 K_σ	1.96
最小水头工况	最小水头 H_r(m)	21.5
	水轮机容量 N_r(MW)	36.1
	水轮机流量 Q_r(m³/s)	191.86
	水轮机效率 η_r(%)	89.2
	模型空化系数 σ_s	0.35
	电站吸出高度 H_s(m)	−7.7
	空化安全系数 K_σ	2.33
汛期水头工况	汛期加权平均水头 H_r(m)	24.4
	水轮机容量 N_r(MW)	43.6
	水轮机流量 Q_r(m³/s)	201.43
	水轮机效率 η_r(%)	90.43
	模型空化系数 σ_s	0.33
	电站吸出高度 H_s(m)	−5.2
	空化安全系数 K_σ	1.825

表 4　　　　　　　　　　　　　空化性能对比

转轮型号	额定工况			最小水头工况 （出力为 36.1 MW 时）		
	σ_p	σ_m	K_σ	σ_p	σ_m	K_σ
ZZ360	0.437	0.35	1.24	0.814	0.36	2.26
ZZK7	0.437	0.28	1.55	0.814	0.35	2.33

综上所述,新转轮从能量、空化、稳定性均比原转轮有可观的改善,且能满足电站的出力及各方面的要求。

(六)预防转轮叶片裂纹的措施

1. 原转轮叶片裂纹情况

电站从 1973 年 12 月机组运行以来,到 1989 年 12 月 5 台水轮机共投入 6 套转轮叶片,共计 48 个叶片。已有 45 个叶片在叶片枢轴根部出水边一侧不断发现有不同程度的裂纹,尤其以 4# 机叶片裂纹最为严重,4# 机于 1973 年开始运行,1978 年大修时已有裂纹,1985 年 11 月对其进行修复,1987 年 2 月在机组运行 6 000 h 左右时机组振动摆度突然增大,经停机检查发现,5# 叶片出水边断掉 2/3,其他叶片裂纹也十分严重,机组被迫大修更换叶片。

三门峡电站叶片裂纹已是决定机组大修的主要因素。也是继过流部件严重磨蚀问题之后,近几年来出现的又一重要问题。

裂纹出现的部位均出现在叶片出水边枢轴根部——枢轴法兰与叶片内缘弧面交叉应力集中处。裂纹指向叶片外缘吊装孔,与枢轴轴线成 20°左右的夹角。裂纹走向较直,不锈钢叶片更为明显。

裂纹出现的时间及发展规律性也很强,一般叶片在使用 3 ~ 4 年后即开始出现,长度在 100 mm 以内。在 7 ~ 8 年后发展到比较严重,裂纹长度在 200 mm 左右。10 年之后如不及时检查,就会发生断裂。

裂纹有明显的疲劳断裂特征。根据 4# 机组 5# 叶片断口情况,裂纹是从上述位置出现的,裂纹起始段表面稍有波浪起伏,说明裂纹走向在初期有几次变化。以后断缝基本上沿直线发展,断面较平,十多道半椭圆形断痕十分清晰,具有明显的疲劳断裂特征。在断缝表面尤其在叶片根部能明显看到气孔、夹渣等材质缺陷。

2. 裂纹原因分析

1)静应力分析

通过有限元计算,在额定转速、额定容量、最大水头的条件下,考虑到应力集中的影响,叶片的最大剪应力 $\sigma_{p3max} = 120.6$ MPa $< \sigma_s = 298.1$ MPa。说明静力计算叶片强度是足够的。

2)动应力分析

根据机组转速、导叶和转轮叶片数可以计算出:在稳定工况下,转轮叶片和导叶的干扰频率分别为 13.4 Hz 和 40 Hz;在飞逸工况下,轮轮叶片和导叶的干扰频率分别为 33.3 Hz 和 100 Hz。

从叶片固有频率和水力干扰频率看,导叶出口产生的压力脉动在稳定工况和飞逸工况下分别与叶片在水下的第Ⅰ阶段和第Ⅲ阶段的固有频率相接近,叶片有可能在该频率下产生共振。

　3. 新转轮抗断裂措施

　（1）提高材料品质和质量，由原来的 ZG20SiMn 改为 G-X5Cr13.4 不锈钢，材料应力和断裂韧性均有提高。

　（2）加大叶片厚度，叶片最大厚度由 268 mm 加厚至 309 mm。

　（3）改变原叶片出水边过长，改善了水力负荷平衡和机械强度。

　（4）加大应力释放凹口的曲率半径，半径由原 15 mm 加大到 26 mm。

　（5）将导叶与叶片数之比 24/8 整数改为 24/7 非整数，避免产生水力共振。

　采取上述措施后，产生裂纹的可能性将会明显减小。

　根据静应力和疲劳应力累加分析，无论在叶片上，还是在转轮体上，都不会出现危险的应力值，同时根据自振频率模型分析，也未发现自振频率与可能的激振频率接近的情况。

　（七）水轮机过水流道防护

　为了防护水轮机过水流道的腐蚀，减轻埋入部件的检修工作，延长检修周期，对水轮机过流部件进行防护。

　改造设计中，新转轮叶片将采用 G-X5Cr13.4 不锈钢材料，其防护确定采用最佳抗磨和抗空化性能的碳化钨涂层材料硬涂层和聚氨酯涂层材料软涂层。

　5 个叶片上将全部喷涂碳化钨，为了试验研究位于硬涂层上的软涂层的可行性，将在 1 个叶片上在进水边和叶片外缘的硬涂层上喷涂软涂层。上述 6 个叶片外圆端面仅喷涂碳化钨涂层。

　为了研究不锈钢母材上喷涂软涂层的可能性，有一个叶片将在进水边、出水边和叶片外缘喷涂软涂层。

　转轮轮毂、导叶上下端面、顶盖抗磨板表面、转轮室，将喷涂碳化钨硬涂层；导叶过流面、泄水锥喷涂聚氨酯软涂层。

四、运行情况

　1# 机组改造拆机从 1999 年 11 月 8 日开始，至 2000 年 5 月 26 日完成并开始新机组的回装，2000 年 12 月 22 日机组回装工作完工，具备验收试运条件。三门峡水电站 1# 机组改造投运后，各水头工况下运行稳定，按要求达到设计出力，水轮机实际效率有较大幅度提高。从改造后运行近 10 年，尤其经 10 个洪水期运行效果来看，在水力设计、结构设计和碳化钨硬涂层等方面抗磨蚀应用情况良好，其导叶套筒采用的新密封结构使用情况非常理想，顶盖部分几乎不上水。

　水轮机主要过流部件表面如叶片背面、转轮室球面碳化钨硬涂层基本完好无破坏，抗磨蚀效果较好。聚合物软涂层虽然具有良好的抗空蚀性能，但在三门峡容易受到水流中挟带的尖硬物体冲击，在一旦有初始破坏后涂层破坏面积容易快速扩大。

五、结论和建议

　1# 机组技术改造，利用原机组中的发电机、水轮机埋件，采用德国 VOITH 公司为三门峡水电站研制的轴流式 ZZK-7 型转轮,并对过流部件以及发电机进行相应的改造。改造后,机组容量将由原来的 50 MW 增加到 60 MW,可实现汛期浑水发电,创造出更大的经济效益和社会效益。

三门峡水电站 1# 机组技术改造中应用了新的技术进行了转轮的优化设计,采用了新的结构工艺对机组结构进行了改造,对抗磨损和空蚀材料进行了比选,在施工和运行中也积累了丰富的经验,减少了电站机组检修的工作量,增加了电站汛期运行时间,提高了电站发电效益,运行结果表明:1# 机组改造是成功的,为 2# ~ 5# 机组的改造提供了宝贵的经验,建议尽快开展 2# ~ 5# 机组的改造工作。

沙坡头水利枢纽北干电站机组改造方案研究

张维聚　　刘　婕

（中水北方勘测设计研究有限责任公司）

【摘　要】　黄河沙坡头水利枢纽河床电站装机 4 台灯泡贯流机组,北干渠渠首电站装机 1 台灯泡贯流机组,由于灯泡贯流机组具有导叶和桨叶双调的特点,所以通过对不同的流量和水头进行调节,机组运行都可以达到的较优的运行工况,但在小型机组上使用情况如何,介绍了沙坡头北干电站装设的 1 台单机容量 3 100 kW 小型机组的运行情况,对其机组技术改造提出了建议方案。

【关键词】　黄河沙坡头水电站　灯泡贯流机组　北干渠　渠首电站　机组改造

黄河沙坡头水利枢纽工程由国家发展计划委员会批准兴建,并列入了国民经济与发展第十个五年计划。

黄河沙坡头水利枢纽位于宁夏回族自治区中卫县境内的黄河干流上,上游 12.1 km 为拟建的大柳树水利枢纽,下游 122 km 为已建的青铜峡水利枢纽。枢纽距自治区首府银川市 200 km,距中卫县城 20 km。沙坡头枢纽工程是以灌溉、发电为主的综合利用工程。2000 年,工程被列为国家西部大开发重点建设的水利水电项目,工程于 2001 年 4 月 6 日开工。工程建设期 4 年,电站第 1 台机组 2004 年 2 月发电,最后 1 台机组在 2005 年 4 月发电。

以发电为主的河床电站装机 4 台,机型为灯泡贯流机组,总装机容量为 116 MW,单机容量为 29 MW,保证出力 51 MW。

北干渠渠首电站在黄河北岸与河床电站为同一个厂房,担负的灌区为美利渠、跃进渠。电站装机 1 台,机型为灯泡贯流机组,容量为 3.1 MW,机组年利用小时数 3 123 h,年灌溉天数 161 d。基本上是灌溉用多少水发多少电,发电服从灌溉。每年的 12 月份～翌年 的 3 月份不灌溉,可以安排机组检修,水轮机最大水头:8.22 m,加权平均水头:7.64 m,最小水头:6 m,设计年电量:968 万 kW · h。

北干电站于 2005 年 4 月投产发电。

一、北干电站机组基本资料

上游正常蓄水位(m)	1 240.5
最高尾水位(m)	1 233.16(Q =55.5 m³/s)
最低尾水位(m)	1 232.08(Q =25.7 m³/s)
加权平均水头(m)	7.64
额定水头(m)	7.2

下游尾水位—流量关系见表1。

表1 下游尾水位—流量关系

水位(m)	1 232.0	1 232.2	1 232.4	1 232.6	1 232.8	1 233.0	1 233.2
流量(m³/s)	23.88	28.68	33.81	39.34	45.29	51.60	56.61

北干电站机组由东方电机厂有限公司供货,机组参数见表2。

表2 北干电站水轮发电机组主要参数表

项目	参数
水轮机型号	GZ A684-WP-300
装机台数(台)	1
单机/装机容量(kW)	3 100/3 100
转轮直径(m)	3
额定/飞逸转速(r/min)	150/404
最大/加权平均/最小水头(m)	8.22/7.64/6
额定水头(m)	7.2
额定流量(m³/s)	48.82
额定/最高效率(%)	94.2/94.75
额定出力(kW)	3 250
比转速(m·kW)	738.7
吸出高度(m)	-0.86(至机组中心线)
安装高程(m)	1 227.8

二、机组运行现状

北干电站于 2005 年 4 月投产发电,2005 年发电量 354 万 kW·h,2006 年发电量 646 万 kW·h,2007 年发电量 574 万 kW·h,2008 年发电量 488 万 kW·h,2009 年发电量 556 万 kW·h(不包括 11 月)。

北干机组运行 4 年以来,出现过的问题主要有:主轴密封漏水、轴承润滑油系统供排油不平衡、技术供水系统不稳定、组合轴承上游端盖漏油、受油器漏油、导水机构操作故障等。有些问题经过电厂处理得到了较大改善,目前影响机组安全运行的问题是受油器以及接力器操作系统。从 2008 年开始受油器和接力器操作系统经常故障,2008 年 5~10 月,5# 机组停机检修 3 次,主要原因为受油器漏油大引起一系列故障,控制环操作不动。其中 2008 年 5 月、7 月和 2009 年 9 月对受油器本体进行了拆检。表3列举了北干机组受油器检修情况。

检修时间	检修内容
2008.05.15~05.31	转子、滑环、碳刷检查、清扫,受油器拆检
2008.07.07~07.16	受油器漏油处理
2008.10.24~11.01	受油器漏油处理
2009.08.13~08.18	受油器漏油处理、滑环清扫
2009.08.25~08.29	受油器漏油处理
2009.09.22~09.29	受油器漏油处理

由于受油器连续故障停机增加了检修费用,影响了机组发电,表 4 列出了 2008—2009 年北干机组受油器故障检修造成的电量损失。

表 4   2008—2009 年北干机组停运造成的电量损失

北干机组停机时间	弃水量(亿 m³)	损失电量(万 kW·h)
2008.05.11~05.31	0.661 5	97.9
2008.07.07~07.16	0.283 9	44.8
2009.08.13~08.18	0.138 1	20.8
2009.08.25~08.29	0.085 2	12.1
合计	1.168 7	175.6

2008 年北干渠灌溉期间因机组故障检修,共造成弃水 0.945 4 亿 m³,损失发电量 142.7 万 kW·h,经济损失 35.675 万元,2008 年检修施工费 53 628 元,共计经济损失 41.035 万元(不包括漏油损失、检修耗材和电厂人工费)。

2009 年北干渠灌溉期间因机组故障检修,共造成弃水 0.223 3 亿 m³,损失发电量 32.9 万 kW·h,经济损失 8.225 万元,2009 年检修施工费约 52 000 元,共计经济损失 13.425 万元(不包括漏油损失、检修耗材和电厂人工费)。

由此可见,对北干机组技术改造是必要的。

三、机组改造方案

根据机组运行情况及受油器、控制环出现的问题,目前受油器有 2 种方案可以选用,方案 1 是对机组受油器进行改造,方案 2 是对机组转桨改定桨进行改造,以下对两种方案分别叙述。

(一)受油器改造

机组在运行过程中,现用的受油器,在靠近发电机侧出现漏油,油甩到电机滑环罩上,曾导致滑环烧毁,造成停机检修,影响电站正常的运行、发电和灌溉,并且由于空间狭小,检修维护困难。改造受油器方案见图 1。

原结构漏油的原因是浮动瓦磨损或间隙较大,油从间隙处漏出。将其改为接触密封后,密封效果更好,已在多个电站采用,未出现漏油现象,通过实地观察本电站的位置,有足够的空间来实施本方案。

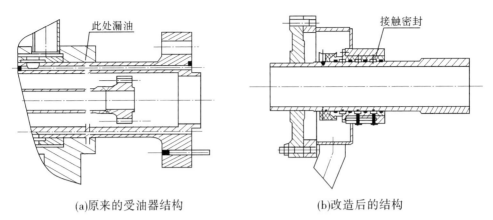

(a)原来的受油器结构   (b)改造后的结构

图1   改造受油器方案

密封结构的厂家制造运输费用为 80 000 元左右。

(二)转桨改定桨

根据北干电站 2005、2006、2007、2008、2009 年发电情况,北干电站在额定出力(发电机出力 3 100 kW),额定水头 7.2 m,额定流量为 48 m³/s 时基本不运行,在 30% 额定出力以上现工作区域,净水头变化范围计算值为 7.6~8.6 m(对应流量 44~15 m³/s)。

2008 年北干机组 30% 额定出力以上累计运行时间约 2 726 h,年发电量:488 万 kW·h,机组带 1 900~2 100 kW 有功负荷运行时间 982 h,占机组运行时间的 36%,发电量 197.4 万 kW·h,占全年电量 40.44%。

2009 年(11 月份尚未发电)北干机组 30% 额定出力以上累计运行时间 2 731 h,年发电量:556 万 kW·h,机组带 1 900~2 100 kW 有功负荷运行时间 1 101 h,占机组运行时间的 40%,发电量 230 万 kW·h,占全年电量 42%,有功负荷及运行时间统计见表 5。

表5   北干水轮发电机组运行有功负荷及运行时间统计

有功负荷(kW)	2008 年(h)	2009 年(h)
0~600	388	214
600~1 000	685	258
1 000~1 400	316	236
1 400~1 600	44	222
1 600~1 800	376	416
1 800~1 900	148	400
1 900~2 000	393	655
2 000~2 100	589	446
2 100~2 200	134	68
2 200~2 300	35	30
2 300~2 400	6	0
合计	3 114	2 945

2005、2006、2007、2008、2009 年北干电站机组运行记录的最大有功功率为 2 300 kW。

机组如果定桨运行,为尽量提高机组效率,叶片转角设置以原额定点(发电机额定出力 3 100 kW,额定水头 7.2 m)确定是不合适的,应以带 2 000 kW 有功负荷运行或现状带 2 300 kW 最大有功负荷为选择点,根据电厂实测有功负荷与流量关系(表6),机组过机流量分别约为 39 m³/s 及 44 m³/s,经计算并查 A684 模型转轮综合特性曲线,转角范围为19.0°～21.5°。

表6   北干电站机组有功负荷—过机流量关系(电厂提供)

机组有功负荷(kW)	机组流量(m³/s)
600～650	12
750～800	15
850～900	17
950～1 000	19
1 250～1 300	25
1 450～1 500	29
1 600～1 650	32
1 750～1 800	35
1 950～2 300	39
2 150～2 200	43
2 200～2 250	44

转桨改定桨,结构改造方案如图2。

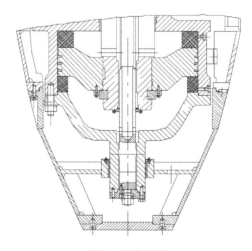

图2   定桨结构

由于改为定桨后,不再向转轮接力器和轮毂供油,整个受油器系统将退出运行,就杜绝了漏油,改善了泡头内的作业空间,运行、维护方便。

此方案除在转轮上需要采取措施固定外,还需在受油器侧增加封头,转轴加工,以便安装齿盘测速。由转桨改为定桨后,调速器桨叶主配压阀和伺服比例阀退出工作。

厂家制造运输费用为 100 000 元左右。

四、结论和建议

(一)结论

电站如果改造受油器,一次性投资不大,水轮发电机组的运行较好,因导叶开度与桨叶开度能协联,机组流态好,效率高,电能指标较高,运行安全可靠,不足是仍存在对受油器系统的运行和维护成本,检修维护空间小。

采取改定桨方案,杜绝了漏油问题,改善了泡头内的作业空间,但对于机组的长期运行有一定的影响。由于本电站为灌溉和发电,从实际运行的资料看,流量大小不一,有 20% 左右的时间运行在 20 m^3/s 以下,在改为定桨后,此部分工况效率会下降,按初步确定的电能减少最少的转桨角度 19° 估算,全部工况电量损失为年发电量的 10% 左右。也就是说按 2008 年发电情况看要少收入电费 12.2 万元,按 2009 年发电情况看要少收入电费 13.5 万元。

综上所述,两种方案各有利弊,均具可行性,受油器改造方案稍优。

(二)建议

(1)鉴于北干机组运行多年来出现的较多问题,尤其是控制环操作不动问题,建议电站有条件时尽早进行一次机组大修。

(2)机组如果由转桨改为定桨运行,机组在带 800 ~ 1 500 kW 有功负荷运行时,机组运行将可能会出现不稳定,引起机组振动、摆度、噪声加大,也可能出现机组运行不安全的情况。故建议采取方案一解决受油器漏油问题。

(3)为避免以上情况的发生,建议现阶段机组可适时、短时带 800 ~ 1 500 kW 有功负荷做定桨试运行,观察机组运行情况,记录有功并与对应流量的前期转桨运行时的有功做比较,监测机组振动、摆度、噪声等指标,以便最终确定机组是否可以在 30% ~ 100% 额定出力时定桨安全、稳定运行。

经过成功的试运行后,后期如果改为定桨运行,在北干渠引用流量加大时,叶片转角应做计算调整。

当机组带 800 ~ 1 500 kW 有功负荷定桨试运行时若出现不稳定,机组振动、摆度、噪声加大,超过相应规范标准要求,机组运行出现不安全的情况时,应终止定桨试运行。

黄河沙坡头水电站主要机电设备选型及招标设计

张维聚　　　　　　　　冯士全

（中水北方勘测设计研究有限责任公司）　（南水北调中线干线工程建设管理局）

【摘　要】 黄河沙坡头水利枢纽，以发电为主的河床电站装机 4 台，机型为灯泡贯流机组，总装机容量为 116 MW，单机容量为 29 MW，保证出力 51 MW。北干渠渠首电站在黄河北岸与河床电站同一个厂房，担负的灌区为美利渠、跃进渠。电站装机 1 台，机型为灯泡贯流机组，容量为 3.1 MW。由于本电站机组形式和特点，用于机组安装、检修的桥机和运行调节的调速器起着很重要的作用，主要介绍这两种产品的选型及招标设计特点。

【关键词】 黄河沙坡头水电站　灯泡贯流机组　调速器　单小车双钩桥机

一、调速系统

（一）概述

灯泡贯流机组具有许多不同于常规机组的特点，其机组调速设备选择有以下特点：

（1）水流惯性时间常数 T_w、机组惯性时间常数 T_a 的特点。贯流机组由于尺寸小、重量轻，因此机组的转动惯量 GD^2 较小，通常只有同容量常规机组的 15% ~ 30%，因此机组的贯性时间常数 T_a 较小。另外，由于灯泡贯流机组的应用水头较低，因此机组的水流贯性时间常数 T_w 又较大，故贯流机组普遍出现 T_a/T_w 值小于 1，即出现倒置现象。另外，由于贯流机组运行水头及出力变化范围较大，因此它的 T_a、T_w 的变化范围也较大。

（2）$\sum LV$ 的分布特点。贯流式机组转轮出口动能一般占额定水头的 60% 以上，为回收这部分动能，尾水管一般较进水段长，且平均流速较进水段高，$\sum LV_尾 > \sum LV_进$，即 $\sum LV_进 / \sum LV_尾 < 1.0$，出现 $\sum LV$ 倒置现象。据统计资料，出口段的 $\sum LV_尾$ 值占全流道的 $\sum LV$ 值的 60% ~ 75%。

（3）H_s 负值大。贯流式机组电站为低水头径流式电站，厂房一般为河床式，下游尾水位随汛期、枯水期变化大，运行水头变幅大，为满足机组的安全稳定运行，安装高程按空化或尾水管出口的淹没深度确定，装的较低，故在整个运行范围内，H_s 负值大。

（4）机组结构上的特点。贯流式机组的导叶为空间斜向布置的锥形导叶，导叶呈空间扭曲状，由于形状复杂，作用在导叶上的水力矩计算复杂，在同一角度下，沿导叶轴线的导叶实际开度是不同的。

导水机构力的传递较复杂，整个传动系统的运动为空间运动。

针对贯流式机组以上特点，参照国内同类调速器生产现状及水平，就河床电站 4 台机组的调速系统提出了相应的的技术要求，现予以介绍说明。

(二)基本参数

1. 河床电站和机组参数(见表1)

河床电站总装机容量为 116 MW,单机容量为 29 MW,需配备 4 台调速器。

表1   河床电站和机组参数

上游水库水位	正常蓄水位(m)	1 240.50
	死水位(m)	1 236.50
下游水位	校核洪水位(m)	1 236.80
	正常尾水位(m)	1 231.45
	最低尾水位(m)	1 229.10
设计水头(m)		8.7
最大水头(m)		11
最小水头(m)		5.9
水轮机设计流量(m³/s)		373.4
水轮机转轮直径 D_1(m)		6.85
水轮机额定转速 n_r(r/min)		75
水轮机额定出力 P_r(MW)		29
发电机转动惯量 GD^2(kg·m²)		4 400 000
导叶关闭规律		折线关闭

调节关闭时间,分两段关闭:

第一段关闭时间 $T_1 = 7.2$ s

第二段关闭时间 $T_2 = 17$ s

调节保证要求:

速率升高 β_{max} 不超过 60%

导叶前最大压力升高 H_{max} 不超过 22 m

2. 调速器基本参数要求

(1)调速器型号:数字式并联 PID(或 IPID)电液型。

在 PI 或 PID 调速器中引入滞后校正环节,可以增大低频段增益,改善系统稳定性,提高系统稳定精度,但系统截止频率 W_c 仍无法提高,系统响应精度很慢,在负荷扰动时,将出现较大的转速动态误差,要进一步解决这个问题可采用水压反馈,所以本电站调速器要求必要时应采用 IPID 电液型。

(2)导叶接力器时间参数:

关闭全行程:5~25 s,可调;

开启全行程:5~25 s,可调。

导叶应可以分段用两种速度关闭,以限制甩负荷时转速和压力上升值。

(3)桨叶关闭时间:10~60 s,可调。

（4）频率给定 f_r 调整范围为 45~55 Hz。

（5）当机组在额定输出功率运行，且为额定转速时，永态转差系数 b_p 应能在 0~10% 范围内调整，级差 1%。

（6）PID 增益的可调范围应不低于：比例增益 K_p，空载工况为 0.5~5.0；电网运行工况为 5.0~50.0 L/s；积分增益 K_I，空载工况为 0.05~1.0 L/s；电网运行工况为 0.2~10 L/s；微分增益 K_D，空载工况和电网运行工况均为 0~5.0 s。

（7）功率给定 P_r 调节范围为 0~115%，调整分辨率为 1%。

（8）开度限制调整范围为 0~120%，调整分辨率为 1%。

（9）人工失灵区宽度 E 为 ±1.0%，调整分辨率为 0.02%。

（10）调速器额定操作油压为 6.4 MPa，电站高压气系统供调速器系统额定工作压力为 8.0 MPa。

（三）型式和总体设计要求

调速器采用并联 PID（或 IPID）型数字式电液调速器，以工业控制计算机（IPC）及其系列模板作为硬件核心，采用双微机双通道冗余结构，并配以彩色液晶显示器，具有良好的人机中文界面，具有输出功率控制、转速控制、开度控制、水位控制、水头控制、波浪控制、电力系统频率自动跟踪、防涌浪、自诊断和容错、稳定等功能。调速器能现地和远方进行机组的自动、手动开、停机和事故停机；并应提供与电站计算机监控系统连接的 I/O 接口和数据通信接口，其通信协议应满足监控系统要求，包括硬件和软件。机械液压部分和电气控制柜可分开设置。

调速系统应具有足够的容量，当压力油罐内操作油压最低，作用在导叶或桨叶上的反向力矩最大时（力矩由水轮机制造商提供），能按调节保证确定的时间操作导叶接力器和桨叶接力器全行程开启或全行程关闭。全行程定义为：接力器移动 0~100% 最大开度，在开启方向没有过行程，在关闭行程终止时应有 1%~2% 的压紧行程。

（四）性能要求

1. 稳定性

孤网运行、空载运行和电网运行时，调速系统应能稳定地控制机组转速。机组在孤网中或在电网中与其他机组并联运行时，调速系统也应能稳定地在零到最大输出功率范围内控制机组输出功率。如果水轮机的水力系统和引水流道是稳定的，当满足下述条件时，则调速系统被认为是稳定的。

（1）发电机在空载额定转速下，或在额定转速和孤立系统恒定负荷下运行，且永态转差率整定在 2% 或以上时，油压波动不超过 ±0.10% 时，调速器能保证机组运行 3 min 内转速波动值不超过额定转速的 ±0.10%。

（2）电气装置工作和切换备用电源，或者手动、自动切换以及其他控制方式之间相互切换和参数调整时，水轮机导叶接力器的行程变化不超过其全行程的 ±1%。

（3）机组在电网中从零到任何负荷间运行时，且永态转差率整定在 2% 或以上时，调速器应保证机组接力器行程波动值不大于 ±1%。

（4）调速器应允许带电插入或拔出故障插板。

2. 静态特性

静态特性曲线应近似为一直线，其最大线性度误差不超过 5%。

在任何导叶开度和额定转速下,接力器的转速死区不得超过额定转速的 0.02%。

桨叶接力器随动系统的不准确度不超过 1.5%,死区不超过 0.5%。

3. 动态特性

由电子调节器动态特性示波图上求取的 K_p、K_I 值与理论值偏差不得超过 ±5.0%。机组甩 100% 额定负荷后,在转速变化过程中偏离额定转速 3% 以上的波峰不超过 2 次。机组甩 100% 额定负荷后,从接力器第一次向开启方向移动起,到机组转速波动值不超过 ±0.5% 为止所经历的时间应不大于 40 s。

接力器不动时间:机组输出功率突变 10% 额定负荷,从机组转速变化 0.01% ~0.02% 额定转速开始,到导叶接力器开始动作的时间间隔不得超过 0.2 s。

机组输出功率突变 10% 额定负荷后,在转速变化过程中偏离额定转速 3% 以上的波峰不超过 2 次,且转速波动值不超过 ±0.5% 为止所经历的时间应不大于 20 s。

4. 频率跟踪

为了缩短同期时间,调速器应有频率跟踪器,并应具有优良的调节性能,使机组和电网和频率差接近零。相位差小于 15°。

5. 稳定性调整

调速系统动态性能应达到并具有比例、积分和微分功能,且各自带有独立的、连续可调的增益控制装置。必要时应设置利于机组小波动稳定的滞后校正环节,单机运行实现 IPID 调节规律。每个控制装置的调整范围应适合各受控系统的动态特性。这些控制装置应安装在每个组件的板面上,且在调速系统运行时亦是可调的。

6. 桨叶控制装置

具有可根据水轮机协联曲线鉴定的协联函数发生器。

在正常运行时根据电站水头及负荷变化(导叶位置)自动调整桨叶角度,以达到机组高效率运行。在开、停机工况转轮桨叶应转到一个大于最优角度的位置以增大转矩或降低转速,但不得因此而造成过大的转轮轴向移动或其他不良的过渡现象。机组停机后自动将桨叶开到启动角度。在启动过程中按一定的条件自动转到正常的协联关系。还应有手动操作桨叶的装置。

7. 水位控制机构

调速器应设有水位控制机构,能根据上游水位的情况自动地增加或减少导叶开度或增、减开机台数,使上游水位保持在恒定的正常高水位运行。上下游水位信号(4~20 mA)将由水力测量盘供给调速器。

8. 水头控制

能接受水头信号并按水头自动选择最佳的导叶—桨叶协联关系,自动调整起动开度、空载开度和限制开度。

9. 涌浪控制

为了避免甩大负荷时上、下游水位发生较大的涌浪,调速系统应设有防涌浪装置,使得在甩大负荷时达到:

(1)涌浪高度:2 台机甩 100% 负荷,坝前附近涌浪最大高度应不大于 0.50 m。

(2)机组流量的瞬时变化值不大于机组额定流量的 50%~60%。

10. 其他要求

调速器手动操作时,电气上应有开度跟踪环节,以保证需要时机组能快速而无扰动地切换至自动。

导叶和桨叶采用电气协联。反映导叶和桨叶接力器位置的位移传感器应具有良好的防潮性能,抗油污能力,并具有良好的线性度。

当机组在空载条件下转速调整机构应能调整机组转速为额定转速的 90%～110%,机组空载运行,转差率为零,通过手动或电动使转速调整机构在 90%～110% 额定转速之间允许发电机进行并列运行。当转差率为 5% 时,远方控制转速调整机构应能在不少于 20 s 不超过 40 s 时间内从全开导叶下的输出功率减到零。通过手动和电动调节转速应能在 40 s 内允许发电机由空载带至额定负荷运行。

调速器应能根据导叶开度、有效水头和机组输出功率所反映的运行状况(如空载或并网运行)自动调整调节参数(K_I、K_p、K_D)和控制机构,以适应不同工况下均能以最优参数和最佳控制结构参与调控。

调速器应具有一定的抗油污能力,并在滤油精度为 60 μm 时,调速器仍能正常工作。

调速器电气部分温度飘移量每 1 ℃ 折算到转速相对值不超过 0.01%。

(五)运行要求

1. 概述

调速系统应满足下述规定的运行要求,不可调的输出功率限制装置要能限制发电机在 $\cos\Phi = 1$ 时的最大输出功率;可调的导叶和桨叶限位装置可限制导叶和桨叶位于任意位置(开度和角度),并使机组保持在给定的位置。

2. 控制

调速器应有下列控制方式,由装在电气柜上的开关选择。

(1)转速控制应具有比例、积分和微分等功能,以保证系统频率满足所规定的运行和性能要求。

(2)就地手动或远方由计算机控制系统自动控制,且同时带有导叶开度限位和机组负荷控制装置。

(3)就地手动和远方自动应能相互切换,且在切换过程中无扰动。

(4)具有 AGC 自动发电控制。

3. 停机

调速器应能在下述情况下关机:

(1)正常停机:就地或远方控制,断路器在零输出功率跳闸。

(2)部分停机:负荷消失,断路器跳闸,调速器将机组关至空载。

(3)事故停机:设备故障,在满足调节保证前提下以最快速度关闭导叶,并能迅速自动投入防涌浪装置(当甩大负荷停机时),保证涌浪和流量瞬变值在允许范围内。

4. 开机

就地手动启动或在自动程序控制设备的控制下启动和控制机组转速在额定值,在断路器合闸前,机组应能自动跟踪系统的频率。

5. 在线自动诊断和容错功能

调速器应具有下述在线诊断和容错功能,每次调速器投入前应对下述故障进行自诊断一遍,无故障后方能开机。电气柜抽屉面板上的指示灯应指示故障。

(1)模拟/数字转换器和输入通道故障。

(2)数字/模拟转换器和输出通道故障。

(3)反馈通道故障。

(4)液压控制系统故障。

(5)程序出错和时钟故障。

(6)控制设备故障(包括桨叶控制装置故障)和测量信号出错(包括测速系统故障)。

(7)事故关机回路故障。

(8)操作出错诊断。

(9)导叶开度限制装置故障(包括水位控制机构故障)。

(10)其他故障。

6. 离线功能

调速器应具有下述离线自诊断及调试功能:

(1)检查调节参数。

(2)调整调节参数。

(3)数据取样系统的精度检查。

(4)数字滤波器的参数检查和校准。

(5)程序检查。

(6)修改和调试程序。

(7)导叶—桨叶协联控制检查和调整。

(8)CPU 和总线诊断。

(9)EPROM 和 RAM 诊断。

(六)安全保护装置要求

1. 故障保护

发生系统故障或电源消失,除了停机回路和导叶开度限制机构应保留可操作性外,调速器应保持导叶在事故之前的位置,故障消除后自动平稳地恢复工作。对于大事故,机组应停机,电气柜上的指示灯应指示故障,调速器应有机组失灵接点信号输出。

2. 分段关机

调速系统应具有导叶分段关闭功能,且分段关闭时间、拐点便于调整。

3. 失压保护装置

当油压装置的油压低于事故低油压时,自动操作重锤按调节保证确定的关机速度直接关闭导叶,同时应有 2 对以上电气上相互独立的接点信号引出,接点容量为 220 V,5 A。

4. 事故低油压保护

当油压装置的油压为事故低油压时,自动操作停机。同时应有 2 对以上电气上相互独立的接点信号引出,接点容量为 220 V,5 A。

5. 防飞逸装置

应有机械防飞逸的保护措施。

6. 卡物保护

在机组关闭过程中,当导叶之间卡有异物,在位置开关动作后,调速器应操作导叶开启,冲走异物,开启行程为接力器行程的10%(可调)。最多允许开启3次,失败后则关闭导叶至全关。

7.蠕动保护

调速器应有零转速检测装置,当机组在停机状态下主轴角位移大于1.5°时,应输出开关信号,用于保护和报警。

8.加速度保护

调速器应对机组开机过程的转速、加速度进行监测,并根据设定的加速度值对越限作出保护性反应,同时经逻辑输入/输出接口输出越限信号。

(七)电气回复要求

导叶接力器位置和桨叶角度位移传感器应具有良好防潮性能及抗油污能力,并有良好的线性度,因温度变化引起的转速相对变化每1℃应小于0.01%。

电气回复的全部所需的设备和导线、附件应由卖方提供。

(八)微机控制要求

(1)调速器功能由微处理机控制,此微处理机带有固态电路和软件,安装在电气柜中并应满足规定的控制要求,在环境条件范围内运行而不发生各种漂移。为了满足电站计算机监控系统远方控制的需要,应提供与全厂计算机监控系统设在机旁的LCU通信输入与输出接口,接口采用I/O型式。还应提供串行通信口和现场总线接口,其通信协议应满足全厂计算机监控系统的要求,提供用于负荷控制反馈信号的发电机输出功率变送器。

(2)调速器上应设置液晶参数显示装置,以便对微处理器参数及存贮单元内存参数进行显示。

(3)调速器应自配必要的试验装置、接口和软件,能方便地进行现场或模拟试验,如空载试验等,且能用计算机存储、显示或用录波仪记录试验数据或图像。

二、150/50 t 单小车双钩桥式起重机

(一)概述

装设常规机组的电站起重设备起重量的选择,一般决定于发电机转子的重量,而贯流式水电站起重设备的选择需根据机组不同的结构和安装、吊装方式来选择起重量,一般按整装的导水机构、定子、转子的重量大者来选择,本电站需吊运的最重部件是发电机转子,起吊重量为110 t,故选用150/50 t桥机。

针对灯泡贯流式机组卧式布置的特点,宜选用单小车桥机,利用其主钩起吊最重件。由于受吊物孔尺寸限制,所以不采用双小车"抬"最重件的办法。

由于灯泡贯流式机组安装时,是先将转子就位,再用定子套转子,与立式机组先装定子,再垂直将转子插入定子中的方法相比则难度较大。需将定子水平移动,沿不大的定、转子间隙,在不碰撞的前提下,将定子水平移动就位,为了起吊安全,吊钩的起升和运行速度需要减慢,所以需对主钩和副钩的起降进行变频、调速。

在本电站主厂房,河床电站装有4台总装机容量为116 MW,单机容量为29 MW的灯泡贯流式机组,北干渠渠首电站装有1台容量3.1 MW的灯泡贯流式水轮发电机组,为卧式机组,主厂房桥机主要用于转轮、导水机构、定子、转子、主轴等部件的吊运和翻身。

根据起吊最重件的重量和翻身等运用方式,最终选择150/50 t单小车桥式起重机1台,其主钩起吊重量150 t,副钩起重50 t,,起重机跨度20.5 m。

(二)主要技术参数

1.厂房尺寸

1)河床电站

水轮机安装高程(m)	1 221.80
进水流道底板高程(m)	1 214.135
操作廊道高程(m)	1 211.800
主厂房运行层高程(m)	1 233.50
桥机轨顶高程(m)	1 252.00
主、副安装场高程(m)	1 238.50
桥机跨度(m)	20

2)北干电站

水轮机安装高程(m)	1 225.98
进水流道底板高程(m)	1 222.61
操作廊道高程(m)	1 220.68
主厂房运行层高程(m)	1 233.50
桥机轨顶高程(m)	1 252.00
桥机跨度(m)	20

2.桥机参数

起重机跨度(m)	20
主钩额定起重量(t)	150
副钩额定起重量(t)	50
主钩起升高度(m)	38
副钩起升高度(m)	41.5
主钩起降速度(变速)(m/min)	0.1 ~ 1
副钩起降速度(变速)(m/min)	0.35 ~ 3.5
大车运行速度(m/min)	20
小车运行速度(m/min)	10
主钩起降点动控制精度(mm/次)	≤1
轨道	QU100 型,总长 340 m(上下游长度之和)

配用10 t电动葫芦参数:

起升高度(m)	40
起降速度(m/min)	7
运行速度(m/min)	20
台数(台)	1
放置部位	150/50 t 桥机大梁

3.起重机外形尺寸及吊点极限位置

1)外形尺寸

起重机高度(轨面以上高度)(mm)	≤5 000
起重机最大宽度(mm)	≤10 500
起重机最大长度限制(mm)	≤20 800
起重机大车轨顶面中心至大车端部距离(mm)	≤400

2)吊点极限位置

主钩中心距大车轨面以下垂直距离(mm)	≤1 500
副钩中心距大车轨面以下垂直距离(mm)	≤-100
主钩距上游侧轨道中心距(mm)	≤2 700
主钩距下游侧轨道中心距(mm)	≤3 100
副钩距上游侧轨道中心距(mm)	≤4 200
副钩距下游侧轨道中心距(mm)	≤1 600

起重机外形尺寸和吊点极限位置在满足厂房尺寸、设备起吊要求的情况下可优先选择卖方的标准系列。

(三)起重机布置与主要设备的起吊要求

1.起重机的布置

电站主厂房内设1台150/50 t单小车双钩桥式起重机,将应用于灯泡贯流水轮发电机组及其他机械和电气设备的组装、安装和日常维护,桥机的工作范围应覆盖厂房内5台机组和安装间。司机室设在厂房的上游侧,滑触线设在厂房的下游侧。

2.电站主要设备起吊,吊运时对起重机的要求

机组主要部件(发电机定子、转子、导水机构、水轮机转轮)等利用桥机主钩从安装场平吊,在辅助安装间进行翻身,翻身采用专用翻身工具(主机厂提供)及钢丝绳。

(1)发电机转子起吊:发电机需吊运的最重部件是发电机转子,起吊重量为110 t。翻身后利用转子起吊专用工具(主机厂提供)和150 t桥机主钩吊运入机坑。

(2)发电机定子起吊:发电机定子起吊质量约为93 t,翻身后利用钢丝绳和150 t桥机主钩吊运入机坑,并套入转子。

(3)水轮机转轮起吊:水轮机转轮轮毂起吊总质量约52 t,利用桥机主钩和副钩翻身后用专用工具(主机厂提供)吊运入机坑,叶片在机坑内完成组装。

(4)水轮机导水机构:起吊质量约108 t,利用主钩进行翻身,利用主钩、副钩和钢丝绳吊运入机坑。

(四)起重机主起升机构的变频调速要求

(1)起重机主起升机构采用起降变频调速:

主钩起降速度(变速)(m/min)	0.1~1
副钩起降速度(变速)(m/min)	0.35~3.5

(2)起重机主副钩起升、下降的点动精度≤1 mm/次。

(3)主起升电机及变频器:主起升电机采用变速电机,150/50 t厂内单小车双钩桥式起重机变频器要采用西门子或ABB进口产品。

三、结　　语

（1）河床电站 1# 机组已安装完毕，经调试、试运行后已正式投入商业运行，招标采购的调速器运行灵活，安全可靠，满足要求。

（2）主厂房招标采购的 150/50 t 厂内单小车双钩桥式起重机顺利完成了 1# 机组的安装，正在进行其他机组的安装，事实证明按照招标文件采购的桥机满足了机组安装调试的需要。

新疆塔尔克一级水电站水轮机磨蚀问题及解决办法探析

张 维 聚

（中水北方勘测设计研究有限责任公司）

【摘　要】 塔尔克一级水电站装机容量49.0 MW,装有2台立式混流机组,水轮机额定水头74.0 m,额定转速300 r/min。电站运行初期,由于工程沉沙除沙措施尚未建成,大量泥石流进入库玛拉克河,河水挟带泥沙杂草,发电用水泥沙量剧增,造成水轮机磨损损坏严重,本文对该电站水轮机磨损破坏情况和原因进行了分析,并提出了改进建议。

【关键词】 塔尔克一级水电站　混流机组　水轮机磨蚀

一、概　　述

塔尔克一级水电站位于新疆维吾尔自治区阿克苏地区温宿县境内,是阿克苏河支流库玛拉克河东岸总干渠上的引水径流式水电站,位于协合拉引水渠首以下14 km处,为半地面式厂房,电站距温宿县城49 km,距阿克苏市60 km。

塔尔克一级水电站装机容量49.0 MW,最大引用流量75 m³/s,保证出力13.8 MW,多年平均发电量2.739亿kW·h,年利用小时数5 590 h,电站加权平均净水头74.1 m,发电最大净水头76.6 m,发电最小净水头73.6 m。塔尔克水电站2台机组分别于2008年3月31日和4月8日投入商业运行,机组位于基荷运行。

水轮机型式为立式混流机组,水轮机额定水头为74.0 m,选用南平南电水电设备制造有限公司提供的水轮发电机组,水轮机参数如下:

型号	HLA801-LJ-215
配用发电机容量(kW)	24 500
旋转方向	从发电机端向下看为顺时针旋转
叶片数 Z	13
水头(m)	$H_{max}=76.6, H_{min}=73.6, H_d=74$
额定流量(m³/s)	37.22
额定出力(kW)	25 260
额定转速(r/min)	300
最大飞逸转速(r/min)	496.6
吸出高度 H_s(m)	−1.0
额定效率不低于(%)	93.5
最高效率保证值不低于(%)	95.7

二、现场运行情况及问题

塔尕克水电站2#机组、1#机组分别于2008年3月31日和4月8日投入商业运行,1#机组截至2008年8月17日,累计运行2 784 h,累计发电4 632万kW·h,2#机组截至2008年8月16日,累计运行2 957 h,累计发电4 710万kW·h,详细运行情况见表1。

表1   机组运行情况表

时间	技术指标	1#机组	2#机组
4月	运行小时(h)	522	553
	低负荷运行小时(h)	4	5
	高负荷运行小时(h)	4	36
	发电量(万kW·h)	298.14	351.8
	开停机次数	12	8
5月	运行小时(h)	708	724
	低负荷运行小时(h)	8	0
	高负荷运行小时(h)	9	40
	发电量(万kW·h)	944.16	1 267.35
	开停机次数	6	6
6月	运行小时(h)	586	587
	低负荷运行小时(h)	21	26
	高负荷运行小时(h)	2	0
	发电量(万kW·h)	1 020.6	946.68
	开停机次数	6	4
7月	运行小时(h)	606	724
	低负荷运行小时(h)	20	8
	高负荷运行小时(h)	70	134
	发电量(万kW·h)	1 101.03	1 105.23
	开停机次数	8	7
8月	运行小时(h)	362	369
	低负荷运行小时(h)	0	0
	高负荷运行小时(h)	47	15
	发电量(万kW·h)	1 042.23	1 264.83
	开停机次数	4	3
累计完成电量(万kW·h)		4 632	4 710
累计运行时间(h)		2 784	2 957
机组开停机次数(次)		36	28
机组累计低负荷运行时间(h)		53	39

2008年5月库玛拉克河来水量加大,水质变差,机组运行方式由清水期运行转为浑水期运行,电厂针对性地加强对水机设备的检查巡视工作,根据水中含沙量规定每36 h启动

排沙闸进行排沙。6月6～10日,在拦污栅完全淤堵停机期间,发现前池积沙较多,见图1和图2,将排沙时间由36 h改为20 h。

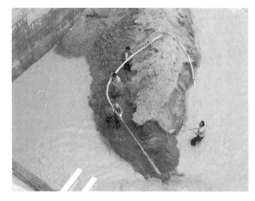

图1　6月6日前池积沙 　　　　　　　　　　图2　6月6日人工排沙

2008年7月22日阿克苏市周边地区普降暴雨,大量泥石流进入库玛拉克河,河水夹带泥沙杂草,发电用水泥沙量剧增,19:00 1#机组在运行过程中主轴密封突然大量喷水,机组被迫停机;为保证机组设备的安全,20:00 2#机组正常停机,23日发电用水水质状况好转后2#机并网发电,当日取水化验发电用水含沙量为20 kg/m³。

8月17日电厂2台机组全停后,引水渠来水40 m³/s左右,电厂通过两孔排沙闸每天24 h向下游排沙放水,8月31日因检修需要引水渠完全停水,发现前池仍然积沙,事故检修门前流道内积沙达1.5 m,见图3和图4。

图3　9月1日2#事故检修门前流道内积沙达1.5 m 　　图4　9月1日前池积沙

2008年6月7日,电厂组织人员对1#、2#机组压力钢管、事故检修门、蜗壳、导叶、转轮进行了全面检查,除1#、2#机组压力钢管个别部位有轻微的锈迹,事故检修门水封右边间隙比左边大10～20 mm外,转轮上冠和顶盖、转轮下环和底环、导叶未发现磨损和空蚀现象。

2008年8月21～22日在对1#、2#机组进行蜗壳内水下部分检查时发现水轮机转轮出现严重磨蚀,转轮上冠和顶盖、转轮下环和底环的间隙达到了21 mm(设计值为1.1～1.4 mm),固定导叶中部出现深约5 mm磨痕,见图5～图8。

2008年7月22日,1#机组运行中主轴密封漏水、水导油盆进水被迫停机,经检查主轴橡胶水封和抗磨板磨损严重已不能使用,经更换备件后机组并网运行;8月25日运行中1#机组再次出现主轴密封漏水、水导油盆进水被迫停机情况,1#机主轴密封环磨损20 mm。

2008 年 8 月 16 日,2#机组运行中主轴密封严重漏水被迫停机,经检查主轴密封端盖已磨穿、橡胶水封磨坏、抗磨板磨损严重、检修密封已无法封水,2#机主轴密封磨损造成水导油盆进水。

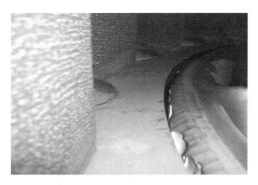

图 5　2#机组磨蚀造成转轮和转轮室壁磨损

图 6　磨蚀造成 2#机组固定导叶磨损约 5 mm

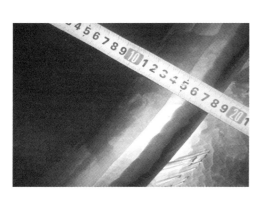

图 7　2#机组磨蚀造成转轮和转轮室壁间隙达 21 mm

图 8　1#水轮机座环磨蚀约 5 mm 深

三、水轮机磨损原因分析及解决办法

按国内不同比转速计算公式计算出塔尔克一级水电站水轮机比转速 n_s 为 213.3 ~ 249.4 m·kW,相应的比速系数 $K = 1\,835 \sim 2\,145$。

在电站机组选型比较中考虑了对泥沙含量的不确定因素,为尽量减少泥沙磨损带来的危害,尽量选用低比转速的机组。

机组选型推荐的比转速为:额定点比转速 220 m·kW,所选定转轮的圆周速度为 33.8 m/s,转轮出口相对速度为 10.3 m/s,绝对流速 35.3 m/s,据国内有关研究机构的研究表明:当含沙量大于 12 kg/m³ 时,水轮机转轮圆周速度宜小于 34 m/s,转轮相对流速宜小于 12 m/s,叶片出口绝对流速宜小于 36 m/s。由此可见,本电站机组转轮参数在抗磨蚀允许的范围内。

机组选型推荐的额定点比转速 220 m·kW,已经接近本水头段的比转速低限,换句话说,再降低比转速就很难选到性能较好的机组,而且带来的问题是空蚀和机组振动问题。

在机组过流部件选材方面,水轮机转轮、抗磨板等主要过流部件采用抗空蚀、磨损性能好和焊接性能好的 0Cr13Ni4Mo 不锈钢制做,活动导叶端面及密封面铺焊 0Cr13Ni4Mo 不锈钢。应该说从机组的选型和选材方面都充分考虑了泥沙磨损的问题,引起磨损的主要原因究竟是什么呢?

(一)发电用水含沙量高、推移质进入机组是磨损的重要原因

从电站现场运行实测的泥沙含量资料看,汛期高含沙量的水进入机组,每方水中高达几十甚至上百千克,而这样的含沙量机组是不允许运行的;且从尾水渠沉积的泥沙看大量推移质进入了机组,泥沙颗粒直径高达十几厘米,而机组磨损的部位多为泥沙颗粒冲击引起的坑凹。究竟是什么原因使得如此高的含沙量和推移质进入机组呢?

塔尕克一级水电站为引水径流式水电站,引水渠道长 6 km,取水口位于库玛拉克河河边,取水口设有分水闸,汛期大量的泥沙涌入库玛拉克河时,分水闸没有及时关闭,库玛拉克河道闸门也没有充分开启从而起到拉沙做用。这样一来大量的泥沙进入渠道从而进入了机组。工程沉沙除沙措施尚未建成,由于库玛拉克河水质在汛期时如此之差,水利水电相关规范要求推移质和较大颗粒的悬移质(本电站悬移质粒径 $d<0.35$ mm)是不能进入机组发电的,由此可见必须完善本电站的沉沙除沙措施才能达到汛期机组发电运行要求。

(二)抗磨及防护措施

(1)汛期加强协调。由于库玛拉克河分水闸由库码拉克河管处管理,而电站建设和管理单位为新疆新华水电投资公司,故在汛期来临时两方应加强协调,使库玛拉克河闸门和分水闸充分起到拉沙和控沙作用。

(2)尽快建设沉沙和排沙设施。由新疆水利水电勘测设计院设计的沉沙和排沙设施已获得有关部门批复,工程已在建设中,相信该设施完成后会更大限度地减少泥沙进入机组,从而起到保护机组和保证电站安全运行的作用。

(3)购买备用转轮。为防止汛期转轮磨损破坏耽误机组运行,影响发电,经建设方组织有关专家论证提出购买备用转轮方案,备用转轮在局部易冲撞磨损部位采用进一步的抗磨防护措施,如喷焊碳化钨涂层等,该方案已在实施中。

(4)转轮损坏后不锈钢补焊修复。转轮破坏后拆卸检修,对破坏部位用相应的不锈钢焊条进行补焊,补焊后打磨,修复后的转轮下次机组检修时使用。

刚果(金)ZONGOII 水电站工程机组大波动稳定性计算及分析

李浩亮　　张维聚　　　　　卞东阳

（中水北方勘测设计研究有限责任公司）　（中国水利水电第一工程局有限公司）

【摘　要】　刚果(金)ZONGOII 电站为低坝引水径流式电站,装机容量 150 MW,利用水头为 104.9~114.6 m,引水系统包括:隧洞及压力钢管,全长约 3 km,机组的调节保证计算事关电站的安全,本文是本工程初步设计阶段通过引水系统和发电机 GD^2 的调整,对机组的大波动稳定性进行的初步计算和分析。

【关键词】　水电站　大波动　稳定性　刚果

一、概　　述

ZONGO Ⅱ 电站为低坝引水径流式电站,引水线路长约 3.14 km。取水口位于已建 ZONGO Ⅰ 水电站下游,距河口约 5 km,电站位于刚果河左岸滩地距上游印基西河河口约 1.6 km。主要建筑物包括滚水坝、冲沙闸、取水口、引水隧洞、调压井、压力钢管、厂房及尾水。取水口布置于坝前左侧,引水隧洞全长约 2 415 m,洞径为 7~9.34 m,调压井高约直径 18 m;压力钢管长约 500 m,直径 6.6 m。

引水系统布置见图 1。

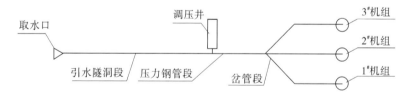

图 1　引水系统布置

本工程水电站装机容量 150 MW,机组引用流量 161 m³/s。电站最大净水头 114.6 m,3 台机组满发时电站最小净水头 104.8 m,电站加权平均净水头 106.4 m,额定水头 105 m,电站年发电量约 8.61 亿 kW·h,年利用小时数约为 5 714 h。

电站投入系统后将位于基荷运行。

厂房位于刚果河左岸,电站对外输电电压为 220~70 kV 两个电压等级,半地面式厂房。

(一)电站基本条件

1. 上游水位

正常蓄水位(m)	356
死水位(m)	354

2. 下游水位

极端最高尾水位(刚果河洪水位)(m)	254.77
电站运行最高尾水位(m)	242.70
电站运行最低尾水位(m)	240.96
电站运行设计尾水位(m)	241.41

3. 特征水头

不同发电流量造成的引水系统水力损失见表1。

表1 不同发电流量造成的引水系统水力损失

流量(m^3/s)	水头损失(m)	K	运行工况
165	8.814	0.000 324	3台机发电
140	6.346	0.000 324	3台机发电
125	5.059	0.000 324	3台机发电
110	5.082	0.000 42	2台机发电
75	2.363	0.000 42	2台机发电
65	1.775	0.000 42	2台机发电
60	3.271	0.000 909	1台机发电
55	2.748	0.000 909	1台机发电
30	0.818	0.000 909	1台机发电

(二)初步选定的机组参数

初步选定的机组参数如下:

水轮机型号	混流
水轮机型号	HLA630-LJ-248
额定水头(m)	105
额定出力(MW)	51.28
最大水头(m)	114.6
设计水头(m)	105.0
最小水头(m)	104.9
额定流量(m^3/s)	53.5
额定转速(r/min)	300
飞逸转速(r/min)	504.6
机组转动惯量(常规)($t \cdot m^2$)	1700

ZONGOII电站位于非洲国家刚果(金),由于该国家电力缺乏,本电站在电网中承担基荷运行,且当地电网的稳定性较差。

本电站机组容量占系统工作容量的比重较大,故按规范要求,过渡过程计算最大转速升高率 β_{max} 不超过50%,蜗壳最大压力上升率 ξ_{max} 不超过30%控制。尾水管进口断面的最大真空保证值 H_v 应不大于8 m。

二、调节保证计算过程

(一)计算介绍

本次调节保证计算采用河海大学研发制作的水电站水力—机械过渡过程仿真计算软件。

在对某一个水电站第 1 次进行水力—机械过渡过程仿真计算前,应先建立数据文件。包括水电站水力—机械系统数学模型数据文件、起始工况数据文件、关闭规律数据文件、动态工况组合数据文件和水轮机模型特性数据文件。

以下对建立数据文件做简单介绍。

1. 建立水电站水力—机械系统数学模型数据文件

本软件通过人机对话建立水力—机械系统数学模型数据文件,在仿真计算时,将根据数学模型数据文件自动形成大波动和小波动计算数学模型。

本软件中将节点分为 11 种类型:上游节点、引水调压室节点、引水分叉节点、水轮机上游侧节点、水轮机下游侧节点、尾水分叉节点、尾水调压室节点、下游节点、管道中间节点、明流洞中间节点和管道—明流洞节点。本软件中将机组、管道、调压室、上游水库和下游河道称为元件,元件与元件之间的连接点称为节点。上游节点是上游水库与管道(包括隧洞)的连接点,即上游进水口;下游节点是下游河道与管道(包括隧洞)的连接点,即下游出水口。水轮机与上游侧压力管道连接点称为水轮机上游侧节点,水轮机与下游侧管道连接点称为水轮机下游侧节点,上游侧节点与下游侧节点的水压差为水轮机的作用水头,蜗壳的水流惯性应归入水轮机上游侧管道的水流惯性,而尾水管的水流惯性应归入水轮机下游侧管道的水流惯性。调压室与管道连接点称为调压室节点,依其位置不同分为引水调压室节点和尾水调压室节点。一根管道分为多根管道或多根管道合为一根管道的节点称为分岔管节点,且依其位置不同称为引水分叉节点和尾水分叉节点。一根管道与一根管道的连接点称为管道中间节点,管道中间节点根据需要设置,若需计算和输出管道某一点的水压力,则应在该点设置节点。

2. 建立起始工况数据文件

本软件通过人机对话建立起始工况数据文件。起始工况是指过渡过程开始之前的机组工况,软件要求输入水电站上游水位、下游水位和每台机组的起始转速、起始功率、起始导叶开度等参数。如起始功率不为零,起始导叶开度将由软件确定,输入的起始导叶开度只作为软件计算起始工况的初值;如起始功率为零,软件将按起始开度确定起始功率。

3. 建立关闭规律数据文件

本软件通过人机对话建立关闭规律数据文件。关闭规律是指机组在事故甩负荷后的关闭规律;关闭规律可分为不关闭、分段关闭、曲线关闭、与调压阀连动四类。不关闭是模拟调速器事故不能关闭导叶的情况。

4. 建立动态工况组合数据文件

本软件通过人机对话建立动态工况组合数据文件。本软件可以计算各种动态工况过渡过程,包括:开机、停机、增负荷、减负荷、甩负荷和事故甩负荷等,并可计算连续发生的各种动态工况。

(二)计算过程

1. 建立电站水力—机械系统数学模型数据文件 zg2. dat

1)本电站输水系统流道划分节点

上游节点:上游水库与管道的连接点,即上游进水口。

管道中间节点:一根管道与一根管道的连接点;管道中间节点根据需要设置,若需计算和输出管道某一点的水压力,则应在该点设置节点。

引水分叉节点:3台机组从总管引水分叉处。

水轮机上游侧节点:水轮机与上游侧压力管道连接点。

水轮机下游侧节点:水轮机与下游侧压力管道连接点。

下游节点:下游尾水与管道的连接点,即下游出水口。

管道参数见表2。

2)机组前节点需输入参数

节点高程(m)	237.0
转轮直径(m)	2.48
机组转动惯量(t·m²)	1 700
机组额定转速(r/min)	300
机组额定出力(MW)	51.28
额定水头(m)	105
最大水头值(m)	114.6
原模型效率修正系数	1.01

3)需输入的其他参数

计算步长(s)	0.02
计算允许误差	0.000 01
水轮机特性文件名	HLA630. dat
计算模型文件名	zg2. dat

2. 建立起始工况数据文件 zg2state. dat(见表3)

表3

参　　数	1#机	2#机	3#机
上游水位(m)	356	356	356
下游水位(m)	242.7	242.7	242.7
机组起始转速(r/min)	300	300	300
起始开度(相对开度)	0.951 6	0.951 6	0.951 6
起始功率(MW)	51.28	51.28	51.28

3. 建立关闭规律数据文件 zg2close. dat(见表4)

表4

参　　数	1#机	2#机	3#机
接力器不动时间 t_0(s)	0.2	0.2	0.2
第一段关闭时间 t_{s1}(s)	5	5	5
第二段关闭时间 t_{s2}(s)	11	11	11
第一分段开度 y_{12}	0.7	0.7	0.7
第二分段开度	0	0	0

表2

ZONGO II水电站管路特性表

接点	接点高程	管长 L(m)	管径 R(m)	流量(m³/s)	含沙量 S (kg/m³)	Q(L/s)	波速(m/s)	损失	损失系数	备注
0	344.5	0		160.5			1 000			
1	344.5	30.4		160.5		0.321 7	1 000	0.075 4	0.000 002 927	0段管路
2	344.5	10		160.5		0.228 66	1 000	0.024 81	0.000 000 963	1段管路
3	343.22	90	7.0	160.5	38.465	2.339	1 000	0.223 34	0.000 008 670	2段管路
4	336.82	500	7.0	160.5	38.465	12.998	1 000	1.240 61	0.000 048 160	3段管路
5	331.7	400	7.0	160.5	38.465	10.399 1	1 000	0.992 54	0.000 038 530	4段管路
6	326.58	400	7.0	160.5	38.465	10.399 1	1 000	0.992 54	0.000 038 530	5段管路
7	321.46	400	7.0	160.5	38.465	10.399 1	1 000	0.992 54	0.000 038 530	6段管路
8	316.34	400	7.0	160.5	38.465	10.399 1	1 000	0.992 54	0.000 038 530	7段管路
9	313.3	340.3	7.0	160.5	38.465	8.847	1 000	0.844 42	0.000 032 780	8段管路
10	313.3	52	6.6	160.5	34.195	1.521	1 100	0.129 03	0.000 005 009	9段管路
11	240.38	48	6.6	160.5	34.195	1.403 7	1 100	0.119 12	0.000 004 624	10段管路
		248	6.6	160.5	34.195	7.252 6	1 100	0.615 41	0.000 023 890	11段管路
12(岔管段)	237	82	4.0～6.6	53.5	12.56	6.529	1 100	0.059 85	0.000 020 910	1#机引水岔管至主阀前
13	237	4.5		53.5	3.363	1.339	1 100	0.011 19	0.000 003 910	1#机蜗壳段
14	229	12		53.5	11	1.1	1 100	0.029 85	0.000 010 430	1#机尾水管段
16	237	82	4.0～6.6	53.5	12.56	6.529	1 100	0.052 28	0.000 020 910	2#机引水岔管至主阀前
17	237	4.5		53.5	3.63	1.339	1 100	0.009 78	0.000 003 910	2#机蜗壳段
18	229	12		53.5	11	1.1	1 100	0.026 08	0.000 010 430	2#机尾水管段
20	237	82	4.0～6.6	53.5	12.56	6.529	1 100	0.052 28	0.000 020 910	3号机引水岔管至主阀前
21	237	4.5		53.5	3.63	1.339	1 100	0.009 78	0.000 003 910	3号机蜗壳段
22	229	12		53.5	11	1.1	1 100	0.026 08	0.000 010 430	3号机尾水管段

导叶关闭规律的参数如图 2 所示。

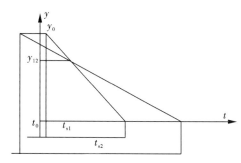

图 2　导叶关闭规律的参数

t_0—导叶接力器不动时间;t_{s1}—导叶接力器以第一段关闭速度从全开至全关所需时间;

t_{s2}—导叶接力器以第二段关闭速度从全开至全关所需时间

4. 建立组合工况数据文件 zg2comand. dat(见表 5)

表 5

参　　数	$1^\#$机	$2^\#$机	$3^\#$机
机组组合工况个数	1	1	1
时间大于定值	—	—	—
事故甩负荷	—	—	—
定值	0.000	0.000	0.000
延迟	0.000	0.000	0.000
功率给定(MW)	0.000	0.000	0.000

5. 计算

利用建立的数据文件,进行调节保证计算,下表为推荐方案(设置调压井,压力钢管直径 6.6 m,调压井后压力钢管总长 500 m 方案)大波动计算结果。

1)额定水头 105 m 工况甩额定负荷(见表 6)

表 6　　　　　　　　　　　**额定水头 105 m 工况甩额定负荷**

机组 GD^2 ($t \cdot m^2$)	关闭时间 $T_{s1}/T_{s2}/T_a$	机组甩全负荷时 的转速上升率 β_{max}(%)	机组甩全负荷时 的压力上升率 ξ_{max}(%)	机组甩全负荷时的 尾水管进口断面的 最大真空保证值 H_v
1 700	5/11/0.7	39.66	27.34	5.39

通过对导叶关闭规律优化计算,当导叶以第一段关闭速度从全开至全关时间 $T_{s1} = 5$ s,以第二段关闭速度从全开至全关时间 $T_{s2} = 11$ s,分段点开度为 70% 时,机组在额定水头 105 m 下甩全负荷,调节保证计算满足标准要求(见图 3 和图 4):

蜗壳最大压力上升为 147.72 m,最大压力上升率 $\xi_{max} = 27.34\%$;

机组转速上升率 $\beta_{max} = 39.66\%$;

尾水管进口的最大真空值-5.39 m 水柱；

引水调压井在机组甩负荷时最高水位为:372.5 m。

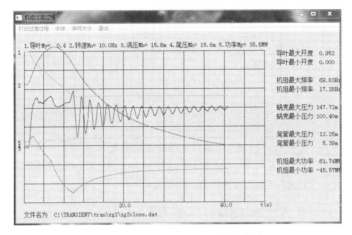

图3　机组额定水头甩负荷的过渡过程

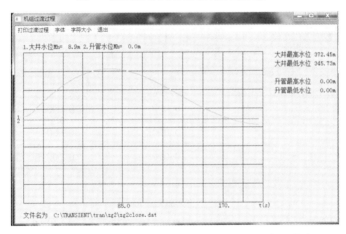

图4　引水调压井在机组额定水头甩负荷时的水位曲线

2)机组在最高水头 114.6 m 下甩全负荷(见表7、图5和图6)

蜗壳最大压力上升为147.72 m,最大压力上升率 ξ_{max} =25.06% ；

机组转速上升率 β_{max} =39.66% ；

尾水管进口的最大真空值-5.39 m 水柱；

调节保证计算满足标准要求；

引水调压井在机组甩负荷时最高水位为:372.5 m。

表7　　　　　　　　　　　最高水头 114.6 m 工况甩额定负荷

机组 GD^2 (t·m²)	关闭时间 $T_{s1}/T_{s2}/T_a$	机组甩全负荷时的转速上升率 β_{max} (%)	机组甩全负荷时的压力上升率 ξ_{max} (%)	机组甩全负荷时的尾水管进口断面的最大真空保证值 H_v
1 700	5/11/0.7	39.66	25.06	5.39

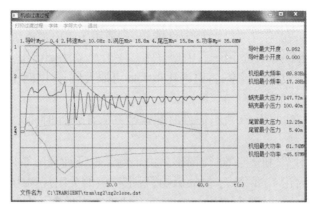

图5 机组最大水头甩负荷的过渡过程

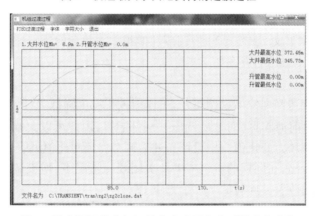

图6 引水调压井在机组最大水头甩负荷时的水位曲线

三、计算分析

甩负荷时,机组的稳定性主要受到下列两个参数的影响,它们是:

水流惯性时间常数 T_w——反映引水系统的性能状况;

机组惯性时间常数 T_a——反映机组性能状况。

它们的定义如下:

$$T_a = \frac{GD^2 n^2}{365N} \;,\; T_w = \frac{\sum L_i V_i}{gH_p}$$

式中 T_a——机组惯性时间常数;

　　　GD^2——机组的转动惯量;

　　　N——机组的额定出力;

　　　T_w——水流惯性时间常数;

　　　L_i——压力引水系统各分段长度;

　　　V_i——各分段内相应流速;

　　　g——重力加速度;

　　　H_p——计算水头。

T_a/T_w 的取值有一个范围,在 $T_a/T_w>(3\sim4)$ 时调节性能好,适用于占电力系统比重较大或孤立运行的电站;在 $T_a/T_w\geq2$ 时调节性能较好,适用于占电力系统比重较小的电站;在 $T_a/T_w\leq2$ 时调节性能很差,不适用于大中型电站。一般地说,中小型电站如果满足 $T_a/T_w\geq(2\sim2.5)$ 可以不考虑设置调压室;占电网比重大的可取大值,占电网比重小的可取小值,对担任调频任务的电站此值应大于 3。

根据 ZONGOII 电站的特点,机组惯性时间常数和水流惯性时间常数的比值应取大值,推荐 $T_a/T_w>(3\sim4)$。

为满足要求,可对 T_a 和 T_w 值进行调整。由于调节保证计算的结果还与导水机构的关闭规律有关,为方便讨论 T_a 值和 T_w 值的影响,暂定机组的关闭规律为两段关闭,第一段关闭时间为 5 s,第二段关闭时间为 11 s,关闭时间分段开度为 0.7。

(一)水流惯性时间常数 T_w 值的调整

现有的引水系统的水流惯性时间常数大约为 12.34 s,机组惯性时间常数大约为 8.17 s。$T_a/T_w=0.66$,根据上文 $T_a/T_w\leq2$ 时,调节性能很差。故此时需要采取一些措施,来降低水流惯性常数值,通常采用的方案如下。

1. 增设调压井

通过在引水系统适当部位增设调压井,可以很大程度上降低 T_w 值。此时计算管路长度 L 不再从水库或压力前池起算,而是从调压井底部起算,因此可以大幅度降低 $\sum LV$,从而在很大程度上减小水锤压力变化值。增设调压井后调节保证对比值见表 8。

由此对比可以看出,在同样的机组 GD^2 及关闭规律情况下,增设调压井后,机组甩负荷时的性能得到大大的改善。此时的 T_a/T_w 为 4.17。

在满足 $T_a/T_w>(3\sim4)$ 的前提下,从表 8 可以看出机组的压力上升值还是不能满足规范要求,故可以考虑改变 $\sum LV$ 值。

表 8 　　　　　　　　　增设调压井对机组大波动稳定性的影响

项目	机组 GD^2 (t·m^2)	关闭时间 $T_{s1}/T_{s2}/T_a$	机组甩全负荷时的转速上升 β_{max}(%)	机组甩全负荷时的压力上升 ξ_{max}(%)	机组甩全负荷时的尾水管进口断面的最大真空保证值 H_v
无调压井	1 700	5/11/0.7	66	210	5.39
有调压井	1 700	5/11/0.7	41.87	30.66	5.395

2. 减小 L、V 值

(1)调整 L 值时,可以采取调压井后移的措施,比较缩短压力钢管管线 100 m,得出的运算结果见表 9。

表 9 　　　　　　　　　减小 L 值对机组大波动稳定性的影响

项目	机组 GD^2 (t·m^2)	关闭时间 $T_{s1}/T_{s2}/T_a$	机组甩全负荷时的转速上升 β_{max}(%)	机组甩全负荷时的压力上升 ξ_{max}(%)	机组甩全负荷时的尾水管进口断面的最大真空保证值 H_v
压力钢管	1 700	5/11/0.7	41.87	30.66	5.395
缩短 100 m	1 700	5/11/0.7	39.66	25.06	5.39

通过表 9,可以分析出,减小 L 值可以在很大程度上改善机组在甩负荷时的稳定性。

（2）调整 v 值，即将压力钢管管径增至 7 m，从而减小钢管中的流速，得出的运算结果见表 10。

表 10　　　　　　增大 V 值对机组大波动稳定性的影响

项目	机组 GD^2 （t·m²）	关闭时间 $T_{s1}/T_{s2}/T_a$	机组甩全负荷时 的转速上升 β_{max}（%）	机组甩全负荷时 的压力上升 ξ_{max}（%）	机组甩全负荷时的 尾水管进口断面的 最大真空保证值 H_v
管径扩至 7 m	1 700 1 700	5/11/0.7 5/11/0.7	41.87 40.79	30.66 28.48	5.395 5.39

调整 v 值也能改善机组的性能，但改变压力钢管管径将会有较大的投资，故需要从工程整体角度进行经济比较考虑是否采用此种方案。

3. 机组惯性时间常数 T_a 值的调整

在机组惯性时间常数中，影响 T_a 值的因素有机组转动惯量 GD^2 和转速 n，可以分别进行讨论。

（1）调整 GD^2，即增加机组 GD^2 的数值，原机组的转动惯量，即 GD^2 为 1 700 t·m²，增大其数值至 1 800 t·m² 得出的运算结果见表 11。

从表 11 可以看出，增加 GD^2 可以减少机组甩负荷时的转速和压力上升，对机组的稳定是有利的。

（2）对 n 值的分析：从公式上看，机组的转速选择越高，机组的惯性时间常数越大，从而受到水流的影响越小，对于机组的稳定有利，但机组转速增加，发电机 GD^2 减少对机组的稳定运行又是不利的，而且较高的转速，会引起转轮出口相对流速上升，对水轮机空化、空蚀及机组的稳定性不利，且还会引起飞逸转速的上升及转动部件的离心力增大，影响机组的性能。因此，引水径流式电站的机组转速不宜太高。

表 11

项目	机组 GD^2 （t·m²）	关闭时间 $T_{s1}/T_{s2}/T_a$	机组甩全负荷时的 转速上升率 β_{max}（%）	机组甩全负荷时的 压力上升率 ξ_{max}（%）	机组甩全负荷时的 尾水管进口断面的 最大真空保证值 H_v
GD^2 增至 1 800	1 700 1 800	5/11/0.7 5/11/0.7	41.87 38.08	30.66 27.78	5.395 5.386

四、结　论

经过分析计算，调压井后压力钢管长度、钢管直径、机组 GD^2 几个变量对大波动的影响结果见表 12。

最终结果影响的程度：影响百分比 = 改变量/原数值。

经过比较，改变调压井后压力钢管长度 L 值和适当增加机组 GD^2 得到的效果较好，对于本工程来说，易于实现，且经济比较状况也较理想，考虑其在电网中的特殊性，为了保证电站建成后的安全稳定运行，推荐采用减小调压井后的压力钢管长度和适当增加机组 GD^2 的方法(推荐增加5% ~10%)。

表12

项目	变化率(%)	机组甩全负荷时的转速上升变化率(%)	机组甩全负荷时的压力上升变化率(%)
L	−18.86	−5.278	−18.265
V	−11.1	−2.63	−7.11
GD^2	+17.6	−11.2	−6.55

参 考 文 献

1 刘艳,黄惠敏.对水电站调节保证计算中若干问题的探讨.江西水利科技.

2 沈祖诒.水轮机调节[M].北京:中国水利水电出版社,2008.

3 水利部.水电站机电设计手册(水力机械)[M].北京:水利水电出版社,1982.

刚果(金)ZONGOII 水电站工程水轮发电机组和辅机系统选型设计

张维聚　　　　　卞东阳

(中水北方勘测设计研究有限责任公司)(中国水利水电第一工程局有限公司)

【摘　要】 刚果(金)ZONGOII 水电站为引水径流式水电站,安装 3 台立式混流机组,介绍了该电站水轮发电机组的设计选型。

【关键词】 引水径流式　水轮机发电机组　比转速　选型

一、电站概况及基本条件

(一)电站概况

ZONGOⅡ电站为低坝引水径流式电站,取水口位于已建 ZONGOⅠ水电站下游,距河口约 5 km,电站位于刚果河左岸滩地距上游印基西河河口约 1.6 km。主要建筑物包括滚水坝、冲沙闸、取水口、引水隧洞、调压井、压力钢管、厂房及尾水。取水口布置于坝前左侧,引水隧洞全长约 2 525 m,洞径为 7.5 ~ 9.24 m,调压井高约 69 m,直径 18 m;压力钢管主管长约 280 m,直径 6.6 m,支管长约 190 m,直径 4 m。

本工程水电站装机容量 150 MW,机组引用流量 160.5 m³/s。电站最大净水头 114.6 m,3 台机组满发时电站最小净水头 104.8 m,电站加权平均净水头 106.5 m,电站年发电量约 8.619 亿 kW·h,年利用小时数约为 5 746 h。

电站投入系统后将位于基荷运行。

厂房位于刚果河左岸,电站对外输电电压为 220 kV 和 70 kV 两个电压等级,半地面式厂房。

(二)电站基本条件

1. 上游水位

最高水位(m)	356
正常蓄水位(m)	356

2. 下游水位

刚果河 3 年一遇洪水位(m)	243.32
3 台机正常满发尾水位(m)	242.7
1/2 台机组正常发电尾水位(m)	240.96
单台机正常发电尾水位(m)	241.41

3. 特征水头

不同发电流量造成的引水系统水力损失值见表 1。

表 1 不同台数机组发电造成的引水系统水力损失值

序号	计算公式	运行工况
1	$0.000\ 324\ Q^2$	3 台机发电
2	$0.000\ 420\ Q^2$	2 台机发电
3	$0.000\ 909\ Q^2$	1 台机发电

电站特征水头如下：

电站加权平均净水头(m)　　　　　　　　106.4
正常发电最大净水头(m)　　　　　　　　114.6
正常发电最小净水头(m)　　　　　　　　104.8
刚果河 3 年一遇洪水位时最小净水头(m)　104.2

4. 泥沙资料

经统计分析,ZONGO Ⅱ 水电站多年平均各月过机含沙量成果见表 2,计算时段内入库最大日含沙量为 1.6 kg/m³,若不打开泄洪排沙闸,过机含沙量可能会超过 5 kg/m³。

表 2　　　　　　　　ZONGO Ⅱ 水电站多年平均各月含沙量表

项目	入库流量(m³/s)	入库含沙量(kg/m³)	过机含沙量(kg/m³)
1 月	208.0	0.67	0.45
2 月	204.1	0.65	0.46
3 月	227.7	0.72	0.52
4 月	340.1	1.01	0.59
5 月	294.5	0.92	0.36
6 月	137.7	0.30	0.30
7 月	105.1	0.10	0.10
8 月	88.7	0.01	0.01
9 月	85.5	0.006	0.006
10 月	118.7	0.20	0.20
11 月	239.2	0.76	0.45
12 月	276.7	0.87	0.40
全年	193.7	0.67	0.30

泥沙颗粒级配见表 3。

经沙洋测试,矿物成分为石英。

5.电站下游尾水位与流量关系

电站下游尾水位与流量关系见表4。

表 3   **ZONGO II 水库坝址泥沙颗粒级配**

	粒径（mm）	0.001 5	0.002	0.003	0.004	0.005	0.01	0.012	0.018	0.02	0.03	0.07	0.5	4
悬移质	小于某粒径沙重比（%）	0	4	11	16	21	35	39	48	50	61	78	90	100
	粒径（mm）	0.018	0.027	0.032	0.045	0.054	0.07	0.16	7	23	26	—	—	—
河床质	小于某粒径沙重比（%）	10	20	30	40	50	60	70	80	90	100	—	—	—

表 4   **电站下游尾水位与流量关系**

序号	引用流量（m³/s）	尾水水位（m）
1	30	240.986
2	55	241.428
3	85	241.854
4	110	242.160
5	140	242.488
6	160	242.688
7	180	242.877

6.气温

多年平均气温（℃）   24.8

极端最高气温（℃）   40.0

极端最低气温（℃）   2.0

7.水温

实测最高水温（℃）   26.9

8.pH 值

pH 值   5～7

9.地震基本烈度

工程所处区域构造稳定性较好。工程区基本地震烈度下动峰值加速度小于 $0.05g$。设计地震烈度小于 6 度。

二、机组机型、台数

(一)水轮机额定水头

本电站正常发电最大净水头为114.6 m,正常发电最小净水头为104.8 m,刚果河3年一遇洪水形成的最小水头为104.2 m,加权平均净水头为106.4 m。

根据动能资料,电站水头有以下特点:电站上游水位基本恒定,下游尾水位变幅很小,因此毛水头变幅很小。发电净水头变化主要包括不同发电流量造成的尾水位变化和引水系统水力损失变化两部分,电站满负荷发电时形成的发电净水头最小。根据DL/T 5186—2004《水力发电厂机电设计规范》要求:对于径流式水电厂,水轮机额定水头应保证发足装机容量。故本电站的额定水头应取3台机发额定装机容量时的最小水头,3台机组正常满发时的最小净水头为104.8 m,故水轮机的额定水头取 $H_r = 105$ m。

由于水头变化幅度很小,不存在因水头变化造成的水轮机运行稳定问题。

(二)水轮机机型选择

电站运行水头范围在104.2~114.6 m之内,适合产品选型、设计及制造成熟的机型为混流式水轮机,故本电站推荐水轮机型式为立式混流机组。

(三)机组台数

本电站装机总容量为150 MW,电站担任基荷,可研报告中已对装机3台和4台方案进行了技术经济比较,可研阶段的设计方案是以3台机为基础的,并已得到审查确认,在此基础上中国水电集团公司与刚方已于2009年签定了EPC总包合同,4台机组方案虽然可以增加发电量,但机电和土建的投资都要增加,基于此,本阶段不再进行机组台数比较,直接进行3台机方案的设计选型工作。

三、水轮机参数论证

(一)比转速及比速系数

水轮机比转速 n_s 和比速系数 K 是选择水轮机的重要参数,这两个参数反映了所选择的水轮机的能量指标和制造水平。

按国内、外不同比转速计算公式计算出本电站水轮机比转速 n_s 为173~215 m·kW,相应的比速系数 K 的范围为1 772~2 203。

(二)单位流量及单位转速

从比转速的计算公式 $n_s = 3.13 n_{11}(Q_{11}\eta)^{0.5}$ 可以看出,同样的 n_s 值可由不同的单位转速、单位流量以及效率的组合来实现,其中效率的改变是非常有限的。选取较高的单位转速可提高发电机同步转速,减轻发电机重量,降低机组造价,但同时也带来一些不利影响,如较高的单位转速引起转轮出口相对流速上升,对水轮机空化、磨蚀及机组运行稳定性不利,且还会引起单位飞逸转速上升及转动部件的离心应力升高。水轮机采用较大的单位流量可以减小水轮机转轮直径,减小水轮机重量,降低机组造价,减小厂房尺寸,缩减土建投资。但单位流量过大会导致水轮机过流速度偏高,恶化水轮机的综合性能,因此,单独提高水轮机的单位转速或单位流量来提高水轮机的比转速是不科学的,在优化配置单位转速和单位流量的同时,还应综合考虑水轮机效率、空化系数、水压脉动等综合指标。近年来随着国内水电市场的迅猛发展,水电装机容量的迅速提高,通过表5中经验公式匹配出的单位转速和单位流量,经已运行的系列电站证明还是比较合理的。

表5 单位转速及单位流量经验统计表

项目	单位转速(r/min)	限制工况单位流量(m³/s)
统计公式	$n_{110} = \dfrac{1\,210}{\sqrt{482.6 - n_s}}$ $n_{110} = 50 + 0.11 \times n_s$	$Q_{11} = 0.11 \times \left(\dfrac{n_s}{n_{110}}\right)^2$ $Q_{11} = \dfrac{226\,674}{H^{1.148}}$

根据统计公式得出的单位转速及单位流量推荐范围:

单位转速,$n_{110} = 68.77 \sim 73.96$ r/min,限制工况单位流量:$Q_{11} = 0.8 \sim 1.08$ m³/s。

(三)水轮发电机组同步转速

从上面的分析可以看出,相对于本电站水轮机比转速 $173 \sim 215$ m·kW 的选择范围,可选择的同步转速范围为 $256 \sim 318$ r/min,对应的发电机同步转速为 300 r/min。

故选用机组转速为 300 r/min。

(四)水轮机效率

水轮机效率是评价水轮机能量性能的重要指标,直接影响电站的发电效益。随着国内近年来投产的一些中、高水头电站水轮机效率发展趋势,水轮机的效率也是在不断的提高,额定点的效率大多数在93.5%以上;因此,预计本电站的水轮机额定效率不应小于93.0%。

(五)水轮机空化系数选择

水轮机空蚀性能直接影响电站工程量、投资、运行安全及稳定性、检修周期等。水轮机空化系数采用统计法初步计算选定。空化系数经验统计公式见表6。

表6 空化系数经验统计计算表

项目	空化系数
统计公式	$\sigma_m = 0.034\,6 \times \left(\dfrac{n_s}{100}\right)^{1.32}$ $\qquad$ $\sigma_m = 0.036 \times \left(\dfrac{n_s}{100}\right)^{1.5}$

根据统计公式,得出推荐范围为:$\sigma_m = 0.071\,3 \sim 0.113\,5$。

参考现有水轮机转轮模型参数在工作区域,如 HLA630-36:$\sigma_m = 0.04 \sim 0.05$,HLA153:$\sigma_m = 0.07 \sim 0.08$,得出推荐范围为:$\sigma_m = 0.04 \sim 0.08$。

综合考虑取额定工况下模型空化系数 $\sigma_m \approx 0.09$。

(六)推荐的水轮机和发电机真机参数

1.水轮机真机参数

水轮机型号	HL201-LJ-248
水轮机直径 D_1(m)	2.48
额定转速 n_r(r/min)	300

额定水头 $H_r(m)$	105
额定流量 $Q_r(m^3/s)$	53.5
额定出力 $N_r(MW)$	51.28
额定工况点效率 $\eta(\%)$	≥93.0
吸出高度 $H_s(m)$	-3.5
额定点比转速 $n_s(m \cdot kW)$	201.78
额定点比速系数 K	2 067
飞逸转速(r/min)	504.6

2. 发电机参数

发电机型号	SF 50 - 20/5500
额定转速(r/min)	300
额定出力(MW)	50
额定效率(%)	≥97.5
发电机功率因数 $\cos\Phi$	0.85(暂定)
机端电压(kV)	10.5
飞逸转速(r/min)	504.6

四、水轮机吸出高度及机组安装高程

推荐采用的水轮机转轮在 $H_r = 105$ m、$Q = 53.5$ m³/s 时,模型空化系数为 0.09。

H_s 值按下式计算:

$$H_s = 10 - \nabla/900 - K_\sigma \sigma H$$

由于电站浑水期泥沙资料缺乏,且据目击资料浑水期水质较浑,为了尽量减少空蚀破坏,K_σ 值取用 1.4,计算结果:额定水头的 H_s 值为 -3.5 m(相对于机组导叶中心线),以此值确定安装高程。计算得出:

额定出力、额定水头的吸出高度 $H_s(m)$	-3.5
设计尾水位下运行的总流量(m³/s)	53.5
设计尾水位 $z_{wp}(m)$	241.41
安装高程计算值(m)	237.91
安装高程确定值(m)	237.0

$$\nabla_安 = \nabla_尾 + H_s$$

电站安装高程计算值为 237.89 m,本阶段安装高程取 237.0 m。

五、水轮机过流部件

(一)蜗壳

本电站采用金属蜗壳,包角 345°。

经计算蜗壳进口断面直径 $D = 2.9 \sim 3.1$ m,配套主阀直径 $D_f = 4.0$ m,故与主阀相联接的延伸段进口直径 $D = 4.0$ m。

(二)尾水管

本电站尾水管采用肘型尾水管,其主要尺寸如下:

尾水管总高度(导叶中心至尾水管底部)H(m) 8.31

尾水管长度 L(m)   12.4

尾水管出口宽度 B(m)   4.822

尾水管出口高度 h(m)   4.326

(三)过流部件抗磨蚀措施

本电站水质清水期相对较好,浑水期相对较浑,故既要提高机组的抗空蚀性能,又要提高机组的抗磨性能。根据电站运行水头范围,要求水轮机制造厂采用先进的设计方法进行水轮机过流部件的设计,从而使水轮机在较优效率区运行,空化性能好,吸出高度选择时留有足够的空化安全裕量;其次改进水轮机的结构设计,水轮机转轮、抗磨板等主要过流部件采用不锈钢抗磨蚀材料。

六、调速设备及调节保证

(一)调速设备

本电站在电力系统中虽担任基荷任务,但当地电网的稳定性较差,本电站机组容量占系统工作容量的比重较大,因此要求调速器应具有较高的灵敏度、良好的运行稳定性和过渡过程调节品质,选用具有 PID 调节规律的微机电液调速器。

调速器型号为 WDT-80-4.0,主配压阀直径 80 mm,油压等级 4.0 MPa。

过速保护装置型号:TURAB。

油压装置型号:HYZ-4.0,压力油罐容积 1.6 m³,油压等级 4.0 MPa。

(二)调节保证计算

本电站水头范围 104.2~114.6 m,电站运行水头变化很小,电站在电网中承担基荷运行。由于当地电网的稳定性较差,本电站机组容量占系统工作容量的比重较大,按规范要求过渡过程计算最大转速升高率 β_{max} 不超过 50%,蜗壳最大压力上升率 ξ_{max} 不超过 30%,尾水管进口断面的最大真空保证值 H_v 应不大于 0.08 MPa

引水隧洞采用一洞三机引水方式,取水口布置于坝前左侧,引水隧洞全长约 2 525 m,洞径为 7.5~9.24 m,调压井高约 69 m,直径 18 m;调压井后压力钢管主管长约 280 m,直径 6.6 m,支管长约 190 m,直径 4 m。

引水系统的 $\sum LV$ 值为 9 200 m²/s,引水系统水流惯性时间常数 $T_w=8.95$ s。

根据初步选定的水轮发电机组参数,初步估算水轮发电机组 $GD^2=1\ 700\ t\cdot m^2$,此时的机组惯性时间常数 $T_a=8.17$ s。

结合电网资料及水工专业初步确定的输水线路布置,针对 3 台机组甩额定负荷的过渡过程进行初步计算和分析。

对直线关闭和分段关闭规律进行了比较计算,表 7 列出 $GD^2=1\ 700\ t\cdot m^2$ 和 1 800 t·m² 采用分段关闭时的压力上升和转速上升情况。

由计算结果可以看出:

在 $GD^2=1\ 700\ t\cdot m^2$,水轮机导叶采用分段关闭规律方式,关闭规律为 5/11/0.7,在额定水头甩全部负荷时,机组最大转速上升约为 41.87%,蜗壳末端最大压力上升约为 30.66%,尾水管进口断面的最大真空保证值 $H_v = 5.395$ m,蜗壳末端最大压力上升不满足规范要求。

表 7 不同的 GD^2 在额定水头 105 m 工况甩全部负荷

GD^2(t·m²)	关闭时间 T_s(s)	β_{max}(%)	ξ_{max}(%)	H_v(m)
1 700	5/11/0.7(分段关闭)	41.87	30.66	5.395
1 800	5/11/0.7(分段关闭)	38.08	27.78	5.386

注:分段关闭的总时间为9.2 s。

调整 GD^2 至 1 800 t·m²,水轮机导叶采用分段关闭规律,关闭规律为 5/11/0.7,在额定水头甩全部负荷时,机组最大转速上升约为 38.08%,蜗壳末端最大压力上升约为27.78%,尾水管进口断面的最大真空保证值 $H_v = 5.386$ m,满足规范要求。

为了确保压力上升值在规范允许范围内,尽量提高转速上升值的安全裕度,显然 GD^2 采用 1 800 t·m² 是比较合理的,故本阶段推荐机组 GD^2 采用 1 800 t·m²。

解决中高水头、长距离引水式电站水力学大波动过渡过程和调节稳定的措施,涉及技术、经济等多方面因素。由于本阶段受各种资料和条件限制,仅对机组甩负荷过渡过程进行了初步计算和分析。考虑到本工程引水系统长,电力系统稳定性差,大波动调节保证计算和水轮发电机组小波动调节稳定分析相互关联,涉及面广,较为复杂;因此,机组招标采购阶段将根据接入电力系统设计资料,结合工程总体设计方案,机组供货厂家对大波动调节保证计算和水轮发电机组小波动调节稳定分析,另外委托科研单位进行专题研究,从多方面优化调整,以利于机组运行大小波动的稳定,保证电站稳定、安全运行。

七、双密封进水蝶阀

(1)本电站采用一管三机的引水方式,为保证水轮发电机组的安全运行和单台机组的检修需要,在每台水轮机进口处设置主阀,主要用于:①保证水轮机在事故情况下,在动水中紧急关闭阀门截断水流,防止事故扩大。②机组较长时间停机时截断水流,以减少导叶漏水及因漏水造成的间隙气蚀损坏,还可避免机组长期运行后,因导叶漏水量增大而不能停机的问题。③停机检查或检修某台水轮机时,在动水中关闭相应阀门截断水流。

考虑应用水头,阀门选择双密封蝶阀,具备在线更换密封和一旦水轮机导叶因故不能关闭情况下可动水安全截断水流的功能。

根据水轮机蜗壳进口直径 $D = 2.9 \sim 3.1$ m,计算蝶阀直径为 4.0 m。根据电站的运行水头,蝶阀的最大净水压不超过 114.6 m,考虑机组甩负荷过渡过程水击压力升高,以最大升压水头不超过 149 m 确定蝶阀的公称压力,因此进水蝶阀的公称压力为 1.6 MPa,液压系统选用蓄能罐式油压操作。

(2)根据刚果金电力公司的意见,为了增加机组检修时的安全性,在调压井后引水压力钢管变成 3 根岔管后,在每根岔管首部加设 1 台蝶阀,蝶阀直径 4.0 m,公称压力为 1.6 MPa。

八、起重设备

(一)主厂房起重设备

本电站的最重起吊件为发电机转子带轴,约 170 t,另考虑吊具质量,因此电站主厂房设 1 台 2 000/500/100 kN 的单小车桥式起重机作为厂房内机电设备卸货、吊运和安装工具,桥机跨度为 20 m。

额定起重量(kN)	主钩	2 000
	副钩	50
起升高度(m)	主钩	35
	副钩	30
速度(m/min)	主钩	吊重时 0.15～1.5
		空钩时 0.5～5
	副钩	0.5～5

(主、副钩提升及下降速度均采用无级调速)

大车运行速度(m/min)	25
小车运行速度(m/min)	15
主钩起降点动控制精度(mm/次)	≤1

(二)首部阀门室起重设备

首部阀门室配 3 台蝶阀,阀门的最大起重件质量约为 70 t,阀室内安装 1 台额定起重量为 750/200 kN 的单小车桥式起重机作为阀门室内设备卸货、吊运和安装工具,桥机跨度为 9 m。

(三)GIS 室起重设备

220 kV GIS 室设 1 台电动单梁起重机,用于设备的安装、检修起吊,起重量 100 kN,跨度 12.5 m,起吊高度 9.5 m。

70 kV GIS 室设 1 台电动单梁起重机,用于设备的安装、检修起吊,起重量 100 kN,跨度 12.5 m,起吊高度 9.5 m。

九、水力机械辅助设备

(一)技术供水系统

1. 技术供水系统

技术供水系统主要供发电机空气冷却器、机组各轴承油冷却器等用水。单台机组各部位冷却用水量见表 8。

2. 技术供水总体设计

ZONGO Ⅱ 水电站的工作水头为 104.2～114.6 m,清水期水质较好,根据现有工程的设计经验和已建成电站的运行经验,由于河水在雨季(每年 10 月到次年 5 月共 8 个月)泥沙含量较高,不能用于机组技术供水,因此,根据各用水部位对水质、水压的不同要求,雨季含沙量较高时,采用经过沉沙处理的水做为技术供水主水源供给本电站的技术供水系统。

表 8　　　　　　　　　　　单台机组各部位冷却用水量表

用水部位	水量(m^3/h)
发电机空气冷却器	280
发电机推力及上导轴承油冷却器	136
发电机下导轴承油冷却器	16
水轮机导轴承油冷却器	15
每台机组总冷却水量	447

旱季(每年 6~9 月共 4 个月)水质为清水时,采用自流减压并通过配有旋流器的自动滤水器过滤后供给机组的供水方式。选择 4 台自动旋流滤水机,3 台工作,1 台备用。参数为 $Q=530\ m^3/h$、$N=0.75\ kW$。

水轮发电机组主轴密封结构采用泵板密封形式,无需外接润滑水,故技术供水系统不考虑其供水问题。

(二)排水系统

电站排水系统由检修排水系统和渗漏排水系统两个系统组成。

1. 电站检修排水

电站检修排水系统用于排除机组检修时蝶阀后流道内积水和上游蝶阀、下游闸门的漏水,检修排水采用间接排水方式。检修排水不设集水井,机组流道内的积水通过盘型阀排至检修排水廊道,然后由水泵直接抽排至下游尾水。

考虑到管道的维护和检修,确定检修排水泵出水管的高程暂定为 243.0 m。

经过计算,在进水主阀和尾水闸门间的流道积水容积约为 334 m^3,主阀采用液控蝶阀,其渗漏水量为 1.5 m^3/h,下游闸门漏水量约为 131.7 m^3/h(2.0 $L/(s \cdot m)$)。取排水时间为 4 h,选取 2 台自吸泵(参数为 $Q=185\ m^3/h$、$H=26\ m$、$N=30\ kW$),初始排水时,打开尾水管盘型阀,2 台水泵同时工作,将流道积水排至下游 243.0 m 高程。初始排水完成后,检修排水泵的运行改为由压力变送器自动控制运行,此时自吸泵 1 台工作,1 台备用,自动排除上游蝶阀、下游闸门的漏水。

检修排水泵房地面高程为 228.3 m。

检修排水泵房设集水坑,将检修排水泵房内的渗漏水排至渗漏集水井。采用 2 台潜水清污泵,1 台工作,1 台备用,水泵参数:$Q=7\ m^3/h$,$H=7\ m$,$N=0.75\ kW$。

2. 电站渗漏排水

厂内渗漏排水包括厂房渗漏排水、机组顶盖与主轴密封漏水、辅助设备检修放水、厂房及发电机消防排水、各阀门管件的滴漏水等。

厂内上、下游设有 DN250 mm 渗漏排水总管与厂内渗漏集水井连通,渗漏排水总管的高程可以满足各部分自流排水的要求,各部分的排水分别有支管引至总管排至集水井。渗漏排水总量按照 8.21 m^3/h 考虑。根据水工体型,初定渗漏集水井井底高程为 228.3 m,停泵水位为 229.5 m。根据上述集水井水位,集水井有效容积 $V=4 \times 4 \times 3=48$(m^3),可汇集约 5.85 h 厂内渗漏水量,选择 3 台潜水排污泵(参数为 $Q=140\ m^3/h$、$H=18\ m$、$N=15\ kW$),常规情况下 1 台工作,2 台备用,并定期自动轮换,将渗漏水排至下游尾水 244.5 m 高程。排水泵的起停由水位计控制自动运行。

如遇特殊情况需事故排水时,紧急启动2台或全部3台泵排水。

集水井采用移动式潜水排污泵进行清污(与检修集水井共用)。

渗漏排水泵房地面高程234.3 m,集水井底板高程为228.3 m。

(三)压缩空气系统

压缩空气系统包括中压压缩空气系统和低压压缩空气系统。

1.中压压缩空气系统

本系统用于调速器油压装置供气。机组油压装置型号为HYZ-1.6-4.0,压力油罐容积1.6 m³,工作压力为4.0 MPa,系统采用一级压力供气方式,系统设计压力为4.5 MPa。经计算,系统设2台排气量为0.92 m³/h的空压机、1台排气量为2.0 m³/h的冷冻式干燥机及1个2 m³的贮气罐,额定压力均为4.5 MPa。空压机的起停由供气管路上的电接点压力表自动控制。供气主管上设置压力变送器,用于中控室实时监视油压装置供气管路压力。

2.低压压缩空气系统

本系统用于机组制动用气、检修密封用气和检修吹扫用气。

每台发电机制动用气量初步按照5 L/s考虑,考虑当地电网情况,制动用气量按3台机组同时制动停机考虑。系统设计压力为0.8 MPa,经计算,系统设2台排气量为2.0 m³/h的空压机,2个4 m³的制动气罐,1个1 m³的检修气罐,额定压力均为0.8 MPa。制动气罐和检修气罐通过止回阀联通,可以实现检修气罐向制动气罐的单向补气,保证制动用气的可靠性。空压机的起停由供气管路上的电接点压力表自动控制。制动供气管路上设置压力变送器,用于中控室实时监视制动供气管路压力。

(四)油系统

油系统包括透平油系统和绝缘油系统。

1.透平油系统

本系统主要用于机组润滑和调速系统操作用油。经估算,1台机组最大用油量约为9.2 m³,按照1.1倍最大用油量选用1个12 m³净油罐,1个12 m³运行油罐;另配套选用流量为50 L/min、压力为0.33 MPa的齿轮油泵各2台,1台流量为50 L/min的精密过滤机,1台流量为50 L/min的透平油过滤机和1个0.5 m³的移动加油车等油处理设备,透平油牌号为L-TSA46汽轮机油。

所有油处理设备均为移动式,可通过软管连接在油处理室或机旁进行滤油。油处理室及机组润滑油充、排油管均采用快速接头。

2.绝缘油系统

绝缘油系统的供油对象主要为主变压器,考虑到主变大修周期较长,正常情况下可以利用移动式油净化过滤设备实现主变旁在线净化,不再设置绝缘油储油设备,只设置油处理设备。

单台主变压器最大用油量约为26.5 m³,选用2台流量为75 L/min、压力为0.33 MPa的齿轮油泵,1台流量为50 L/min的精密过滤机和1台流量为50 L/min的真空净油机等油处理设备,绝缘油牌号推荐为25#。

所有油处理设备均为移动式,可通过软管连接在油处理室或主变旁进行滤油。油处理室及主变用油充、排油管均采用快速接头。

(五)水力量测系统

电站按常规设置全厂和机组段测量项目。

1. 全厂性量测项目、仪器仪表

上游水位	采用投入式液位变送器
下游水位	采用投入式液位变送器
电站毛水头	采用计算机计算
拦污栅后水位	采用投入式液位变送器
拦污栅前、后压差	采用计算机计算

2. 机组段量测项目、仪器仪表

过机含沙量	含沙量测量仪
机组技术供水进口侧水温	采用温度变送器
机组冷却用水总量	采用电磁流量计
蜗壳进口压力	采用带显示压力变送器
蜗壳末端压力	采用带显示压力变送器
蜗壳差压测流	采用差压变送器
尾水管进口压力真空	采用带显示压力变送器
尾水管压力脉动	采用带显示压力变送器
尾水管出口压力	采用带显示压力变送器
水轮机净水头	采用差压变送器
过机流量	采用超声波流量计
机组振动、摆度	采用振动、摆度监测仪及诊断分析系统

全厂性量测项目中的上游水位、拦污栅后水位、拦污栅压差在上游大坝水力量测盘上显示,通过光纤传输送至中控室,其他全厂性量测项目直接传至中控室。

机组段量测项目及机组振动、摆度及主轴摆度在机旁测量仪表柜上集中显示并上传至中控室,量测盘布置在发电机层,盘面设有以下数字式显示头:过机含沙量、机组技术供水进口侧水温、机组冷却用水总量、蜗壳进口压力、蜗壳末端压力、蜗壳差压测流、尾水管进口压力真空、尾水管压力脉动、尾水管出口压力、水轮机净水头、水轮机过机流量、顶盖压力及机组振动、摆度、主轴摆度。机组段量测设备由主机厂供货。

(六)机修设备

本电站总装机 3 台,总容量 150 MW,转轮直径约为 2.48 m,考虑当地机加工人员稀缺的实际情况,为了尽量减少管理和运行费用,本电站只设置一些简易的机修维护设备,电站离首都金沙萨较近,设备大修送金沙萨完成。

十、主要设备布置

ZONGO II 电站为引水式,主厂房包括机组段、安装场等几部分。水轮发电机组布置在机组段内,安装场用于机组安装和检修时放置水轮机转轮、顶盖、发电机转子、上机架等部件。

（一）主厂房

1. 主厂房位置

主厂房机组中心距本阶段定为 13 m。

2. 厂房宽度的确定

厂房上游侧安装液控蝶阀，厂房上游侧距轨道中心线 12 m，下游侧净宽距轨道中心线 8 m，桥机跨度为 20 m。

3. 安装场

电站设置 1 个安装场，在厂房右端，长 19 m，可满足发电机转子、发电机上机架、水轮机转轮、水轮机顶盖等安装检修要求，由于防洪需要，安装场与发电机层高程不同。

4. 边机组段附加长度的确定

本阶段确定 1# 机组中心线距安装场右端 8 m，3# 机组中心线距墙边为 10 m。

5. 主厂房总长度

主厂房总长度净长为 63 m。

6. 厂房各层高程的确定

1）机组安装高程

经计算电站安装高程为 237 m。

2）尾水管底板高程

尾水管底板高程为 228.69 m。

3）水轮机层地面高程

水轮机层地面高程为 240.0 m。

4）发电机层地面高程

根据水轮发电机组的尺寸、水轮机机坑进人门高度，确定发电机层地面高程为247.5 m。

5）安装场地面高程

为满足防洪要求，安装场地面高程由水工专业确定为 256.2 m。

6）桥机轨道顶高程

根据最大件转子联轴的起吊高度要求，确定轨顶高程为 267.2 m。

（二）辅助设备房间的布置

1. 油库和油处理室的布置

透平油油罐室设在厂房内安装场下层，室内地面高程为 247.5 m，透平油罐室与油处理设备分开设置。

2. 空气压缩机、储气罐室布置

空气压缩机、储气罐室布置在透平油处理室下层，室内地面高程为 239.7 m。

3. 供水系统设备布置

供水系统设备布置油处理室下方 234.3 m 高程的技术供水室内。

4. 排水系统设备布置

渗漏排水泵房布置在空压机室下面，高程为 234.3 m；

检修排水泵房布置渗漏排水泵房下部，高程 228.3 m。

5. 机修间布置

机修间等均布置在安装间下层上游侧。

6. 吊物孔布置

主厂房在 2# 与此 3# 机组间设有吊物孔,尺寸为 3.0 m×3.0 m,作为油压装置吊装用。另在各机组第一象限设蝶阀吊物孔,尺寸为 5 m×3.5 m;安装场设置 1 个吊物孔尺寸为 3 m×3 m,该吊物孔直通技术供水泵房,这些吊物孔保证各层设备能顺利搬运。每台机组主阀液压站布置在水轮机层。

十一、大件设备运输

在国内,铁路和公路运输按铁路隧洞的二级超限尺寸限制,经对电站所选设备的尺寸和重量进行研究,刚果(金)ZONGO II 电站水轮机转轮尺寸和重量均小于铁路标准运输要求,可采用整体运输方案。

座环采用分瓣运输,现场组装方案。

转子与主轴采用法兰连接,发电机转子带轴带磁轭运输超重、超宽,需分开运输在现场联接及磁轭迭片并挂装磁极。

发电机定子机座外径 $\phi6\,510$ mm,采用分三瓣方式运输到工地,在工地进行现场合缝组装并下合缝线。

其他设备的外形尺寸和重量都在国内运输允许条件内。

从国内至刚果金的运输采用海运。

参 考 文 献

1 郑渊. 水轮机[M]. 北京:中国科技文化出版社,2003.
2 水电站机电设计手册[M]. 北京:水利电力出版社,1989.
3 水力发电厂机电设计规范[S]. 北京:中国电力出版社,2004.

大唐李仙江戈兰滩水电站机组状态监测分析系统设计

张维聚　刘　婕　王晓红

（中水北方勘测设计研究有限责任公司）

【摘　要】　介绍了采用状态检测系统对水电站水轮发电机组运行状态进行监测的系统设计。

【关键词】　水电站　水轮发电机组　状态检测

一、系统概述

李仙江戈兰滩水电站位于云南省思茅地区江城县和红河洲绿春县的界河——李仙江干流上,是李仙江流域 7 个梯级电站中的第 6 级,坝址距省会昆明市公路里程约 650 km,距左岸红河洲绿春县县城 140 km,距右岸思茅地区江城县县城 90 km。距电站最近的铁路货运车站是玉溪火车站(距电站约 558 km)和昆明东站(距电站约 649 km),设备进厂为公路。

本电站为岸边式地面厂房,工程主要任务是发电,电站共装机 3 台单机容量 150 MW 的立轴混流式机组,电站具有不完全年调节水库,调节库容 1.0×10^8 m^3,保证出力 79.85 MW,多年平均发电量 20.198×10^8 kW·h。

(一)系统总体结构

大唐李仙江戈兰滩水电站 3 台机组状态监测分析系统由传感器、数据采集单元、服务器及相关网络设备、软件等组成。整套系统采用分层分布式结构,全厂状态数据服务器、Web 服务器和工程师工作站及相关网络设备(调制解调器、光纤收发器、交换机、网络安全隔离设备等)等控制站设备安装在电站中控楼计算机室,通过 Web 服务器与电站 MIS 系统通信。利用状态监测系统所得数据和处理结果,综合 MIS 系统、计算机监控系统等信息和专家知识,对水轮机和发电机运行状态进行在线监测、故障分析及诊断(包括数据共享和远方诊断),可实时掌握机组各主要设备的健康状况,为状态检修提供辅助决策并实现与其他系统的信息共享。

每台机设 1 个机组现地数据采集站,每个数据采集站设备安装在一标准机柜内。数据采集站负责对机组的振动、摆度、压力脉动,发电机气隙与磁场强度,发电机局部放电以及机组的工况参数等信号进行数据采集、处理、分析,以图形、图表、曲线等直观的方式在计算机屏幕显示器上显示,同时对相关数据进行特征参数提取,得到机组状态数据,完成机组故障的预警和报警,并将数据通过网络传至状态数据服务器,供进一步的状态监测分析和诊断。

状态数据服务器用于存储和管理从各数据采集箱传送过来的机组实时状态数据、历史状态数据及各特征数据。

Web 服务器负责状态监测系统与 MIS 系统的通信。

图 1 为李仙江戈兰滩水电站机组状态监测分析系统网络结构图。该系统网络图是根据

水电机组状态监测系统的技术要求,结合电厂的网络资源,并充分考虑了监测系统的测点配置和日后的系统升级及扩展的需要而建立的。

图 2 为就地机柜布置图。

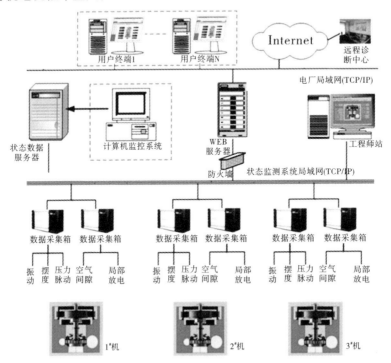

图 1　水电站机组状态监测分析系统网络结构图

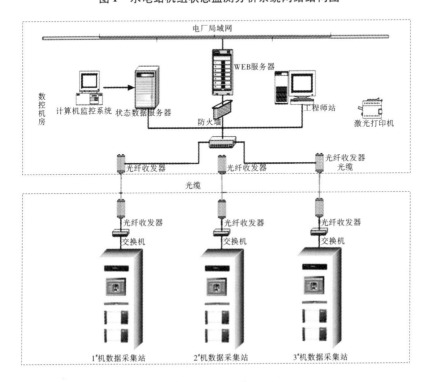

图 2　就地机柜布置图

(二)测点选择与传感器配置

1. 测点选择

大唐李仙江戈兰滩水电站"机组在线监测系统"的测点包括机组的结构振动、大轴摆度、压力脉动、发电机铁芯振动、发电机空气间隙、发电机局部放电等,机组的测点清单如表1。

表1　　　　　　　　　　　　　　　机组的测点

序号	测点名称	单机数量(个)	传感器类型	传感器型号
1	键相(同步探头)	1	涡流传感器	IN-081
2	上导 x、y 向摆度	2	涡流传感器	IN-081
3	推力 x、y 向摆度	2	涡流传感器	IN-081
4	水导 x、y 向摆度	2	涡流传感器	IN-081
5	抬机量	1	涡流传感器	TR-081
6	上机架 x、y 水平振动	2	低频速度传感器	MLS-9H
7	上机架 z 向垂直振动	1	低频速度传感器	MLS-9V
8	定子机架 x、y 水平振动	2	低频速度传感器	MLS-9H
9	下机架 x、y 水平振动	2	低频速度传感器	MLS-9H
10	下机架 z 向垂直振动	1	低频速度传感器	MLS-9V
11	顶盖径 x、y 向水平振动	2	低频速度传感器	MLS-9H
12	顶盖 z 向垂直振动	1	低频速度传感器	MLS-9V
13	定子铁芯水平振动	3	加速度传感器	AS-030
14	定子铁芯垂直振动	3	加速度传感器	AS-030
15	蜗壳进口压力脉动	1	压力变送器	S21
16	顶盖下压力脉动	2	压力变送器	S21
17	尾水管压力脉动	2	压力变送器	S21
18	蜗壳压差	1	差压变送器	3051CD
19	发电机空气间隙	8	平板电容传感器	VM5.0
20	发电机定子局部放电	6	耦合传感器	HydroTrac
	合计	42		

除上述测点外,为了对机组的运行状态进行全面监测分析和评价,状态监测系统还需要从现地变送器和监控系统通信取流量、水位、功率和轴承温度等信号,初步确定清单如表2。测点布置见图3。

2. 传感器配置

根据大唐李仙江戈兰滩水电站机组特点,系统选取以下传感器。

1)键相和摆度传感器

键相和摆度传感器采用德国申克公司的 IN-081 一体化涡流传感器,根据测点配置情况,每台机组需要 7 套德国申克公司的 IN-081 一体化涡流传感器。

表 2 机组水力量测点

序号	通道名称	单机数量(个)	信号来源
1	有功功率	1	模拟量输入
2	无功功率	1	模拟量输入
3	励磁电流	1	模拟量输入
4	导叶开度	1	模拟量输入
5	水头	1	模拟量输入
6	发电机出口开关	1	开关量输入
7	上游水位	1	与监控系统通信
8	下游水位	1	与监控系统通信
9	励磁电压	1	与监控系统通信
10	定子三相电流	3	与监控系统通信
11	定子三相电压	3	与监控系统通信
12	上导轴承瓦温	待定	与监控系统通信
13	水导轴承瓦温	待定	与监控系统通信
14	推力轴承瓦温	待定	与监控系统通信
15	各轴承冷却水温	待定	与监控系统通信
16	各轴承润滑油温	待定	与监控系统通信
17	发电机定子铁芯温度	待定	与监控系统通信
18	发电机线棒温度	待定	与监控系统通信
19	油位信号	待定	与监控系统通信

申克 IN-081 一体化涡流传感器主要技术参数:

测量原理	涡流
频响范围(kHz)	0 ~ 10(-3 dB)
测量范围(mm)	2
平均工作位置(探头表面到被测面之间的距离)(mm)	约 2
灵敏度(mV/μm)	-8
误差	满足 API670 的要求
工作温度(℃)	-10 ~ +125
储存温度(℃)	-30 ~ +125
电缆长度(m)	最大 1 000
供电电压	-18 ~ -30 VDC,@ 5 mA

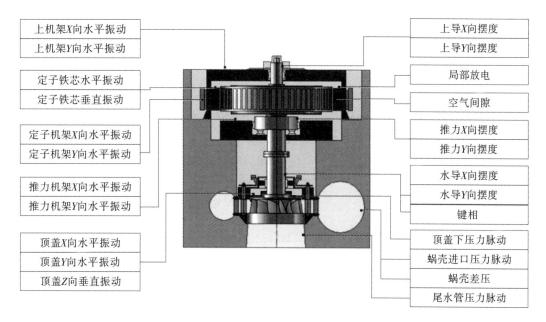

上机架X向水平振动	上导X向摆度
上机架Y向水平振动	上导Y向摆度
定子铁芯水平振动	局部放电
定子铁芯垂直振动	空气间隙
定子机架X向水平振动	推力X向摆度
定子机架Y向水平振动	推力Y向摆度
推力机架X向水平振动	水导X向摆度
推力机架Y向水平振动	水导Y向摆度
	键相
顶盖X向水平振动	顶盖下压力脉动
顶盖Y向水平振动	蜗壳进口压力脉动
顶盖Z向垂直振动	蜗壳差压
	尾水管压力脉动

图 3　测点布置

2) 低频速度传感器

低频速度传感器采用北京豪瑞斯公司生产的低频速度传感器 MLS-9。本系统需要在上机架、推力机架、定子机架和顶盖部位设置振动测点,每台机组需要 9 个振动传感器,其中水平向 MLS-9H 需要 8 个,垂直向 MLS-9V 需要 3 个。

主要技术参数:

灵敏度(V/mm)	8±5%
工作频率范围(Hz)	0.3 ~ 150 (-3 dB)
量程(μm)	±1 000
幅值线性度(%)	<5
工作温度(℃)	-30 ~ +60

3) 压力变送器

压力变送器选用瑞士 KELLER 公司的 21R 系列压力传感器,该传感器频响高,响应速度为 0.5 ms,并且可测量尾水管区的负压,特别适用于水轮机组的压力脉动测量。本系统每台机组需要配置 5 个传感器,分别用于测量水轮机顶盖下压力脉动(2 个)、蜗壳进口压力脉动(1 个)、尾水管压力脉动(2 个)。

KELLER 压力传感器主要技术参数:

精度(%)	±0.2
响应速度(m/s)	0.5
工作电源(VDC)	8 ~ 28
输出(mA)	4 ~ 20
量程	可选
温度极限(℃)	-20 ~ 80

4)空气间隙传感器

用于监测发电机定转子之间空气间隙的传感器由平板电容传感器和信号调理器组成。信号调理器输出 4~20 mA(或 0~10 V)信号,由系统实现数据的采集、处理、分析和故障诊断。

气隙监测传感器选用加拿大 VibroSystm 公司生产的空气间隙传感器。传感器型号为 VM5.0,信号调理器型号为 LIN250,其测量范围为 5~50 mm。每台机组需要配置 8 套传感器,安装在定子的内壁上,上下各 4 个周向均匀分布。

具体技术参数:

测量范围(mm)	5~50
输出灵敏度	320 mV/mm 或 512 VA/mm
非线性度(%)	<1
频率响应(Hz)	0~1 000
温度漂移(ppm/K)	≤200
供电电源	18~32 VDC,通常 24 VDC,150 mA
输出信号(mA)	4~20
使用温度	
传感器(℃)	0~+125
前置放大器(℃)	−25~+70

5)局放监测系统

局部放电监测系统采用加拿大 IRIS 公司生产的 Hydrotrac 在线局放监测系统。本系统每台机组需要配置 6 个传感器,5 台机组共 30 个,采用 IRIS 公司 PDA 电容耦合器,该耦合器是专门为检测水轮发电机的局部放电而设计的,它能探测定子线圈的局部放电信号,并能将无用的噪音滤掉。耦合器通常与定子线棒的环状汇流排跨接线相连,也可以与发电机出口母线相连。

技术参数:

耦合器	由环氧云母制成,简称 EMCs
带宽(MHz)	5~350
电容值(pF)	80(±3)
工作温度(℃)	−55~125

设计为 3 种电压等级

每台机组需安装 1 台 HydroTrac 监测仪,安装在发电机附近。

(三)数据采集站

1.数据采集站设备配置

每台机组配数据采集站 1 个,数据采集站设备安装在 800 mm×600 mm×2 260 mm 标准机柜内。机柜内放置数据采集箱 2 台、液晶显示器 1 个、交直流逆变电源、传感器电源模块、端子等。数据采集站置于就地发电机层。

2.数据采集箱配置

数据采集箱是数据采集站的核心设备,主要负责各种信号的采集、存储和数据处理,并进行实时监测和分析,同时对相关数据进行特征参数提取,得到机组状态数据,完成机组故障的预警并将数据通过网络传至数据服务器，供进一步的状态监测分析和诊断。

1）振动摆度压力脉动数据采集箱

根据李仙江戈兰滩水电站机组的测点配置情况，可确定振动摆度压力脉动数据采集箱的测量模块配置：键相模块1块（1通道/块）、摆度模块1块（8通道/块）、振动模块3块（8通道/块）、压力脉动模块1块（8通道/块）、模拟量输入模块（8路/块）、模拟量输出模块（24路/块）、继电器输出模块1块（16路/块）、系统板与存储板各1块。

振动摆度压力脉动数据采集箱配置见图4。

备用	继电器输出模块	压力脉动监测模块	振动监测模块	振动监测模块	振动监测模块	摆度监测模块	键相模块	系统板	通信模块	存储板	智能高速数采箱

图4　振动摆度压力脉动数据采集箱配置

2）空气间隙磁场强度和局放数据采集箱

空气间隙数据磁场强度和局放采集箱需要配置4块空气间隙测量模块（2通道/块）。为了监测相位及对应的磁极位置，系统还需引入一路键相信号（同步探头），故采集箱还需配置1块键相模块（1通道/块）。系统与Hydrotrac局放监测仪的通信通过系统通信板完成。数采箱同时还需配置1块系统板、1块存储板、1块模拟量输出模块、1块继电器输出模块。

空气间隙数据采集箱配置见图5。

备用	备用	继电器输出模块	空气间隙模块	空气间隙模块	空气间隙模块	空气间隙模块	键相模块	系统板	局放通信模块	存储板	智能高速数采箱

图5　空气间隙数据采集箱配置

（四）上位机系统

上位机系统包括状态数据服务器、WEB服务器、工程师工作站和相关网络设备，放置在中控室。上位机设备与就地数据采集站之间通过光缆连接。

1. 状态数据服务器

状态数据服务器用于存储和管理从各数据采集箱传送过来的机组实时状态数据、历史状态数据及各特征数据与监控系统的数据通信由状态数据服务器负责。

状态数据服务器采用IBM xSeries 226服务器，具体配置如下。

1）主机

CPU	Intel Xeon Processor 3.0 GHz，800 MHz前端总线，2MB二级高速缓存
内存容量	512 MB×2 400 MHz，容量可扩展至16 GB

硬盘存储器	73.4 GB(10 000 转 Ultra 320 SCSI 热插拔硬盘)×4
磁盘阵列卡	6i+,Ultra320 SCSI
以太网接口	集成 10/100/1 000 MB 以太网卡
电压等级	220 VAC
冷却风扇	5 个
键盘	标准 ASCII 键盘
操作系统	符合开放系统标准的实时多任务多用户成熟安全的操作系统
网络支持	快速以太网 IEEE 802.3 u,TCP/IP 或类似的最新的网络支持,100 MB 以太网
I/O 端口	USB2.0 端口、打印口、串口 2 路(可根据需要扩展)

2)显示器

SANSUNG 公司的彩色 TFT(1 280×1 024),其中 X 射线辐射满足国际安全标准,具有抗电磁干扰能力。

2.WEB 服务器

WEB 服务器负责状态监测系统与 MIS 系统的通信。通过 MIS 通信站,状态监测系统可从 MIS 系统中获取数据,同时又可将本系统的数据发送给 MIS 系统,并能在 MIS 系统中进行数据浏览和查询。WEB 服务器采用 IBM xSeries 206,整机配置如下。

1)主机

CPU	Intel 3.0 GHz,800 MHz 前端总线,1 MB 二级高速缓存
内存容量	512 MB,400 MHz,容量可扩展至 16 GB
硬盘存储器	80 GB
以太网接口	集成 10/100/1 000 MB 以太网卡
电压等级	220 VAC
键盘	标准 ASCII 键盘
操作系统	符合开放系统标准的实时多任务多用户成熟安全的操作系统
网络支持	快速以太网 IEEE 802.3 u,TCP/IP 或类似的最新的网络支持,100 MB 以太网
I/O 端口	USB2.0 端口、打印口、串口扩至 6 个

2)显示器

SANSUNG 公司的彩色 TFT(1 280×1 024),其中 X 射线辐射满足国际安全标准,具有抗电磁干扰能力。

3.工程师工作站

工程师工作站供现场工程师监测和分析机组的有关信息。

工程师工作站采用 IBM A30 工作站,整机配置如下。

1)主机

CPU	Intel 3.0 GHz,800 MHz 前端总线,1 MB 二级高速缓存
内存容量	512 MB,400 MHz,容量可扩展至 16 GB
硬盘存储器	80 GB
以太网接口	集成 10/100/1 000 MB 以太网卡

电压等级	220 VAC
键盘	标准 ASCII 键盘
操作系统	符合开放系统标准的实时多任务多用户成熟安全的操作系统
网络支持	快速以太网 IEEE 802.3 u,TCP/IP 或类似的最新的网络支持,100 MB 以太网
I/O 端口	USB2.0 端口、打印口、串口

2)显示器

SANSUNG 公司的彩色 TFT(1280×1024),其中 X 射线辐射满足国际安全标准,具有抗电磁干扰能力。

4. 网络设备

根据系统图和现场设备安装位置,系统需要配置以下网络设备。

1)防火墙

CISCO PIX 515E-R　　　　　　　　　数量 1 个

2)交换机

CISCO2950,24 口　　　　　　　　　数量 5 个

3)光纤收发器

FIBERNET 公司的 100 M 多模光纤收发器　数量 5 对

4)光纤

FIBERNET 公司的 4 芯多模光纤　　　　长度 2 500 m

二、状态监测系统与外部系统接口

状态监测系统是一套相对独立的系统,大部分信号是由系统自身配置的传感器提供的,但部分信号需要由外部系统提供,同时,状态监测系统还可以向外部系统提供报警信号。

(一)电源

1. 数据采集站电源

每个数据采集站需要 1 路交流 220 V 电源(容量 10 A)和 1 路直流 220 V 电源(容量 10 A),数据采集站内配置 1 个 1 kVA 交直流逆变电源。逆变电源输出供机柜内设备使用。从配电柜到数据采集站之间的 2×2.5 电源电缆需要由电厂提供。

2. 上位机系统电源

上位机系统包括数据服务器、WEB 服务器、工程师工作站、打印机和相关网络设备,总功耗约为 3 kVA。上位机系统需要 1 路 220 V 交流电源输入。由于上位机系统非常重要,建议上位机系统电源从电厂 UPS 电源引出。从电源配电柜到上位机系统之间的 2×4.0 电源电缆需要由电厂提供。

(二)工况信号输入

为满足现场各种试验和全面状态监测的要求,使本系统为李仙江戈兰滩水电站机组启动试验、试运行以及长期运行发挥更大作用,系统需要引入有功功率、无功功率、励磁电流、励磁电压、导叶开度、水头等参数的 4~20 mA 快变模拟量信号和发电机出口开关、励磁开关节点信号。上述参数需要从现地 LCU 引取,因此需要现地 LCU 有相应的输出接口。

（三）与监控系统通信

对于上下游水位、轴承瓦温、油温等信号，从简化系统、节约成本的角度考虑，一般采用与监控系统通信的方式获得。与计算机监控系统互联要求采用串口通信、单向数据传送方式，即由监控系统单向向监测系统传送数据，监测系统不能向监控系统发送数据，以保证监控系统的安全。

状态监测系统与计算机监控系统通信建议采用 RS232/485 串行通信方式，计算机监控系统为主，定期向状态监测系统单向发送数据，状态监测系统不返回任何信息。通信协议建议采用标准 ModBus 协议，通信速率 9 600 bps。状态监测系统通过主控室数据服务器与计算机监控系统通信机进行通信，整个系统只需 1 路串口。

通信测点包括瓦温、油温及相关工况参数，预计测点数在 50 点左右，具体要根据实际测点情况确定，测点数及测点代码可在现场组态调试。所有测点在一包数据中统一发送，每包数据间隔建议小于 2 s。

（四）与 GPS 时钟同步系统通信

状态监测系统与 GPS 对时方式有两种：如 GPS 系统有串行通信接口输出，建议采用串行通信方式；如没有，则系统可采用 GPS 的同步脉冲进行同步。同步信号或串口通信接口整个系统需要 1 路。

（五）报警继电器输出信号

状态监测系统可向外输出摆度、振动、压力脉动、气隙和局放的一级报警和二级报警继电器输出，供其他系统使用。输出接点容量：220 VDC，1 A。

（六）状态监测系统与电厂局域网联网

状态监测系统 WEB 服务器直接挂在电厂局域网上，以 10/100 MB 以太网 TCP/IP 方式与局域网连接，向局域网用户发布状态监测数据。如局域网具备上 Internet 网络条件，则通过 WEB 服务器，状态监测系统可向远程诊断中心实时发送数据。

三、结　语

经云南省电网调度批准，2008 年 10～12 月，电站 3 台机组及附属系统全部安装调试完毕并先后完成了系统动态调试。

1#机组于 2008 年 12 月 21 日晚圆满完成 72 h 试运行。2#、3#机组也分别于 2008 年 12 月 23 日晚和 2008 年 12 月 24 日晚完成 72 h 试运行。截至目前，3 台机组商业运行状态良好稳定，状态检测系统的全称跟踪、监测为保证本电站的安全运行发挥了非常重要的作用。

参 考 文 献

1　李仙江.戈兰滩水电站可行性研究报告.天津：中水北方勘测设计研究有限公司,2006.
2　水电站机电设计手册二次部分.北京：水利电力出版社,1989.
3　水力发电厂机电设计规范.北京：中国电力出版社,2004.
4　张维聚.戈兰滩水电站水轮发电机组及其附属设备设计.水利水电工程,2009(增刊).
5　GB/T 8564—2003　水轮发电机组安装技术规范.

超低比转速混流式水轮机开发研究

张丽敏　　马果

（中水北方勘测设计研究有限责任公司）

【摘　要】　采用理论分析、数值模拟和物理试验相结合的方法，开发出超低比转速混流式水轮机，利用冷却塔的富余水头，推动水轮机转轮，直接带动冷却塔风机旋转，达到制冷的目的，从而实现废能利用与降耗减排。研究成果和创新是：首次设计开发出高效超低比转速（$n_s = 50$ m·kW）混流式水轮机；通过流场数值模拟不断优化水轮机性能，优选方案水轮机最高效率达到 88.7%；通过 HL50-500 水轮机模型试验研究超低比转速混流式水轮机各项性能。

【关键词】　超低比转速　混流式水轮机　数值模拟　试验研究

一、研究背景与意义

随着我国国民经济的发展，工业用水量逐年增加，冷却塔的需求量也在不断增加，冷却塔已广泛地应用于国民经济的许多部门。冷却塔是一种水循环冷却换热设备，利用水和空气的接触，通过蒸发作用来散去工业上产生的废热。近年来，其应用范围又拓展到了其他领域，如大楼的中央空调系统等。据有关资料统计，2001 年我国工业需水量为 1 067 亿 m^3，到 2010 年，工业需水量达到 1 560 m^3。由于水的优良的热力性能，在工业生产中，70% ~80% 的工业用水为冷却用水，其中的 78% ~80% 为间接冷却，这部分水由于未受污染，可采用冷却塔降温实现循环利用。目前，冷却塔冷却时所用的风机均由电动机带动，这些电动机 1 年所消耗的电能相当巨大。例如，1 台冷却水量约 1 500 t/h 的冷却塔，所配电机功率约为 45 kW，按每天工作 16 h 计算，年电能消耗量约为 26 万 kW·h。我国已建的冷却塔数量非常之大，工业生产部门大型冷却塔就达 3 800 座，全国数以万计的冷却塔所配电机的电能消耗是相当惊人的，年耗电量 4.5 亿 kW·h。

因此，提高工业用水的重复利用率，加强对冷却塔的节能改造和研究，提高冷却塔的冷效，降低装置能耗，开发高性能、节能、环保冷却塔装置，对我国能源资源的利用及其可持续发展具有必要性和紧迫性，且具有较大的经济效益及社会效益。

大量的实践调查分析表明，全国大多数冷却塔内的循环冷却水，其出口一般具有一定的富余水头（4 ~15 m），这部分富余水头都被白白地浪费了。本文的研究目的是通过参数的选择设计与数值模拟优化，开发一种超低比转速混流式水轮机，利用冷却塔循环冷却水出口的富余能量推动水轮机转轮，由此带动风扇旋转制冷。研究的意义在于：

（1）研究开发出的新型超低比转速混流式水轮机将极大地减少冷却塔的能源消耗，提高能源的利用效率，优化冷却塔的结构配置，降低运行维护的投入，减小环境污染，以达到节能高效的目的。

（2）目前，水轮机的开发研究主要基于水电站中的大型乃至超大型水轮机，而本文研究的超低比转速混流式水轮机是应用于冷却塔工作环境条件下的、代替风扇电动机从而达到废弃能源回收利用的目的。与水电站中的水轮机相比，要求该种水轮机的结构尺寸小，出力低，水头、流量和转速严格受冷却塔工作条件的限制，但具有较高的能量转换效率，以保证风机输入功率，同时要求水轮机具有良好的稳定性，结构简单，易于制造，安装和运行维护方便，因此该特种水轮机的开发设计是一种极大的挑战。本文的开发与研究工作既是对水轮机应用于其他工作场合的有益尝试与探索，同时也对应用于水电站中的水轮机的开发与性能研究工作有一定的借鉴意义。

（3）现有的研究中存在水轮机尺寸偏大、安装环境受限制、需加配减速器、效率偏低等问题，本文的研究工作是开发超低比转速混流式水轮机应用于冷却塔能量回收，无需加配减速器，结构简单，解决了与冷却塔配合安装尺寸受限的问题。

（4）我国乃至全世界的能源消耗都十分巨大，能源浪费极其严重，节能工作刻不容缓。本文研究开发出的超低比转速混流式节能水轮机不仅能够达到减少冷却塔的能源消耗，提高能源利用效率的目的。同时也为其他行业和部门对富余能源的开发、更加合理地利用能源提供借鉴，达到抛砖引玉的效果，具有极高的经济效益和社会效益。

二、超低比转速混流式水轮机设计

初步设计中，结合冷却塔风机实际运行参数及安装限制，对混流式水轮机创造性地设计与改变了一些关键部件结构参数。首次提出了金属梯形断面蜗壳；并将原有双列环形导叶叶栅改为单列环形叶栅，使其既起导流作用，又能支撑轴向荷载；将尾水管取消弯肘段与扩散段，仅保留直锥段。上述措施可使水轮机的平面尺寸和高度较常规水轮机均减少45%左右，重量减轻为原来的1/2。

混流式水轮机主要由蜗壳、固定导叶、活动导叶、转轮和尾水管等组成。其相关过流部件首先按照常规设计来计算，然后对各部件根据具体情况做出有针对性的修改。

设计计算过程以流量为3 000 t/h为例，已知设计参数如下：

电机的额定出力为83.385 kW，风机转速136 r/min，循环冷却水流量为3 000 t/h，常年剩余水头平均为13.0 m。

比转速是一个能综合反映水轮机性能的参数，水轮机比转速计算公式：

$$n_s = \frac{n\sqrt{P}}{H^{5/4}} \tag{1}$$

代入已知参数后可知，所需的水轮机比转速 $n_s = 50$ m·kW。常规混流式水轮机比转速范围在70～330之间，因此需要一种特殊的超低比转速混流式水轮机HL50。各部分具体设计如下。

（一）转轮水力设计

水轮机中的水流是复杂的三维运动。由流体力学知，水流在圆柱坐标 (r, θ, z) 下的欧拉型运动方程为：

$$
\left.\begin{array}{l}
\dfrac{\partial v_r}{\partial t} + v_r \dfrac{\partial v_r}{\partial r} + v_\theta \dfrac{\partial v_r}{r\partial \theta} + v_z \dfrac{\partial v_r}{\partial z} - \dfrac{v_\theta^2}{r} = f_r - \dfrac{1}{\rho}\dfrac{\partial p}{\partial r} \\[2ex]
\dfrac{\partial v_\theta}{\partial t} + v_r \dfrac{\partial v_\theta}{\partial r} + v_\theta \dfrac{\partial v_\theta}{r\partial \theta} + v_z \dfrac{\partial v_\theta}{\partial z} + \dfrac{v_r v_\theta}{r} = f_\theta - \dfrac{1}{\rho}\dfrac{\partial p}{r\partial \theta} \\[2ex]
\dfrac{\partial v_z}{\partial t} + v_r \dfrac{\partial v_z}{\partial r} + v_\theta \dfrac{\partial v_z}{r\partial \theta} + v_z \dfrac{\partial v_z}{\partial z} = f_z - \dfrac{1}{\rho}\dfrac{\partial p}{\partial z}
\end{array}\right\} \tag{2}
$$

当水流在水轮机转轮中运动时,转轮在转动,为了分析问题方便,往往将动坐标(r,θ,z)固定在转轮上,因此欧拉方程形式为[1]:

$$
\left.\begin{array}{l}
\dfrac{\partial W_r}{\partial t} + W_r \dfrac{\partial W_r}{\partial r} + W_\theta \dfrac{\partial W_r}{r\partial \theta} + W_z \dfrac{\partial W_r}{\partial z} - \dfrac{W_\theta^2}{r} - \omega^2 r - 2W_\theta \cdot \omega == f_r - \dfrac{1}{\rho}\dfrac{\partial p}{\partial r} \\[2ex]
\dfrac{\partial W_\theta}{\partial t} + W_r \dfrac{\partial W_\theta}{\partial r} + W_\theta \dfrac{\partial W_\theta}{r\partial \theta} + W_z \dfrac{\partial W_\theta}{\partial z} + \dfrac{W_r W_\theta}{r} + 2W_r \cdot \omega = f_\theta - \dfrac{1}{\rho}\dfrac{\partial p}{r\partial \theta} \\[2ex]
\dfrac{\partial W_z}{\partial t} + W_r \dfrac{\partial W_z}{\partial r} + W_\theta \dfrac{\partial W_z}{r\partial \theta} + W_z \dfrac{\partial W_z}{\partial z} == f_\theta - \dfrac{1}{\rho}\dfrac{\partial p}{\partial z}
\end{array}\right\} \tag{3}
$$

等号左边其他各项为流体质点相对加速度在三个坐标轴上的分量。

若假定转轮中的相对运动为定常运动,并忽略质量力,则上式可写成:

$$
\left.\begin{array}{l}
\dfrac{1}{\rho}\dfrac{\partial p}{\partial r} = - W_r \dfrac{\partial W_r}{\partial r} - W_\theta \dfrac{\partial W_r}{r\partial \theta} - W_z \dfrac{\partial W_r}{\partial z} + \dfrac{W_\theta^2}{r} + \omega^2 r + 2W_\theta \cdot \omega \\[2ex]
\dfrac{1}{\rho}\dfrac{\partial p}{r\partial \theta} = - W_r \dfrac{\partial W_\theta}{\partial r} - W_\theta \dfrac{\partial W_\theta}{r\partial \theta} - W_z \dfrac{\partial W_\theta}{\partial z} - \dfrac{W_r W_\theta}{r} - 2W_r \cdot \omega \\[2ex]
\dfrac{1}{\rho}\dfrac{\partial p}{\partial z} = - W_r \dfrac{\partial W_z}{\partial r} - W_\theta \dfrac{\partial W_z}{r\partial \theta} - W_z \dfrac{\partial W_z}{\partial z}
\end{array}\right\} \tag{4}
$$

而圆柱坐标系中流体相对运动的连续性方程为[2]:

$$
\dfrac{\partial W_r}{\partial r} + \dfrac{\partial W_\theta}{r\partial \theta} + \dfrac{\partial W_z}{\partial z} + \dfrac{W_r}{r} = 0 \tag{5}
$$

式(4)是二次偏微分方程,且边界条件和初始条件及其复杂,试图直接获得真正的三元解是相当困难的,因此,水轮机转轮的水力计算在理想液体定常流动的基本假设前提下,将复杂的三维流动简化成二维流动求解。在轴流式水轮机中,通常假定水流径向分量$v_r=0$,但在混流式水轮机中,由于水流方向在转轮中发生变化,流面呈喇叭形曲面,因此混流式水轮机中的水流运动不能作类似于轴流式水轮机中水流运动的假定。但混流式水轮机中的流面可近似看成绕水轮机轴线的回转面,故可以假定转轮内的水流呈轴对称分布,并假定叶片无限多,叶片厚度趋于无限薄。从而混流式转轮的计算问题就归结为根据流动规律在流面上求出流线,然后以流线为翼型的骨线绘制出叶片翼型形状。轴对称流动中,同一圆周上各点的速度大小相等方向相同,因而转轮内的水流只需以转轮中任意一个轴向截面上的运动即轴面流动来代表。

叶片的水力设计理论有:一元理论、二元理论、准三元理论和全三元理论。①假定轴面运动是等速运动,即轴面速度v_m沿转轮过水断面均匀分布,水流在转轮中的轴面速度只需用一个表明质点所在过水断面的位置坐标来确定,因此称为一元理论法;②假定轴面速度v_m沿过水断面不是均匀分布的,轴面上任一点的运动情况必须由确定该点位置的2个坐标值确定,因此称为二元理论法。从这两种假定的条件看,一元理论比较接近低比转速水轮机水流情况,因为低比转速转轮流道的径向部位大,流道拐弯不剧烈,轴面速度 v_m 可认为接近均匀分布。而二元理论则较接近中高比转速混流式水轮机水流情况,因为中高比转速混流式水轮机转轮叶片处在流道拐弯处,水流拐弯剧烈,所以轴面速度 v_m 不是均匀分布的。曹树良、梁莉等基于二元理论,采用流线迭代法求解轴面流动,应用逐点积分法进行叶片绘型,实现了高比转速混流泵叶轮的水力设计[3];张永学、李振林利用二元理论,在准正交线法轴面流动计算以及逐点积分法的基础上,编程实现了离心泵叶轮水力设计[4];钟丽莉基于二元理论,利用 AutoCAD 的二次开发工具 Object ARX,开发了混流泵水力设计 CAD 软件[5]。无论一元理论还是二元理论,都假定叶片无限多,这和实际情况差距比较大,混流式转轮叶片数虽然比较多但不能保证叶片间水流呈轴对称。此外,计算所假定的速度场分布和实际水流并不能一致,因此实验得到的水轮机最优工况和计算工况往往有一定差距,在设计中都要结合实验结果进行一定的修正。近年来,三元理论得到了发展,趋向于分析有限叶片系统内的水流运动。三元流动解析理论是建立在我国著名学者吴仲华教授于 20 世纪 50 年代提出的交替使用两类相对流面 S_1 和 S_2 的气动力方程基础之上的[6]。近年来,随着计算机技术和计算流体力学理论的发展,流体机械通流部件内的三元流动分析有了长足的发展,但由于其问题的复杂性,全三维计算方法仍在发展中,难以直接应用于叶片设计。吴仲华 20 世纪 50 年代初在研究叶轮机械中气体流动时,提出了 S_1、S_2 两类相对流面理论,目前的三元流动理论绝大多数的研究成果都是以此理论为基础发展而来的。陈乃祥、刘昭伟等以三峡转轮为例,用一个周向平均的 S_2 流面与一组 S_1 流面的迭代计算构成有旋流动的准三计算模型,得到了满足给定负荷及厚度分布的转轮[7];罗兴锜、廖伟丽等以厚度分布为已知条件,建立了混流式转轮内部流动的准三元计算与叶片设计的通用模型[8];张启德以 S_1、S_2 流面理论为基础,对实际流动进行平均化处理,S_2 流面采用有限元计算,S_1 流面采用积分法计算,建立了水轮机转轮设计的准三元设计方法[9,10];林恺、曹树良开发了一种基于两类相对流面流动理论的正反问题迭代计算和优化设计的流场计算方法[11];樊红刚,陈乃祥等提出一种全三维反问题计算方法,可以用于可调叶片混流泵的优化设计[12]。应用三元理论进行转轮内流动的解析(正命题)在国内外已较普遍,但直接应用于转轮叶片设计的三元理论法(反命题)并不多见。在初步设计阶段依然采用基于轴面运动是等速运动的一元理论法。图 1 为超低比转速水轮机转轮翼型图。叶片翼形最小厚度与最大厚度之比为 0.3 ~ 0.35,且翼形弯曲角 θ 在 $100° \sim 105°$ 之间。

图 1　转轮翼型图

水轮机转轮的直径 D_1 的确定:

转轮进口边的速度三角形在相同出口条件下,可能有 3 种情况,即:$\beta_1 < 90°$;$\beta_1 = 90°$;$\beta_1 > 90°$。

在法向出口时,转轮叶片的出口角 β_2 和 n_s 无关,一般在 $15° \sim 20°$ 范围。在此条件下,上述 3 种进口的速度三角形绘得的叶片形状如图 2 所示。

进口 β_1 不宜太大,β_1 太大会使叶片过分弯曲,增大水流在转轮中的损失。β_1 太小则又会引起叶片厚度对流道的严重排挤;因此,在设计中高比转速混流式转轮时,常采用

$\beta_1 \leqslant 90°$；而对于低比转速水轮机,因要适应转轮进口很大的环量改变,允许 $\beta_1 > 90°$。

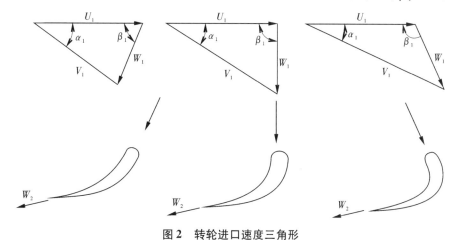

图 2　转轮进口速度三角形

水轮机基本方程式为:

$$\eta_s H = \frac{1}{g} U_1 V_1 \cos\alpha_1 - U_2 V_2 \cos\alpha_2 \tag{6}$$

设在最优工况时,叶片为法向出口,则

$$\eta_s H = \frac{1}{g} U_1 V_1 \cos\alpha_{12} \tag{7}$$

由转轮进口的速度三角形可得

$$\frac{V_1}{U_1} = \frac{\sin\beta_1}{\sin(180° - (\alpha_1 + \beta_1))} \tag{8}$$

化简后

$$U_1^2 = \frac{\sin(180° - (\alpha_1 + \beta_1))\eta_s gH}{\sin\beta_1 \cos\alpha_1} \tag{9}$$

对叶片进口点来讲

$$U_1 = \frac{\pi D_1 n}{60} \tag{10}$$

化简后得

$$D_1 = \frac{2\sqrt{\eta_s gH}}{\omega}\sqrt{1 + \tan\alpha_1 \tan(90° - \beta_1)} \tag{11}$$

当 $\beta_1 \geqslant 90°$ 时

$$D_1 \leqslant \frac{2}{\omega}\sqrt{\eta_s gH} \tag{12}$$

初步选用水轮机直径为 $D_1 = 1.0$ m。

混流式转轮上冠的形状既有直线型的,也有曲线型的。直线型上冠的优点为制作工艺简单,但是在大流量区效率低于曲线型,因此国内外水轮机制造中多采用曲线型。有些转轮上冠曲线的形状采用接近于平直的型线,从而增大出口过流面积,但由于平直的曲线型上冠使转轮上冠的出口轴面流速减小,使翼型损失增大[13]。而且在流量减小时在上冠出口处会出现回流,因此一般不采用平直的曲线型上冠,同时可参考相近比转速的优秀转轮。下环形状从很大程度上决定了转轮出口附近的过水断面面积,因此它影响到转轮的过流能力和气蚀性能。低比转速混流式转轮下环呈曲线型,其圆弧半径在很大程度上取决于转轮出口直径 D_2。转轮出口直径愈大,转轮出口截面面积愈大,转轮的过流能力愈大。同时转轮出口直径增大之后,转轮后流速减小,动力真空降低,转轮的气蚀系数相应减少。设计时尽可能增大出口直径 D_2。但出口直径 D_2 过大会导致水流在转轮内急剧转弯,引起水轮机效率显著降低,出口直径 D_2 应该选择适当。表 1 给出了水轮机比转速 n_s 与 D_2/D_1 的推荐关系[14]。

表 1 比转速 n_s 与 D_2/D_1 关系表

n_s	60 ~ 100	100 ~ 150	150 ~ 200	200 ~ 300	300 ~ 400
D_2/D_1	0.60 ~ 0.75	0.70 ~ 0.95	0.90 ~ 1.05	1.00 ~ 1.10	1.00 ~ 1.10

转轮出口边直径初选 $D_2 = 0.55D_1$。

水轮机转轮叶片数 Z_1 对转轮的水力性能和强度都会有影响。转轮叶片数对水轮机性能的影响很难从理论上进行分析比较,在计算流体力学技术不够先进的相当长的时间里,只能通过实验数据作定性的讨论,在大量的实验数据中总结水轮机合理的转轮叶片数。在其他尺寸不变的条件下,增加叶片数会增强转轮的强度和刚度,因此转轮叶片数总体上随着应用水头的增高而增加;同时,叶片数的增加会减少过水断面面积,使转轮单位流量减少。表 2 为前人总结出的大中型水轮机不同比转速转轮叶片数的参考表[14]。

由于冷却塔中代替风扇电动机的水轮机属微型机组,根据这一建议,叶片数取 17 个。

表 2 大中型水轮机比转速与转轮叶片数参考表

比转速 n_s	320 ~ 240	240 ~ 180	180 ~ 150	150 ~ 100	100 ~ 80
叶片数 Z	13 ~ 14	14	15 ~ 17	17 ~ 19	19 ~ 21

(二) 导水机构设计

座环部分的设计不同于之前的常规设计,为了减小水轮机横向尺寸,将常规的双列环形导叶叶栅设计成单列环形叶栅,使活动导叶既起导流作用,又能支撑轴向荷载。

导水机构是水轮机的一个重要部件。而导叶是导水机构中的核心部分。导叶的作用主要有以下几个方面:①形成或改变进入转轮的水流环量;②协同蜗壳向转轮均匀供水。水流能量在导水机构中的损失将影响水轮机的效率,选用合适的导叶是很有必要的。目前常见的导叶有正曲度叶型,负曲度叶型和标准对称叶型三种类型,如图 3 所示。

导叶相对高度 $\overline{B_0}$ 是指导叶高度 B_0 与水轮

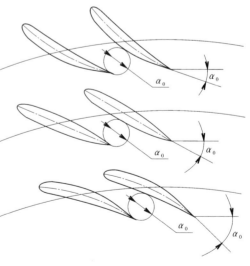

图 3 活动导叶示意图

机转轮直径 D_1 的比值 B_0/D_1,是水轮机设计中的一项重要基本参数,直接影响水轮机过流能力的大小,下图 4 所示为文献推荐的反击式水轮机导水机构相对高度 $\overline{B_0}$ 和比转速 n_s 关系曲线[14]。

根据低比转速混流式水轮机的运行特性,选用标准负曲度叶型,并根据流动特性计算出叶型数据;初步选定导叶高度 $b_0 = 0.08D_1$,导叶数量为 17 个。导叶安放角根据转轮进口速度三角形(图 5)初步确定,之后再根据流量等参数进行进一步调节。

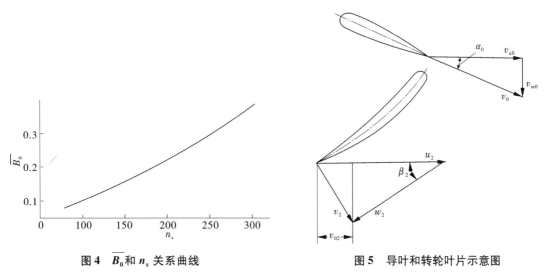

图 4 $\overline{B_0}$ 和 n_s 关系曲线   图 5 导叶和转轮叶片示意图

(三)蜗壳设计

蜗壳是反击式水轮机引水室的一种,是水流进入水轮机的第 1 个部件。混流式水轮机的蜗壳一般通过阀门与压力钢管联接,其作用是尽量将管道中的水流均匀地分配到转轮前导水叶的四周,使水流对称地流入导水机构,然后再流入转轮。另外,蜗壳还能在导叶前形成一定的环量,使水流呈涡旋线形状,均匀向心地流向导叶。在常规水电站中,按照水轮机的型式、水头和流量的不同,蜗壳采用的型式也不一样。在工作水头较低,引用流量较大的水电站,一般采用混凝土蜗壳,其断面布置通常为梯形,蜗壳包角也不大,多为 180°~270° 之间;而在水头较高水电站,一般采用金属蜗壳,金属蜗壳包角控制在 340°~350°,目前大多数电站金属蜗壳的包角为 345°。在冷却塔中代替风扇电动机的水轮机要求尺寸较小,因而采用金属蜗壳,其包角选为 345°。对于焊接蜗壳,其截面为梯形;而对于采用铸造工艺的蜗壳,其截面设计为梯形。水流在蜗壳中的运动,大致可以分为两种不同的规律假设:一种为蜗壳中的水流按等速度矩运动;另一种为蜗壳断面的平均速度周向分量 $\overline{v_0}$ 为常数。

根据第一种假设设计得到的蜗壳出流均匀,且呈轴对称分布,但不足之处在于蜗壳尾部过流面积过小,液流摩擦损失较大,且易形成二次流动;按第 2 种假设设计得到的蜗壳正好相反,蜗壳尾部断面较宽,水力损失减小,但出流角沿周向分布不均匀,导水机构环量沿周向分布不均匀,这样固定导叶的翼型将不同[15]。传统设计以第一种假定更为普遍,在这一假定条件下有[16]:

$$v_u r = K_w \tag{13}$$

而通过蜗壳任意断面的流量 Q_i 为[17]

而通过蜗壳任意断面的流量 Q_i 为[17]

$$Q_i = Q \frac{\varphi_i}{360} \tag{14}$$

由水流沿圆周方向均匀进入水轮机转轮,水流在座环进口的径向速度 v_r 应为

$$v_r = \frac{Q}{2\pi b r_a} \tag{15}$$

根据上述有关蜗壳中水流运动的分析,便可以通过水力计算确定蜗壳各断面的形状和尺寸。图6,蜗壳流道断面图(梯形、椭圆),通过水力计算可以确定蜗壳各断面的形状和尺寸,见表3。为了尽量减小轴向尺寸,选用梯形蜗壳,蜗壳流道断面见图6。

表3   蜗壳流道断面尺寸

角度(°)	流量(m³/s)	断面面积(m²)	b_0(m)	a(m)	b(m)
345	0.799	0.231	0.11	0.252	0.716
330	0.764	0.221	0.11	0.247	0.701
315	0.729	0.210	0.11	0.242	0.685
300	0.694	0.200	0.11	0.237	0.669
285	0.660	0.190	0.11	0.226	0.637
270	0.625	0.180	0.11	0.221	0.620
255	0.590	0.170	0.11	0.215	0.602
240	0.556	0.160	0.11	0.209	0.584
225	0.521	0.150	0.11	0.203	0.566
210	0.486	0.140	0.11	0.197	0.537
195	0.451	0.130	0.11	0.191	0.527
180	0.417	0.120	0.11	0.184	0.506
165	0.382	0.110	0.11	0.177	0.485
150	0.347	0.100	0.11	0.170	0.462
135	0.312	0.090	0.11	0.162	0.438
120	0.278	0.080	0.11	0.154	0.413
105	0.243	0.070	0.11	0.145	0.387
90	0.208	0.060	0.11	0.136	0.358
75	0.174	0.050	0.11	0.126	0.327
60	0.139	0.040	0.11	0.115	0.292
45	0.104	0.030	0.11	0.085	0.253
30	0.069	0.020	0.11	0.058	0.207
15	0.035	0.010	0.11	0.035	0.145

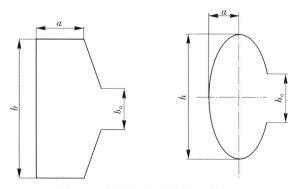

图 6　蜗壳流道断面图(梯形、椭圆)

（四）尾水管的选择设计

尾水管的作用:①将转轮中流出的水流收集起来送入下游河流;②回收利用转轮出口水流的剩余能量;③利用转轮至下游水位的高度。

根据图 7,水轮机转轮出口单位重力水流具有的能量为:

$$E = \frac{p_2}{\rho g} + \frac{C_2^2}{2g} + z_2 \tag{16}$$

5 点静压力公式如下:

$$p_5 = p_a + \rho g z_5$$

$$\frac{p_2}{\rho g} + \frac{C_2^2}{2g} + z_2 = \frac{p_a + \rho g z_5}{\rho g} + \frac{C_5^2}{2g} + (-z_5) + \Delta H_{2-5} \tag{17}$$

得到

$$\frac{p_2}{\rho g} = \frac{p_a}{\rho g} - z_2 - \left(\frac{C_2^2 - C_5^2}{2g} - \Delta H_{2-5} \right) \tag{18}$$

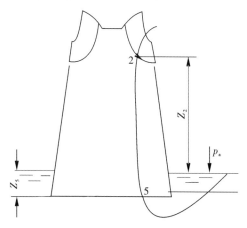

图 7　尾水管的作用原理

尾水管以出口动力真空的形式将转轮出口能量的一部分变成作用力转轮的压力能(p_2减小,使转轮进出口压力差增大)。在尾水管类型的选择方面,大中型水电站通常选用弯肘型尾水管,从而减少地面挖深,但同时也增大了尾水管的横向尺寸。本设计中将尾水管取消弯肘段与扩散段,仅保留直锥段,可使水轮机的平面尺寸和高度较常规水轮机均减少 45%

左右,重量减轻为原来的 1/2 左右。

尾水管锥角一般为 12°～16°,此处选 13°,尾水管的长度则根据冷却塔的纵向空间大小选择。

(五)超低比转速混流式水轮机整体结构

超低比转速混流式水轮机整体结构见图 8。

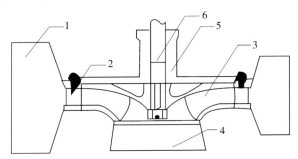

1—进水的金属蜗壳;2—座环;3—转轮叶片;4—尾水管;
5—轴承座;6—主轴

图 8　超低比转速混流式水轮机结构图

三、超低比转速混流式水轮机数值模拟研究

近年来,计算流体力学 CFD(Computational Fluid Dynamics)得到了迅速的发展,大多处于湍流状态的水力机械内流特性可用连续性方程和 Navier-Stokes 方程来描述,建立全流道三维湍流计算的数学模型,通过连续方程和 Navier-Stokes 方程的联立求解,可得计算域内各处的流动速度和压力信息。这种方法消除了传统设计理论中的许多假设,更加接近工程实际情况,因此越来越多地应用在水力机械性能预测及优化设计上,并取得了不少的成果。对于水轮机及其过水流道的设计开发,亦可首先采用 CFD 技术进行数值模拟,对水轮机过流部件进行内外特性的流动分析并提供叶轮的综合特性曲线预测,在众多方案中遴选出较优方案,然后再进行模型试验的研究,这样就能为最终决策提供更加准确、科学的依据。同时,对 CFD 技术成果与模型试验结果进行相互印证和比较,可以大大提高水力机械研发能力,也使设计水平跨入一个新的层次。

(一)CFD 数值模拟方法

1. 基本方程

各种各样的流体流动过程,无一不受自然界中最基本的 3 个物理规律的支配,即质量守恒、动量守恒及能量守恒。在通常的水轮机流场数值模拟中,基本控制方程主要为:

连续性方程矢量表示为

$$\frac{\partial \rho}{\partial t} + \nabla \cdot (\rho \boldsymbol{u}) = 0 \tag{19}$$

对于不可压缩流体,其流体密度为常数,连续性方程简化为

$$\nabla \cdot \boldsymbol{u} = 0 \tag{20}$$

动量守恒方程为

$$\frac{\partial \boldsymbol{u}}{\partial t} + (\boldsymbol{u} \cdot \nabla)\boldsymbol{u} = f - \frac{1}{\rho}\nabla p + v\nabla^2 \boldsymbol{u} \tag{21}$$

式(21)是三维非恒定 Navier-Stokes 方程,对层流或湍流都是适用的。但是对于湍流,如果直接求解三维非恒定的控制方程,需要采用对计算机的内存与速度要求很高的直接模拟方法,目前还无法应用于较为复杂的工程计算。工程中广为采用的是对非恒定 Navier-Stokes 方程做时间平均的方程,亦称为雷诺方程

$$\frac{\partial \overline{u_i}}{\partial t} + \overline{u_j}\frac{\partial \overline{u_i}}{\partial x_j} = \overline{f} - \frac{1}{\rho}\frac{\partial \overline{p}}{\partial x_i} + \frac{\partial}{\partial x_j}(v\frac{\partial \overline{u_i}}{\partial x_j} - \overline{u'_i u'_j}) \tag{22}$$

由于连续性方程与雷诺方程构成的方程组不封闭,目前通过引入湍流模型加以解决。

以温度 T 为变量的能量守恒方程:

$$\frac{\partial(\rho T)}{\partial t} + \mathrm{div}(\rho \boldsymbol{u}T) = \mathrm{div}(\frac{k}{c_p}\mathrm{grad}T) + S_T \tag{23}$$

对于水轮机流场的数值模拟,一般认为流体不可压缩,热交换量很小以致于可以忽略,在这种情况下不考虑能量守恒方程。

2.湍流模型

根据采用的微分输运方程个数,湍流模型可分为零方程模型、单方程模型、双方程模型、雷诺应力模型和代数应力模型等。

在各种湍流模型中,比较常用的是标准 $k\text{-}\varepsilon$ 模型[18],而标准 $k\text{-}\varepsilon$ 模式是局部平衡模式,它不能准确地预测平均流动有剧烈变化的湍流,例如流线曲率有突然变化、分离流动以及有激波的可压缩湍流(利用 Favre 平均可将标准 $k\text{-}\varepsilon$ 模式推广到可压缩湍流)。既要保持涡黏模式的简单形式,又要能够包含雷诺应力的松驰性质,Spalart(1994 年)提出了一种随时空演化的单方程涡黏系数模式,称为 Spalart-Allmadas 模型,简称为 S-A 湍流模型。

在本文中所进行的超低比转速混流式水轮机数值模拟及优化中也取得了良好的效果。

3.离散方法及压力—速度耦合

由于计算机所能表示的数字和数位均是有限的,而且只能进行离散量的运算,所以用数值方法求解各种各样的流体力学问题,必须首先变为离散的有限数值模型,才能在计算机上求解。将流体力学的连续流动用多个质点、离散涡或有限波系的运动来近似,在数学上就表示为有限差分法、有限元法、有限分析法以及有限容积法等形式。在上述的数值离散方法中,就实施的简易,发展的成熟及应用的广泛等方面综合评价,有限容积法无疑居优。后面就是采用有限容积法将控制方程转换为可以用数值方法解出的代数方程,该方法在每一个控制体内积分控制方程,从而产生基于控制体的每一个变量都守恒的离散方程。

在数值求解过程中,动量方程和连续性方程式是按顺序解出的,在这个顺序格式中,连续性方程是作为压力的方程使用的,但是对于不可压缩流动,由于压力本身没有自己的控制方程,它是通过源项的形式出现在动量方程中,压力与速度的关系隐含在连续性方程中。求解动量方程时,一般先假定初始压力场(或上一次迭代计算所得到的结果),再由离散形式的动量方程求得速度场。压力场是假定的或不精确的,由此得到的速度场一般不满足连续方程,必须对初始压力场进行修正。

本文采用了 SIMPLEC 算法。

4. 靠近固体壁面区的处理方法

在大多数情况下,水流充满整个水轮机流道,形成被固体边壁所包围及引导的内流运动。而大量的试验表明,对于存在固体壁面的充分发展的湍流流动,沿壁面法线的不同距离上可将流动划分为壁面区(或称内区、近壁区)和核心区(或称外区)。对核心区的流动,通常认为是完全湍流区。而在壁面区,流体运动受壁面流动条件的影响比较明显,壁面区又可分为3个子层:黏性底层、过渡层和对数律层。

黏性底层是一个紧贴固体壁面的极薄层,其中黏性力在动量、热量及质量交换中起主导作用,湍流切应力可以忽略,所以流动几乎是层流流动,平行于壁面的速度分量沿壁面法线方向为线性分布。过渡层处于黏性底层的外面,其中黏性力与湍流切应力的作用相当,流动状况比较复杂,很难用一个公式或定律来描述。由于过渡层极小,所以在工程计算中通常不明显划出,归入对数律层。对数律层处于最外层,其中黏性力的影响不明显,湍流切应力占主要地位,流动处于充分发展的湍流状态,流速分布接近对数律。

而对近壁区内的流动,雷诺数较低,湍流发展并不充分,湍流的脉动影响不如分子黏性的影响大,必须采用特殊的处理方式。壁面函数法(wall functions)就是一种常用的处理方法,它是基于壁面湍流具有边界层特性的事实,从分析和实验中提出来的一组半经验的公式,其基本思想是:对于湍流核心区的流动使用 $S-A$ 模型求解,而在壁面区不进行求解,直接使用半经验公式将壁面上的物理量与湍流核心区内的求解变量联系起来。这样,不需要对壁面区内的流动进行求解,就可直接得到与壁面相邻控制体积的节点变量值。

5. 动静区域问题的处理

由于转子或者叶轮周期性的掠过求解域,相对惯性参考系来讲,流动是不稳定的。不过在不考虑静止部件的情况下,取与旋转部件一起运动的一个计算域,相对这个旋转参考系(非惯性系)来讲,流动就是稳定的了,这样就简化了问题的分析。

在水轮机全流道的数值模拟中,不仅要考虑旋转部件,同时还要考虑静止部件,就不能用上述办法将问题简化。有关文献提供了以下3种解决的办法:一是多参考系模型;二是混合平面模型;三是滑动网格模型。

本研究对水轮机开展定常数值模拟时,转轮体区域采用旋转参考坐标系统,而对于其他过流部件区域内的流动则是采用静止参考坐标系统。当对水轮机开展非定常数值模拟时,则采用了滑动网格技术。

6. 边界条件定义

所谓边界条件,是指在求解域的边界上所求解的变量或其一阶导数随地点及时间的变化规律,只有给定了合理的边界条件的问题,才可能计算出流场的解。

本文计算区域的边界由固体边壁、蜗壳进口和侧出水管出口断面组成,其边界条件定义如下:

(1)进口条件采用压力进口条件,在蜗壳进口面处,给定压力值。

(2)出口条件采用压力出口条件,在侧出水管出口面处,给定压力值。

(3)在邻近固壁的区域采用了标准壁面函数,固壁面采用无滑移边界条件。

(4)在计算中给定进口速度初值和湍动能、湍动能耗散率等参数的初值,在计算中除进出口压力外,所有其他参数采用第二类边界条件。

(5)在迭代计算中,对进出口流量进行修正,满足流量相等的连续条件。

7.几何建模及网格划分

前已述及试图直接求解其湍流运动控制方程从而获得解析解是不现实的,而行之有效的办法是采用数值方法,将控制方程在空间区域上进行离散,然后求解得到的离散方程组,因此必须使用网格技术。

网格质量直接关系到 CFD 计算的成败,因此一直以来人们都在研究如何更快更好地划分数值计算所需的网格。目前计算流体力学所使用的较多的网格主要是结构网格和非结构网格两种。两种网格的生成方法不一样,结构特点也不尽相同,计算时应该根据模型特点选择网格类型。

本研究建立了从蜗壳进口到侧出水管出口的超低比转速混流式水轮机三维几何体,如图9。基于对流场的初步判断,结合网格划分质量要求及数值计算收敛情况,最终在稳态计算时,把水轮机流道分成了 4 个子区域,分别是蜗壳、导叶区、转轮室、尾水管直锥以及侧出水管段。

采用非结构化网格划分,共形成 36.5 万个节点及 180 万个控制体单元,如图 10。各部件网格单元划分情况如表4。

图9　超低比转速混流式水轮机三维全流道图　　图 10　超低比转速混流式水轮机的网格剖分图

表4　　　　　　　　　　　　　　　　计算域网格结点数及单元数

过流部件	蜗壳	导叶区	转轮室	直锥段及侧出水管段
节点数	5	6	1	5 934
单元数	2	2	9	2 967

由表4可见,转轮室部分网格单元数最多,所占比例为 53.3%,该区域流动复杂,是重点考察的区域,存在较多的翼形几何结构,若不采用较小尺寸划分网格,则导致网格质量很差,甚至网格划分不成功。

(二)数值模拟结果分析

1.水轮机能量特性分析

混流式水轮机可以通过改变导叶开度的大小调节水轮机中的流量,从而改变水轮机的出力,因此混流式水轮机的计算工况比较多。本计算通过改变导叶开度达到改变水轮机单位流量的目的,导叶开度增大,单位流量增加;通过改变进口总压的方式达到改变单位转速的目的,进口总压增大,单位转速减小。选取导叶开度工况分别为:$a_1=29$ mm、$a_2=34$ mm、$a_3=39$ mm、$a_4=44$ mm、$a_5=49$ mm、$a_6=54$ mm、$a_7=59$ mm 7 个工况。边界条件选用压力进口和压力出口,在每一导叶开度下,进口总压力从 $P=68\,670$ Pa 到 $P=176\,580$ Pa 之间,每隔 $P=9\,810$ Pa 进行一次工况计算,出口静压全部设置为 0。

根据上述各工况的计算,经整理得该水轮机各计算工况中,最高效率点在导叶开度 $a=44$ mm 下,计算工况为:$Q_{11}=203.70$ L/s,$n_{11}=39.07$ r/min,最高效率为:$\eta_{max}=88.7\%$,此时水轮机的过流量为 $Q=0.788$ m³/s,进口总压为 $P=127\,530$ Pa。图 11 为根据计算结果绘制出来的超低比转速混流式水轮机综合特性曲线图,由该图可以看出,水轮机的高效率区比较宽,高效率区集中于 $a=39$ mm、$a=44$ mm 和 $a=49$ mm 3 个导叶开度;在计算工况的大部分区域,水轮机的效率都在 80% 以上。图 12 为水轮机出力特性曲线图,在每一开度下,出力随着单位转速的增加平缓地减小;而在同一单位转速下,小开度时出力变化较快,而大开度时出力变化小。同时由图 11 和图 12 还可看出,水轮机在开度为 $a=29$ mm 时出力和效率都比较低,因此水轮机在此开度下运行时性能比较差。

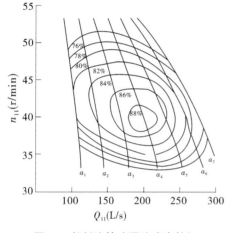

图 11 超低比转速混流式水轮机
综合特性曲线

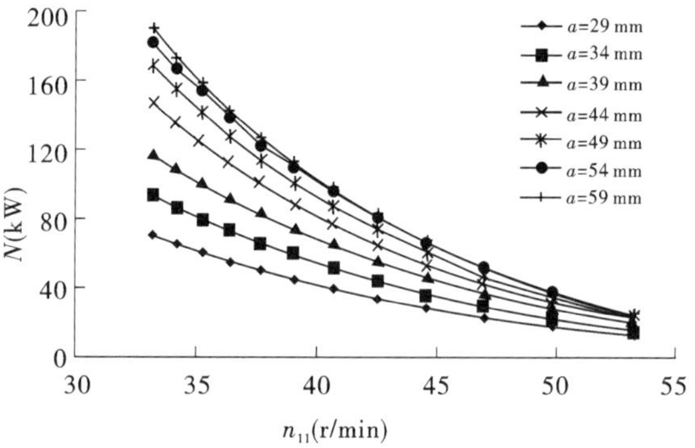

图 12 超低比转速混流式水轮机
出力特性曲线

2.水轮机各通流部件计算分析

1)蜗壳部分计算结果分析

图 13~图 15 分别是 HL50 水轮机在导叶开度 $a=44$ mm 时,$n_{11}=33.21$ r/min、$n_{11}=39.07$ r/min 和 $n_{11}=53.25$ r/min 3 种计算工况下,蜗壳部分流速及压力分布图。从该 3 组图可以看出,在 3 种工况下,水流都能够沿周向均匀流入导水机构,流动规律一致。只是由于进口压力不同,蜗壳内水流速度大小及压力都存在较大差异。

2)座环部分计算结果分析

图 16 为 HL50 型水轮机座环部分在各计算工况下的水力损失曲线图。由该图可以看出,在同一导叶开度下,座环部分的水力损失随着单位转速的增大而减小,而且随着导叶开度的增加,水力损失随单位转速的变化更加明显;而同一单位转速下开度 $a=44$ mm 时,座环损失较小。而水轮机的主要水力损失出现在座环部分,可见 $a=44$ mm 为较优开度。总体说明,座环内的水力损失主要取决于座环内的水流速度。

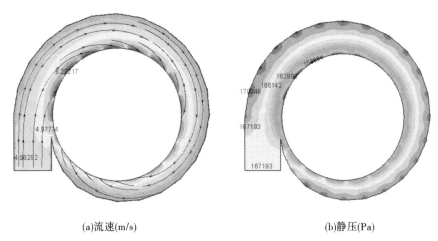

(a)流速(m/s)   (b)静压(Pa)

图13 $a=44$ mm, $n_{11}=33.21$ r/min 工况蜗壳部分流速及静压分布图

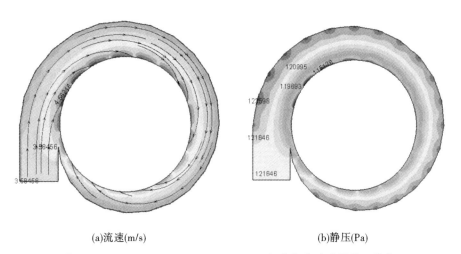

(a)流速(m/s)   (b)静压(Pa)

图14 $a=44$ mm, $n_{11}=39.07$ r/min 工况蜗壳部分流速及静压分布图

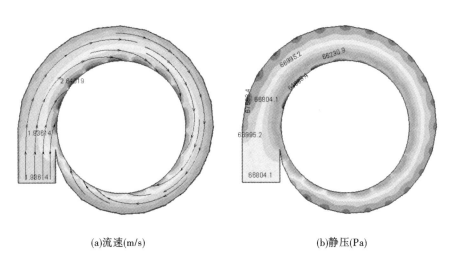

(a)流速(m/s)   (b)静压(Pa)

图15 $a=44$ mm, $n_{11}=53.25$ r/min 工况蜗壳部分流速及静压分布图

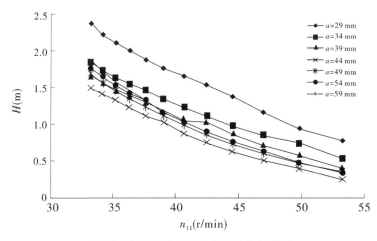

图16 座环部分各工况水力损失曲线图

图17～图19所示分别为HL50型水轮机在导叶开度 $a=44$ mm 时,$n_{11}=33.21$ r/min、$n_{11}=39.07$ r/min 和 $n_{11}=53.25$ r/min 3 种计算工况下,座环部分流速及静压分布图。从图中可以看出,各工况下水流在座环部分均匀流入活动导叶部分,流动规律一致。在导叶内侧,受导叶的影响水流速度较大;而在导叶的头部和尾端水流速度较小。

3)尾水管计算结果分析

图20～图22所示为HL50型水轮机 $a=44$ mm 时,$n_{11}=53.25$ r/min、$n_{11}=39.07$ r/min 和 $n_{11}=33.21$ r/min 3 种计算工况下,尾水管入口断面流速分布图。图23～图25所示为HL50型水轮机在 $a=44$ mm 时,$n_{11}=53.25$ r/min、$n_{11}=39.07$ r/min 和 $n_{11}=33.21$ r/min 3 种计算工况下,尾水管纵向剖面流速分布图。

从图中可以看出,在不同计算工况下尾水管内流动状况相差较大:在 $n_{11}=39.07$ r/min 工况水流较均匀,沿轴向流出;但在远离设计工况的 $n_{11}=53.25$ r/min 和 $n_{11}=33.21$ r/min 计算工况,在尾水管内有明显旋涡,水流动能在尾水管内变化比较明显。

(a)流速(m/s)　　　　　　　　　(b)静压(Pa)

图17 $a=44$ mm,$n_{11}=33.21$ r/min 工况座环部分流速及静压分布图

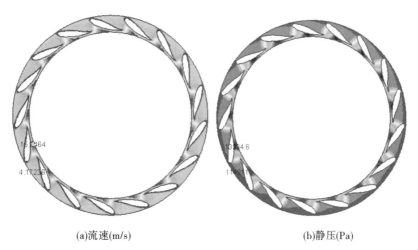

(a)流速(m/s)   (b)静压(Pa)

图18　a=44 mm,n_{11}=39.07 r/min 工况座环部分流速及静压分布图

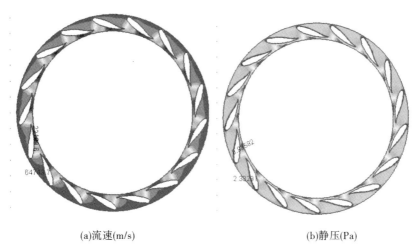

(a)流速(m/s)   (b)静压(Pa)

图19　a=44 mm,n_{11}=53.25 r/min 工况座环部分流速及静压分布图

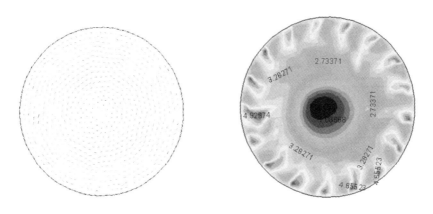

图20　a=44 mm,n_{11}=53.25 r/min 工况尾水管入口断面流速分布图(m/s)

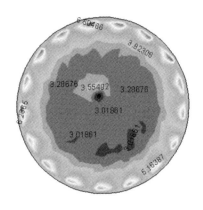

图 21 $a=44$ mm,$n_{11}=39.07$ r/min 工况尾水管入口断面流速分布图(m/s)

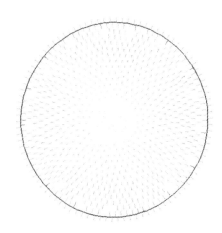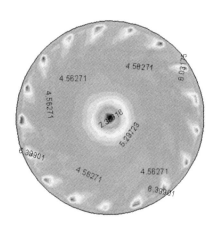

图 22 $a=44$ mm,$n_{11}=33.21$ r/min 工况尾水管入口断面流速分布图(m/s)

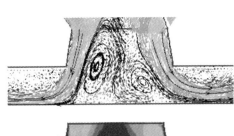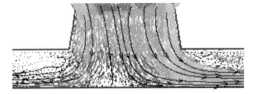

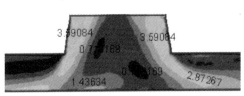

图 23 $a=44$ mm,$n_{11}=53.25$ r/min 工况尾水管流　图 24 $a=44$ mm,$n_{11}=39.07$ r/min 工况尾水

速分布图(m/s)　　　　　　　　　管流速分布图(m/s)

4)转轮计算结果分析

转轮是水轮机将水流能量转化成主轴旋转机械能的主要部件,转轮叶片的压力与转轮入口相对流速分布优劣在很大程度上决定了水轮机性能的高低。图26～图28所示分别为HL50水轮机在导叶开度为 $a=44$ mm 时, $n_{11}=53.25$ r/min、$n_{11}=39.07$ r/min 和 $n_{11}=33.21$ r/min 3 种计算工况下,转轮叶片静压和转轮入口相对流速分布图。

由图可看出 HL50 型水轮机在单位转速较高的计算工况下水轮机转轮叶片的静压分布都比较均匀,转轮叶片压力面与吸力面的压力相差也比较大,叶轮做功能力强。而在单位转速较低

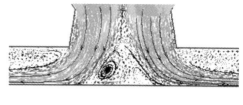

图25　$a=44$ mm,$n_{11}=33.21$ r/min 工况尾水管流速分布图(m/s)

工况压力面的压力分布明显不如计算工况均匀,且设计工况叶片高压区较大。在 $n_{11}=$ 53.25 r/min单位转速下叶片附近出现较大的旋涡,叶片正反面压差较小。

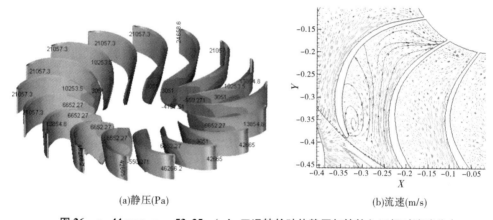

(a)静压(Pa)　　　　　　　　　(b)流速(m/s)

图26　$a=44$ mm,$n_{11}=53.25$ r/min 工况转轮叶片静压与转轮入口相对流速分布

四、试验测试及分析

(一)概述

理论分析、数值计算和试验研究组成了研究流动问题的完整体系。理论分析和数值计算为试验研究提供了理论基础和性能预测,试验研究对它们进行验证,三者相辅相成,不可分割。在前面几章中,分别对超低比转速水轮机的理论设计方法和内部流场数值模拟作了研究。在数值计算中,由于网格的质量,计算模型的选择和参数的设置等问题,计算结果与实际试验结果相比,有一定的误差,并且误差大小不易控制;因此,本章的主要任务是对超低比转速水轮机进行模型试验得出性能曲线。

选用水轮机 HL50-500 开展试验研究工作,其主要工作参数如表5所示:

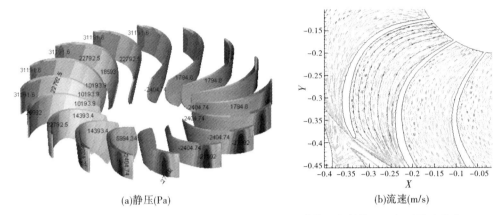

(a)静压(Pa)   (b)流速(m/s)

图 27 a=44 mm,n_{11}=39.07 r/min 工况转轮叶片静压与转轮入口相对流速分布

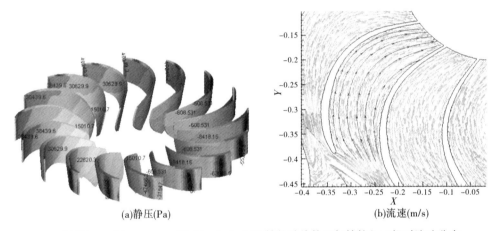

(a)静压(Pa)   (b)流速(m/s)

图 28 a=44 mm,n_{11}=33.21 r/min 工况转轮叶片静压与转轮入口相对流速分布

表 5   HL50 水轮机主要参数

水轮机型号	额定水头(m)	最大水头(m)	最小水头(m)	额定流量(t/h)	额定转速(r/min)
HL50	6	11	3.5	500	200

(二)试验设备

1. 试验台

试验台按照《水轮机模型验收试验规程》(DL 446—91)进行设计与建造,试验综合误差≤5‰。试验台为立式封闭循环系统,总容量为 50 m³,主要设备由尾水箱、压力水箱、电磁流量计、供水泵(或辅助泵)、电动闸阀、手动蝶阀、Φ500 mm 管道等组成。试验台主要参数如下:

    水头 H(m)   0～20

    流量 Q(m³/s)   0～1

    转矩 M(N·m)   0～2 000

    转速 n(r/min)   0～2 000

2. 参数测量系统

1）水头测量

取水轮机进水管位于压力管段开启阀门之后（1-1断面），出水管出口处位于尾水箱（2-2断面），则水轮机水头为：

$$H = \left(\frac{p_1}{\rho g} + \frac{v_1^2}{2g} + z_1 \right) - \left(\frac{p_2}{\rho g} + \frac{v_2^2}{2g} + z_2 \right) \qquad (24)$$

因为2-2断面裸露于大气之中，$p_2 = p_a$，且$v_2 \approx 0$，根据试验台差压传感器安装位置，则水轮机水头为：

$$H = \frac{p_1}{\rho g} + \frac{v_1^2}{2g} - 0.85 \qquad (25)$$

试验台选用中日合资重庆横河川仪有限公司生产的差压传感器，型号为：EJA110A，精度为±0.1%。

2）流量测量

选用中德合资上海光华爱尔美特仪器有限公司生产的电磁流量计，型号为：RFM4110-500，精度为±0.2%。

3）扭矩与转速测量

选用湖南长沙湘仪动力测试仪器有限公司生产的扭矩仪，型号为：JCZ-2000 n·m，精度为±0.1%。

4）振动与摆度测量

将传感器布置在水轮机组的复合轴承处，测量机组的振动及摆度性能。

5）数据采集方式

本试验台整个试验过程进行自动控制，从而达到提高水力机械试验参数测试精度，提升自动化测试水平和降低试验人员工作强度的目的。试验台由测控系统硬件部分和测控系统软件部分组成。

3. 误差分析

试验误差分为系统误差和随机误差两部分。

1）系统误差

系统误差是服从某一确定规律而不具有抵偿性的误差，它主要取决于测量仪表误差。

模型试验中效率的系统误差可用下式计算

$$E_{\eta,S} = \pm \sqrt{E_{Q,S}^2 + E_{H,S}^2 + E_{n,S}^2 + E_{M,S}^2} \qquad (26)$$

式中　$E_{\eta,S}$——模型试验中效率的系统误差（%）；

　　　$E_{Q,S}$——流量测量的系统误差（%）；

　　　$E_{H,S}$——水头测量的系统误差（%）；

　　　$E_{n,S}$——转速测量的系统误差（%）；

　　　$E_{M,S}$——转矩测量的系统误差（%）；

根据试验台设备可知，系统误差如下：

流量测量的系统误差 $E_{Q,S} = \pm 0.2\%$；

水头测量的系统误差 $E_{H,S} = \pm 0.1\%$；

转速测量的系统误差 $E_{n,S} = \pm 0.05\%$；

转矩测量的系统误差 $E_{M,S} = \pm 0.2\%$。

则由式(26)可求出模型试验中效率测量的系统误差 $E_{\eta,S} = \pm 0.304\%$

2）随机误差（E_R）

随机误差是服从统计规律并且具有抵偿性的误差，常用概率统计法处理，误差呈 t 分布，其标准偏差由下式计算：

$$S_x = \sqrt{\frac{1}{n-1} \sum_{i=1}^{n} (x_i - \overline{x})^2} \qquad (27)$$

式中 S_x——标准偏差；

         x_i——各次测量值；

         $\overline{x}$——测量值的算术平均值；

         N——测量次数，取9。

在最优效率点附近连续读取9次重复试验数据，见表6。

表6   9次重复试验数据表

编号	流量 Q(t/h)	水头 H(m)	扭矩(N·m)	转速 n(r/min)
1	646.2	8.14	513.96	199.0
2	646.2	8.14	513.97	199.3
3	646.1	8.13	513.93	199.2
4	646.1	8.13	513.96	199.2
5	646.1	8.13	513.92	199.3
6	646.2	8.14	513.95	199.5
7	646.2	8.14	513.96	199.6
8	646.2	8.14	513.95	199.5
9	646.1	8.14	513.96	199.2
平均值 $\overline{x}$	646.155 6	8.136 7	513.951 1	199.311 1
标准偏差 S_x	0.052 7	0.005 0	0.015 2	0.190 0
随机误差 E_R	0.005 0	0.037 8	0.001 8	0.058 6

随机误差采用相对误差 E_R 表示，其值用下式计算：

$$E_R = \pm \frac{t_{n-1} S_x}{\overline{x} \sqrt{n}} \times 100\% \qquad (28)$$

式中 E_R——相对误差(%)；

         t_{n-1}——置信系数，一般采用95%的置信概率，可查表求出。

效率的随机误差为

$$E_{\eta,R} = \pm \sqrt{E_{Q,R}^2 + E_{H,R}^2 + E_{n,R}^2 + E_{M,R}^2} \qquad (29)$$

式中 $E_{\eta,R}$——模型试验中效率的随机误差(%)；

         $E_{Q,R}$——流量测量的随机误差(%)；

$E_{H,R}$——水头测量的随机误差(%);

$E_{n,R}$——转速测量的随机误差(%);

$E_{M,R}$——转矩测量的随机误差(%)。

标准偏差 S_x 和随机误差 E_R 的计算结果见表6。

3)效率总误差(E_R)

试验的效率总误差为:

$$E_\eta = \pm \sqrt{E_{\eta,S}^2 + E_{R,S}^2} = \pm \sqrt{0.304\%^2 + 0.247\%^2} = \pm 0.388\% \tag{30}$$

式中 E_η——模型试验中效率的总误差(%)。

由式(30)可求出试验的效率总误差 $E_\eta = \pm 0.388\%$。

(三)水轮机试验研究内容

(1)对 HL50-500 水轮机流量保持在 $Q = 500$ t/h 左右,5.0~8.0 m 水头范围内测试其转速和轴功率。

(2)对 HL50-500 水轮机在保持转速为 200 r/min 时,2~8.2 m 水头范围内测试其流量及出力的变化。

(3)对 HL50-500 水轮机在保持转速为 175 r/min 时,3.9~7.6 m 水头范围内测试其流量及出力的变化。

(4)对 HL50-500 水轮机在转速为 175 r/min 及 200 r/min 时,测量其振动及摆度性能。

(四)试验成果

1.试验结果

试验研究成果见附录和图 A1_1~图 A3_4 所示。

2.试验成果分析

(1)由附录图 A1 试验数据可得,HL50-500 水轮机在保持流量 $Q = 500$ t/h 时最高效率可以达到 80% 以上。

(2)由附录图 A2 试验数据可得,HL50-500 水轮机在转速 $n = 200$ r/min 时,在额定水头 6 m 情况下,流量为 522 t/h,效率达到 82.37%;在 4 m 水头时,流量为 381.96 t/h,最高效率达到 89.09%。

(3)由附录图 A3 试验数据可得,HL50-500 水轮机在转速 $n = 175$ r/min 时,在额定水头 6 m 情况下,流量为 547.36 t/h,效率达到 77.39%;在 4 m 水头时,流量为 405.52 t/h,最高效率达到 85.41%。

(4)振动及摆度性能良好。

3.试验结论与建议

(1)HL50-500 水轮机在在保持流量 $Q = 500$ t/h 时,效率可以达到 80% 以上;HL50-500 水轮机在转速 $n = 200$ r/min 时,在水头为 5.75 m 情况下,流量为 505 t/h,效率达到 83.18%;在 4 m 水头时,流量为 381.96 t/h,达到最高效率 89.09%。

HL50-500 水轮机在转速 $n = 175$ r/min 时,在额定水头 6 m 时,流量为 547.36 t/h,效率达到 77.39%;在 4 m 水头时,流量为 405.52 t/h,达到最高效率 85.41%。

(2)对于振动,在转速 200 r/min 下,其最大振幅为 75 μm,发生在基频;最大摆度为 45 μm,也是发生在基频。在转速 175 r/min 下,其最大振幅为 74 μm,发生在基频;最大摆度为

45 μm，也是发生在基频。

由于传感器安装在水轮机组的复合轴承处，通过在两个转速下的测量，其最大振动、最大摆度均发生在一倍频处，其他高倍频处的振动、摆度均很小，说明制作工艺误差和安装精度误差是造成振动和摆动的主要原因。

（3）试验误差分为系统误差和随机误差两部分，该试验台系统误差为±0.304%，试验中效率的随机误差为±0.247%，试验总误差为±0.388%。

（4）根据试验现场观测，试验时水轮机运行平稳，无明显的振动和噪声。

（五）HL50-3000 数模物模对比分析

将 HL50-500 数据按原模型转换规律转换为 HL50-3000 数据，并做相应的数模计算。由试验结果可知，随着水头不断增大，流量和风机转速逐渐增大，在水头为 12.6 m 时，风机转速达到额定转速 136 r/min，水轮机效率达到 88.8%，图 29 是物模试验及数模计算结果。

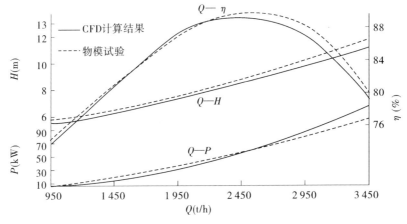

图 29　HL50-3000 数模物模结果

物模结果高效点稍有偏大，基本与数值模拟结果相一致，效率误差范围为±3%。产生误差的主要原因为：在单位转速较高时，水轮机水头较低，计算中水流的黏性作用被放大，与试验不相符。随着水头提高，流量增大，计算受黏性的影响减小，所以较小的单位转速下，计算值与试验值更接近。试验结果表明，用超低比转速混流式水轮机完全可以代替冷却塔中原有电动机来带动风机转动，达到节能的目的。

参 考 文 献

1　李利剑. 我国钢铁企业二次能源回收技术创新[J]. 科学学与科学技术管理, 2005(1).

2　吴伟章. 混流式水轮机三维非定常湍流计算[D]. 北京:清华大学, 2002.

3　曹树良, 梁莉, 祝宝山, 等. 高比转速混流泵叶轮设计方法[J]. 江苏大学学报, 2005(26):185-188.

4　张永学, 李振林. 离心泵叶轮的计算机程序水力设计[J]. 石油机械, 2007, 35(9):48-50.

5　钟丽莉. 混流泵水力设计 CAD 系统的研究[D]. 北京:中国农业大学, 2000.

6　常近时. 叶片式水力机械水动力学计算基础[M]. 北京:水利电力出版社, 1989.

7　罗兴锜, 廖伟丽. 混流式水轮机转轮 S1 流面上叶片设计的准三元方法[J]. 水动力学研究与进展, 1997, 12(3):79-256.

8　陈乃祥, 刘昭伟. S1 流面流动及有限叶片数影响的三峡转轮叶片设计[J]. 清华大学学报:自然科学版, 1998, 38(1):100-102.

9 张启德,准三元设计方法及其在三峡电站水轮机转轮设计中的应用[J].东方电机,1996(2):1-6.

10 张启德,准三元设计方法在水轮机转轮设计中的应用[J].东方电气评论,1998,12(2):75-79.

11 林凯,曹树良.用于高比转速混流泵设计的流场计算[J],清华大学学报:自然科学版,2008,48
(2):219-223.

12 樊红刚,陈乃祥.可逆转轮三维流动的涡动力学诊断研究[J].水力发电学报,2007,26(3):124-128.

13 陈满华.代替冷却塔中风扇电动机的新型节能水轮机开发研究[D].南京:河海大学,2007.

14 高建铭,姚志民.水轮机的水力计算[M].北京:电力工业出版社,1982.

15 赵啸冰等.水力机械蜗壳的研究进展[J].农业机械学报,2003,34(3):136-140.

16 刘大恺.水轮机[M].3 版.北京:中国水利水电出版社,1980.

17 李富成.流体力学和流体机械[M].北京:冶金工业出版社,1980.

18 H. K. Versteeg, W. Malalasekera, An Introduction to Computational Fluid Dynamics：The Finite Volume
Method. Wiley,New York,1995.

附　　录

附录1　符号说明

H、Q	水轮机的水头(m)、流量(m^3/s)
D_1	转轮直径(m)
N、η	水轮机的出力(kW)、效率
n,n_s	水轮机的转速(r/min)、比转速(m·kW)
U	水轮机转轮线速度(m/s)
b_0、$\overline{b_0}$	导叶高度(m)、导叶相对高度(m)
r、θ、z	圆柱坐标系的三个坐标分量
v_r、v_θ、v_z	绝对速度 v 在圆柱坐标系中3个坐标轴上的分量
f_r、f_θ、f_z	单位流体上质量力在圆柱坐标系中3个坐标轴上的分量
W_r、W_θ、W_z	相对速度 W(m/s)在圆柱坐标系中3个坐标轴上的分量
v_u、v_r	水流速度的切向分量(m/s)、径向分量(m/s)
K_w、r	蜗壳常数、计算点半径(m)
Q_i	通过蜗壳任意 i 断面的流量(m^3/s)
Φ_i	蜗壳任意断面与鼻端所在断面的夹角(°)
r_a	水轮机座环外径(m)
β_1	转轮进口角
v_{u0}、v_{m0}	水轮机活动导叶出口的圆周速度(m/s)、轴面速度(m/s)
r_2、A_2、β_2	转轮出口半径(m)、出口过流面积(m^2)、出流角(°)
ρ、f、p	流体质点的密度(kg/m^3)、质量力(N)、所受到的压力(Pa)
u_i、f_i	流体质点速度(m/s)、质量力(N)在 i 方向的分量

附录 2 试验结果

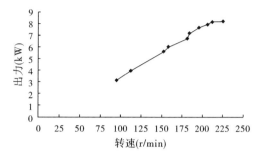

图 A1_1 HL50-500 水轮机速度与出力
关系曲线（$Q=500$ t/h）

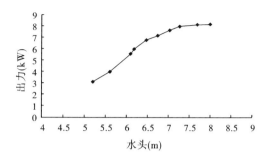

图 A1_2 HL50-500 水轮机水头与出力
关系曲线（$Q=500$ t/h）

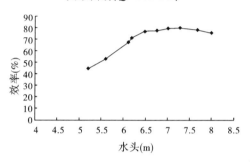

图 A1_3 HL50-500 水轮机水头与效率
关系曲线（$Q=500$ t/h）

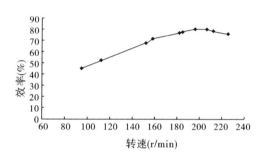

图 A1_4 HL50-500 水轮机速度与效率
关系曲线（$Q=500$ t/h）

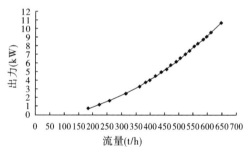

图 A2_1 HL50-500 水轮机流量与出力
关系曲线（$n=200$ r/min）

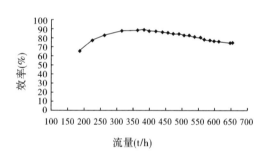

图 A2_2 HL50-500 水轮机流量与效率
关系曲线（$n=200$ r/min）

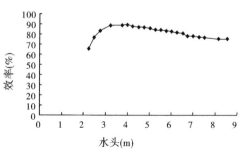

图 A2_3 HL50-500 水轮机水头与效率
关系曲线（$n=200$ r/min）

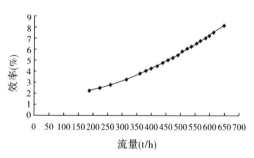

图 A2_4 HL50-500 水轮机流量水头
关系曲线（$n=200$ r/min）

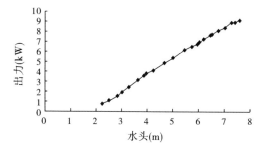

图 A3_1   HL50-500 水轮机水头与出力
关系曲线($n=175$ r/min)

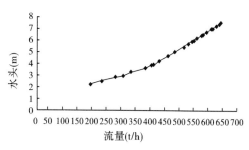

图 A3_2   HL50-500 水轮机流量水头
关系曲线($n=175$ r/min)

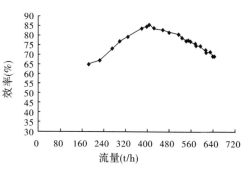

图 A3_3   HL50-500 水轮机流量与效率
关系曲线($n=175$ r/min)

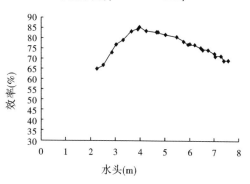

图 A3_4   HL50-500 水轮机水头与效率
关系曲线($n=175$ r/min)

龙王台水电站贯流式机组转轮油压试验浅析

景 国 强

（刘家浪水电有限责任公司）

【摘　要】　无论灯泡贯流式还是轴流转桨式水轮发电机组,水轮机转轮操作系统密封装置都是确定整个机组正常运行的关键环节。尤其是转轮叶片活塞操作杆与操作油管结合止口面内外腔密封至关重要。如果发生内外腔相互串油,会严重影响整个机组在运行中的优化协联作用,机组出力、受油器、调速器频繁启动操作,最后导致整个机组停机检修。参照龙王台电站安装过程中转轮油压试验与力源电站转轮漏油处理作一简单阐述,仅供同行参考。

【关键词】　龙王台　灯泡贯流　轴流转桨　油压

一、电站基本情况

龙王台水电站位于甘肃省岷县洮河中下游距县城 5 km 的地西村处,是洮河中上游投运的第 1 座灯泡贯流式电站。总装机容量 3×7 000 kW,2009 年 3 月开工建设,与力源电站(于 2009 年 8 月投运,装机 1×10 000 kW,水轮机型号为 ZZ540-HL-340)属刘家浪水电站员工集资兴建的股份制企业。龙王台水电站首台机组 2011 年 1 月 20 日投入试运行,2 月 23 日由于库区遭受冰凌破坏和水位频繁变化,部分坝区出现严重塌方,迫使停机维护。6 月 20 日 1# 机组再次投入运行,2# 机组于 7 月 3 日投入运行,3# 机组于 8 月 1 日投入运行,现龙王台水电站已正式投入商业运行阶段。

二、水轮机基本参数

水轮机型号		GZTF07B-WP-315
水头	最大水头 H_{max}(m)	11.59
	额定水头 H_r(m)	10
	最小水头 H_{min}(m)	8.1
额定出力(kW)		7 292
额定流量(m³/s)		79.25
额定转速(r/min)		166.7
飞逸转速(r/min)		540
旋转方向		往下游看顺时针
水推力(kN)		正向 840
		反向 1 110

吸出高程（m）	−8（至主轴中心线）

三、事态症结

龙王台水电站于 2010 年 5 月初开始对主机设备进行安装，在 6 月中旬安装工作进行到 1#机组转轮与主轴装配程序时，由业主方与安装公司向主机厂家提出对转轮做加压泄漏动作试验。根据主机厂在安装图纸和灯泡贯流式机组安装说明中共同明确说明，机组在出厂前进行油压动作泄漏试验 24 h，在此期间每小时全行程动作 2~3 次，轮叶转动应灵活，后 12 h 内每片轮叶的总漏油量不超过 0.07 L。但事与愿违，在驻厂技术人员的指导下，经过多次试验均未达到出厂设计技术规范要求，最后将 2#、3#转轮依次试验，结果基本与 1#转轮试验结果一致，2#转轮在叶片根部同时出现漏油现象，经过 40 多 d 的连续试验，并多次更换活塞杆与试验压盖、止口垫均无明显效果。笔者于 8 月初由公司安排到龙王台现场进行安装管理，会同驻厂技术人员、安装技术人员及有关专家会诊，提出以下几个方案：

（1）认真检查活塞密封的漏油现象。

（2）分析讨论活塞杆止口与试压盖（以后连接为操作油管）止口的结合面的配合间隙与压紧程度。

（3）分析两止口结合面加垫是否合理，应如何加垫，该加什么材质的垫。

（4）加压多少为标准，现场压力是否超标。

（5）经过几天与有关专业技术人员的沟通，并请教从事过灯泡贯流式机组安装的同行与师傅后，详细对整个转轮结构，尤其是活塞杆与试压盖、操作油管进行了校核与研究，并对前期试验结果进行认真分析，最后判断问题可能出现在 2 个结合面上止口处。业内同行都很清楚，光洁而平整的结合面在高油压下，结合面积越小，承受压力越大，出现漏油的可能也就越大。而实测活塞杆止口结合面为 3 mm，试压盖与操作油管止口面为 10 mm，所以在压紧结合后最易产生垫块变形或损坏，征得主机厂技术人员同意后，在原设备不动的情况下对设备进行改造。

首先选定有一定加工能力的单位，参照操作油管止口面与活塞杆止口面的配合面积，加工 1 个厚 3 mm 的铜套，与活塞杆止口内腔形成过盈配合尺寸，用冷套法套入活塞杆止口处。然后与原止口面车平，再将操作油管与活塞杆连接止口车取 3 mm，使其 2 个工作面止口配合间隙达到技术要求。当确定各工作件尺寸无任何问题后，重新加工试压盖和密封铜垫，返回工作现场再次进行试验。

2010 年 8 月 15 日，业主技术人员会同各方面技术人员对 1#机组转轮与试压设备准备后，将压力升至 5.4 MPa，经过 1 h 后压力无任何变化，5 h 后同样无任何变化，24 h 后观察发现压力下降了 0.5 MPa，由此确定，1#机组达到了安装要求，同样对 2#、3#机组进行了试验，结果均达到安装技术要求。笔者认为，转桨式水轮发电机组在安装前现场试验是完全有必要的，完全有可操作性的，这样不但给机组日后运行提供了可靠性、安全性，更重要的是，如果当时没有发现问题或对设备厂家过于依赖和信任，现场没有校核设备，会给今后的运行、检修造成很多困难。

力源电站于 2009 年 8 月投产以来，尤其在 2010 年调速器出现油位不断下降，在今年 3 月停水检修时发现转轮叶片转动轴套压盖密封严重腐蚀损坏。处理后至今一切运行正常。

浅析双平板橡胶主轴密封改造

景 国 强

（刘家浪水电有限责任公司）

【摘 要】 水轮发电机组主轴密封在近几年随着机组型号和性能的不断改进也取得了可喜的成果，但在 20 世纪 70～80 年代投产的老电站，此项技术改造就成了一个很大的难题。刘家浪水电站通过几代工程技术人员的不懈努力，于 2010 年 11 月冬季检修中，对 1#、2# 机组的主轴密封进行了有针对性的改造，得到了良好的效果。本人作为一名参与者与实施者，向采用双平板橡胶密封机组的同行们提出改造方案与方法，供参考，并欢迎联系交流。

【关键词】 刘家浪 双平板 密封 改造

一、改造原因

岷县刘家浪水电站位于甘肃东南部，地处甘南与陇南交界地带，属高寒山区，是建于洮河中上游的一座明渠引水式电站。洮河属黄河一大支流，流经全县 85 km，全程投运电站 4 座、在建 2 座、待建 3 座，可以说水利资源比较丰富，但在这样狭小的流域境内投建如此多的电站，对设备的安全生产带来十分不利的影响，也会在几年后给库区治理造成很大的困难。下游电站对刘家浪水电站造成危害，尤其是冬季运行时危害更大。尾水河道的冰塞形成尾水水位不断增高，水流不畅，最严重时水位升至发电机层，也就是说，高出尾水平台 300 mm，这样严重危害电站的安全运行，也严重影响设备的出力。主轴密封成了整个电站安全运行的有力保障，有一点损坏或一点缺陷，就会发生整个厂房被淹的重大事故，后果不堪设想。电站所有工程技术人员日夜观察，不断调整运行方案，采用主轴密封状况不太好的机组投入运行或实践，密封良好的待命备用。不仅冬季运行有很多困难，在丰水期同样给整个厂房带来很多危险，就以上问题，在 2010 年 11 月完成了双平板主轴密封的改造方案与试验工作，最后确定实施办法，正式投入改造运行过程。

二、改造过程

（一）改造前

改造是根据两层平板橡胶相互交叉止水的工作原理，且通过密封水箱来控制转轮室水流与轴向漏水并运行。

（二）改造方法

刘家浪水电站根据以往主轴密封运行周期短，止水效果不太明显，水流泥沙危害大，止水环接触面已磨损等因素，确定要用"1+1+1+2"的改造方式，就是在原转动和固定部件不动的情况下,在密封橡胶大小尺寸不变的同时加垫调整,使其效果达到一个良好的局面。

所谓"1+1+1+2"的方法,就是在密封水箱内腔的第 1 道止水橡胶为转动部分,其接触面与水箱内止水平台结合运行时,与机组同步转动,属第 1 道止水环节。尤其是在混水期或冰凌期,也就成了直接受害者;为此,在原来 1 层止水橡胶的基础上,再加上同样大小的 1 层橡胶,这样不但不影响其性能,更重要的是,当第 1 层橡胶损坏或失效时,第 2 层可以同样来代替第 1 层工作。由于厚度的增加,水箱摩擦金属面也同时减轻了直接摩擦的损失。在保证工作状态的情况下,延长了使用寿命。第 2 层为固定止水部分,原来有 1 层 3 mm 与 10 mm 两层橡胶,起主要作用的 10 mm 橡胶止水,3 mm 只是作为垫层,没有起到任何作用;因此,采用第 2 道止水,由原来的 1 层改为 3 层止水,步骤为:将原来 3 mm 橡胶与工作止水橡胶同样增加为 5 mm,这样与中间铁垫和压条同时紧固在水箱止口,又在主轴转动抗磨止水板中间加 1 层 5 mm 橡胶,交叉于第 2 条止水压条内侧,与抗磨板接触面相吻合,最后观察各接触面的间隙无损坏。

(三)改造后

第 1 种现象:当改造完成试验时,对该机组蜗壳进行充水至水位运行状态,密封装置部位无漏水现象。第 2 种现象:当运行时,无漏水现象。尤其是经过 1 个冬季高水位运行,2 台机组未发现不利于设备正常运行的任何苗头,且在春季检查过程中停机无漏水现象,因此证明此次改造的节能性成果较好。

三、结　　语

水轮发电机组不论机组容量大小,主轴密封形式如何改变,其主要目的基本一致,只要充分利用现有设备的优点,克服困难,勤于维护,认真研究,在大家的共同努力下,机组各设备都会在它最优工况下安全、稳定、高效地运行。

GB1 抗磨蚀堆焊焊条的研制、现场试验和应用

王 者 昌

（中国科学院金属研究所）

【摘　要】　分析不同堆焊金属的组织、硬度和抗磨蚀性能,指出硼化物共晶加奥氏体组织比其他组织具有更好的抗磨蚀性能。在此基础上研制成功 GB1 焊条,堆焊金属具有优异的抗空蚀性能及良好的抗磨损、磨蚀性能。"八五"期间在三门峡汛期浑水发电试验时获得成功,在以后的应用中证明,GB1 焊条可以满足三门峡 3 个汛期发电的需要。在 GB1 基础上加入微量稀土,可使抗空蚀、磨损、磨蚀性能提高 50% 以上,该焊条已获得国家发明专利,加入晶粒细化元素还能使抗磨蚀性能提高 10% 以上。该焊条已在 10 余座水电厂应用。

【关键词】　水力机械　磨蚀防护　堆焊焊条

一、前　　言

在全世界大中型水电站中,三门峡水轮机过流部件的磨蚀是最严重的。4# 机 1973 年 12 月 26 日投入运行,3 630 h 后叶片—中环间隙平均扩大 12 mm,叶片失重达 780 kg[1],20 世纪 80 年代不得不采取汛期不发电的运行方式,每年损失电力超过 2 亿 kW·h。

焊条堆焊目前仍是水轮机过流部件抗磨蚀修复的主要手段,有时也用于新机制造,后者大多在碳钢和低合金钢上堆焊抗磨蚀防护层。以往用于水轮机抗磨蚀防护堆焊材料的金属组织主要有奥氏体、马氏体和合金铸铁三类。以 A102 为代表的 Cr18Ni8 型奥氏体不锈钢焊条,尽管其抗磨损、抗磨蚀性能不甚令人满意,但因其工艺性和抗空蚀性能较好,价格较低,是最主要的堆焊材料。堆 277 是 Cr13Mn13 型奥氏体堆焊焊条,抗空蚀性好,耐磨性也略优于 A102,但因锰从药皮中过渡,焊接时产生大量的二氧化锰蒸气,毒性大,严重损害焊工和其他人员的健康。20 世纪 80 年代初引进国外技术开发的 0Cr13Ni5Mo 低碳马氏体焊条与瑞士 5300 相近,综合性能好,但其抗空蚀性、耐磨性仅为 0Cr18Ni9 的 0.7 ~ 1.2 倍[2-4],不仅满足不了黄河流域水电站的需要,就连长江上的许多电站的需要也满足不了。以耐磨 1# 为代表的高铬铸铁型堆焊焊条,耐磨性很好,但因抗裂性差和难打磨,不易推广应用。为解决小浪底等电站的磨蚀问题,水利部组织国家"八五"攻关课题,选择泥沙条件相近的三门峡水电厂进行现场试验。经过 1991—1995 年的试验研究,认为金属所的 GB1 焊条堆焊和水科院的合金粉末喷焊可基本满足 3 个汛期发电抗磨蚀防护的需要,1996 年该项目获水利部科技进步一等奖。1995 年末三门峡水电厂用该成果对 3# 机进行全面防护,1998 年和 2001 年检查表明,用 GB1 堆焊可以满足三门峡 3 个汛期发电需要,3 个汛期后叶片背面磨蚀轻微,6 个汛期后,磨蚀仍不严重[5]。现在黄河上的小浪底和万家寨水电站已建成 10 年,选用的软涂层和硬涂层都不成功[6-8]。长江三峡水电站现已建成发电,如果流域的水土保持工作不明显改善,15 年后也将面临严峻的磨蚀问题。对 GB1 焊条的研制、现场试验和应用进

行总结,有利于我国水轮机过流部件磨蚀问题的解决。

二、GB1 焊条的研制

表 1 为 20 世纪 80 年代我国水电厂使用的堆焊材料的抗磨损性能,以 20SiMn 作为比较的标准[9],试验条件泥沙浓度 33 kg/m³,相对速度 41.6 m/s。表 1 中金属组织一栏是笔者后加的。可以看出,表 1 中所有堆焊材料抗磨性均优于 20SiMn,所有堆焊材料中具有奥氏体组织的 A102 最差,组织为马氏体加硼化物的 F5 最好,奥氏体加碳化物的 Y1,耐磨 1#和瑞士 5006 也具有良好的抗磨性能。从表 1 可以看出,在合金组织相近的条件下,随硬度增加,抗磨性增加,例如瑞士 5006 优于 Y1,Y1 优于耐磨 1#,KJ5-4 优于堆 217,堆 277 优于 A102。

表 1 不同堆焊材料的耐磨性[9]

序号	材料	主要化学成分(%)			金属组织	堆焊层硬度 HRc	相对抗磨性	提供单位
		C	Cr	其他				
1	Y1	3.89	34	—	奥氏体+碳化物	55~59	2.6	中科院金属所
2	耐磨 1#	2.78	25.3	—	奥氏体+碳化物	49~51	2.51	中科院金属所
3	F5	0.82	26	B 1.6	马氏体+硼化物	56	4	中科院金属所
4	KJ5-4	1	14	Mo1.3	马氏体	59~61	2.23	中科院金属所
5	150CrB	1.5	12~18	B0.2	马氏体	45~50	2.24	哈尔滨焊接所
6	堆 217	0.35	9	Mo2.5,V0.6	马氏体	≥50	1.55	哈尔滨焊接所
7	堆 277	0.35	12~15	Mn10~14	奥氏体	≥20	1.5	哈尔滨焊接所
8	瑞士 5006	3~4	30~36	Mo0.23,Nb<0.44,V0.15~0.29	奥氏体+碳化物	56~62	3.02	瑞士 Castoline 公司出品,甘肃电力试验所提供
9	瑞士 5300	≤0.06	12~15	Ni4~6,Mo0.8~2.0	马氏体	HB300~350	1.71	瑞士 Castoline 公司出品,甘肃电力试验所提供
10	奥 102	0.08	18~21	Ni8~11	奥氏体	15	1.4	市售

从表 1 中还可看出,尽管堆 217 比堆 277 硬度高出 1 倍多,但抗磨性却相差很小。根据表 1 中数据画出耐磨性与金属组织、硬度关系图,见图 1。图 1 中数字代表表 1 中材料序号。从图 1 可看出,奥氏体加碳化物的耐磨性(曲线 A)优于马氏体(曲线 B),主要是高硬度的碳化物硬质相所致。奥氏体的耐磨性(曲线 C)也优于马氏体,主要是由于奥氏体的加工硬化能力比马氏体大所致。表 1 中 Y1 与 F5 相比,两者硬度相近,但 F5 耐磨性是 Y1 的 1.54 倍,说明硼化物的耐磨性大大优于碳化物。F5 与 KJ5-4 相比,也说明硼化物可明显提高耐磨性。可以推论,奥氏体加硼化物组织将具有优良的抗磨性。GB1 堆焊焊条就是在这种认识指导下研制出来的。

考虑到水轮机、水泵制造和修复时机械加工和打磨的需要,堆焊层硬度应低于 HRc40,故采用中低碳镍铬硼合金系统。

碳和硼对耐磨性的影响如图 2 所示[9]。从图 2 可看出,硼能大幅度提高耐磨性。0.10% C 与 0.35% C 相比,碳含量增加,耐磨性并未增加,而堆焊金属抗裂性变差,故选用低碳镍铬硼合金系统。GB1 焊条堆焊金属主要成分为:C0.1 左右,Cr13 ~ 20,Ni5 ~ 10 和 B0.8 ~ 2.0。

透射电镜分析结果表明,堆焊金属由奥氏体初晶(图 3)和硼化物共晶(图 4)组成[11-12],X 射线相分析结果表明,硼化物为(Fe、Cr、Ni)2B。

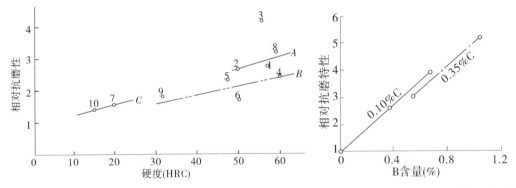

图 1　堆焊金属组织、硬度对耐磨性的影响　　**图 2　C 和 B 对 18Cr-8Ni 钢抗磨性的影响**

图 3　GB1 堆焊金属初晶组织 X 3000

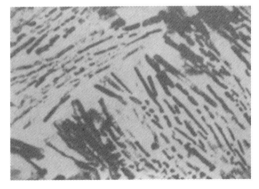

图 4　GB1 堆焊金属共晶组织 X 4000

透射电镜观察结果如图 5 所示,硼化物多为条状,也有粒状、网状和珊瑚状的[11]。这种结构的硼化物起到类似"骨骼"的支撑作用,阻止形变发生、裂纹形成和扩展,从而减少空蚀、磨损、磨蚀时的金属流失。

众所周知，钢中加入适量稀土可减少夹杂物数量和尺寸，从而可提高耐磨性。焊条药皮中分别加入 0.15%、0.30% 和 0.6% 的稀土，对夹杂物的影响如表 2 和图 6 所示[11]。可以看出，当加入 0.30% 的稀土时，无论是夹杂物数量还是尺寸，都具有最小值。加稀土的 GB1 焊条获得国家发明专利[13]。

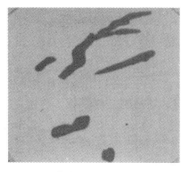  

(a)条状和粒状硼化物　　　　(b)网状硼化物　　　　(c)珊瑚状硼化物

图 5　硼化物形貌[11]

表 2　　　　　　　　　　　　　　　稀土对堆焊金属夹杂物的影响

稀土加入量(%)	0	0.15	0.30	0.60
夹杂物体积分数(%)	0.406	0.378	0.341	0.441
最大夹杂物尺寸(μm)	5.93	4.63	3.93	4.87

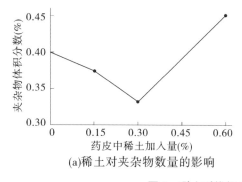 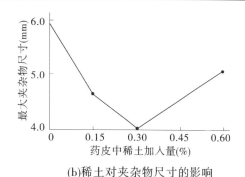

(a)稀土对夹杂物数量的影响　　　　　　(b)稀土对夹杂物尺寸的影响

图 6　稀土对堆焊金属夹杂物的影响[11]

三、GB1 堆焊金属磨蚀行为[14-18]

磨损试验是由水科院姚启鹏、余江成在旋转喷射装置上完成的，试验条件如下：相对速度为 41.5 m/s，使用磨粒为 270 目石英沙，平均含沙浓度为 27.25%。试验结果如表 3 所示。表 3 中 GB1、GB2、GB3 的区别在于 Ni、Cr 和 B 含量不同，831 焊条成分为 00Cr17Ni6Mo，

KJ5-4 成分见表 1,214 的成分为 C0.25、Cr12.7、Ni2.5、Mo1.4、B0.35,耐磨 1# 堆焊金属因裂纹未加工成试件。从表 3 可看出,GB1 具有优良的抗磨性,仅略低于昂贵的 Co-Cr-W,为 831 的 2 倍。

表3 不同堆焊金属的抗磨性

材料	GB1	GB2	GB3	831	Co-Cr-W	214	KJ5-4	A102
硬度(HRC)	35.5	26.2	33.5	27.0	45.5	54.6	46.8	15.1
相对抗磨系数	2.31	1.74	2.00	1.16	2.48	2.06	1.66	1.00

从表 3 可知,GB1 的耐磨性为 KJ5-4 的 1.39 倍,从表 1 可知,耐磨 1# 的耐磨性为 KJ5-4 的 1.13 倍,经计算,GB1 的耐磨性为耐磨 1# 的 1.23 倍,也就是说,GB1 的耐磨性超过耐磨性良好的耐磨 1#。而 GB1 的硬度比耐磨 1# 低约 15HRc,因此打磨和机械加工要比耐磨 1# 容易得多,抗裂性也要好得多。

根据表 3 中数据画出耐磨性与金属组织、硬度的关系图,如图 7 所示。从图 7 可看出,奥氏体的耐磨性(曲线 A)优于马氏体(曲线 M)。这与图 1 的规律性相同。

空蚀试验由水科院姚启鹏、余江城在转盘仪上完成。

图7 耐磨性与金属组织硬度的关系

试验条件:转速为(3 000±5)r/min,转盘室工作压力为 0.1 MPa。试验结果如表 4 所示。空蚀中心区的形貌如图 8 所示,左为 GB1,右为 A102。从表 4 和图 8 可知,GB1 具有优异的抗空蚀性能,为 A102 的 21.8 倍,Co-Cr-W 的 3 倍。耐磨 1# 的抗空蚀性能与 A102 相当,因此 GB1 的抗空蚀性能远优于耐磨 1#。

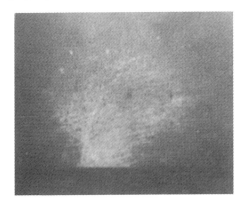

图8 GB1(左)和 A102(右)堆焊金属磨蚀中心区形貌[10]

表4 不同堆焊金属的抗空蚀性能

材料	GB1	GB2	GB3	831	Co-Cr-W	A102
硬度	35.5	26.2	33.5	27.0	45.5	15.1
相对抗空蚀系数	21.8	13.6	5.3	10.3	7.3	1.0

黄委水科院何筱奎等的试验结果表明[19]，GB1堆焊金属抗磨蚀性能为1Cr18Ni9Ti的6.7倍，0Cr13Ni5Mo的5.6倍。

将空蚀试样的空蚀中心区和未空蚀区进行X射线相分析，结果如图9、图10所示。未空蚀区组织中含有α相（马氏体）和γ相（奥氏体），而电子衍射试验结果则不含α相。估计这与样品加工过程中引起的加工硬化有关，去掉表层0.2mm后的X射线分析结果表明，α相的衍射峰消失了，这说明GB1堆焊层不含α相，而γ相是亚稳奥氏体，容易引起应力诱导马氏体相变。比较图9、图10可知，空蚀后样品表层的奥氏体几乎全部变为马氏体。显微硬度测量结果表明，次表层硬度增加15%。

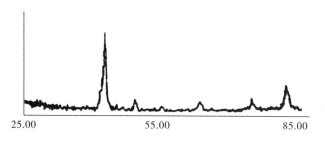 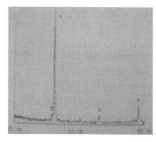

| 25.00 | 55.00 | 85.00 |

图9 GB1堆焊样品的未空蚀区X射线分析　　**图10 GB1堆焊样品空蚀中心区X射线分析**

GB1的组织决定了它具有优良的抗磨蚀性能。初晶奥氏体起到黏结相的作用，又因为它是亚稳奥氏体，还能起到相变强化的作用，条状、网状和珊瑚状的硼化物，起支撑作用，硬度又高。这些是GB1抗磨蚀性好的主要原因。

从上述试验结果可看出，GB1堆焊金属具有优异的抗空蚀性能、优良的抗磨损和抗磨蚀性能，是一种有应用前景的水力机械抗磨蚀防护材料。

稀土对磨蚀性影响的试验是天津院由彩堂等在转盘仪上完成的，结果如表5和图11所示[11]。从表5和图11可以看出，加入0.30%的稀土时，抗空蚀、抗磨损和抗磨蚀性具有最佳值，分别提高57%、55%、83%。这与稀土对夹杂物的作用（见表2和图6）有对应关系。可以看出，加适量稀土效果是十分明显的。

表5　　　　　　　　　　　　稀土对堆焊金属磨蚀的影响

稀土加入量(%)	0	0.15	0.30	0.60
相对抗空蚀性	1	1.33	1.57	0.65
相对抗磨损性	1	1.04	1.55	0.61
相对抗磨蚀性	1	1.07	1.83	0.98

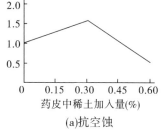 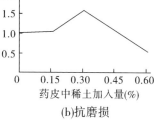 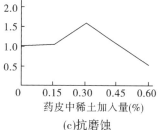

(a)抗空蚀　　　　　　　　(b)抗磨损　　　　　　　　(c)抗磨蚀

图11 稀土对堆焊金属抗空蚀、抗磨损和抗磨蚀性能的影响

四、现场试验和应用[10、16-18、20-21]

1991 年 7 月到 1994 年 10 月在三门峡水电厂进行现场应用试验,包括叶片头部、叶片背面和中环,分别代表以磨损为主、空蚀为主和空蚀磨损联合作用的区域。试验汇总表见表 6[17]。

表 6 **1991—1994 年 GB1 焊条现场堆焊试验汇总表**

时间(年·月)	机组号	检修类别	检修部位	试 验 内 容
1991.07	2	大修	中环	选用 GB1、214、L1-1、A132 及 3 种 Co-Cr-W 焊条,堆焊面积为 0.33×0.71 m²
1992.07	1	小修	中环	选用 GB1、214、A132 低碳 Co-Cr-W 焊条,堆焊面积为 0.43×0.71 m²
			头部	4#、8#用 GB1,1#、5#用 A132 堆焊
1992.12	1	大修	中环	用 GB1、GB2 堆焊 0.6×1 m²
			中环	铺焊水科院合金粉末喷焊板,100 mm×300 mm,纵向焊缝用 Co-Cr-W,横向焊缝用 GB1 盖面堆焊
			各部位	磨蚀严重处用 GB1 堆焊
1993.11	1	停机检查	叶片背面	用 GB1 堆焊 0.2×0.3 m²
1994.07	1	小修	各部位	磨蚀严重处用 GB1 堆焊
1994.07	3	大修	各部位	磨蚀严重处用 GB1 堆焊
			7#叶片背面	用 GB1 堆焊
1994.10	1	停机检查	各部位	磨蚀严重处用 GB1 堆焊

中环堆焊时先用碳弧气刨刨掉 7～8 mm,用砂轮磨去增碳层,用 A132 打底堆焊,留 3～4 mm 供选用的焊条堆焊。

1991 年堆焊的材料中,GB1 和 A132 堆焊层未发现裂纹,214、L1-1、低碳和中碳 Co-Cr-W 有少量裂纹,高碳 Co-Cr-W 有很多裂纹。抗裂性按 A132、GB1、214、L1-1、低碳 Co-Cr-W、中碳 Co-Cr-W、和高碳 Co-Cr-W 的顺序变差。由于试验焊条中 GB1 抗裂性好,故多焊 1 条 GB1。2#机从 1991 年 8 月 17 日至 10 月 14 日经过 59 d 汛期运行后开机检查,发现抗磨蚀性能以 GB1 和 Co-Cr-W 最好,214 次之,L1-1 和 A132 最差。测量 20 个点,GB1 比 A132 平均高出 0.35 mm。因 2#机 1992—1994 年未再汛期运行,故未进一步观察。

参加试验的焊工反映,除烟尘和飞溅量稍大外,GB1 与 A132 无太大区别。该焊条可用于全位置焊接,电弧稳定,脱渣性好,焊缝成型美观,抗裂性好,焊后打磨也不困难,加上抗磨蚀性好,价格仅为 Co-Cr-W 的 1/5,应很快被认定为替代 A132 的首选焊条。

1992 年 7 月 1#机小修时,淘汰掉高碳和中碳 Co-Cr-W 以及 L1-1 焊条,用 GB1、214、低碳 Co-Cr-W 和对比用的 A132 堆焊,重点试验 GB1,堆焊面积最大,施焊方法同上。经 9 月 13 日至 11 月 4 日计 52 d(计 1 248 h)运行,平均过机沙量为 9.9 kg/m³,结果与 1991 年类似。GB1 表面除个别焊接气孔、夹渣处有较小的磨蚀坑点外,其余部分光滑,状态稍优于 Co-Cr-W,而 A132 和 214 表面麻点较多。测量 20 点,GB1 平均比 A132 高出 0.4 mm。经两个汛期运行后,于 1993 年 11 月停机检查,GB1 焊条堆焊处除焊接气孔和夹渣处有小坑外,表面光滑,比低碳 Co-Cr-W 还好,A132 已出现较大的磨蚀坑,214 出现大量小坑,测量 20 个点,GB1 平均比无坑处的 A132 高出 0.75 mm。经 3 个汛期运行后,结果如图 12 所示。GB1 堆焊处比 A132 平均高出 1.14 mm,GB1 堆焊层除气孔和夹杂处有小坑外,其余均平滑,而 A132 有大量小坑,局部出现深坑。从图 12 还可看出 GB1 堆焊层表面状态优于 Co-Cr-W,说明 GB1 抗磨蚀性能优于低碳 Co-Cr-W。经 6 个汛期和 5 个清水期运行后,结果如图 13 所示。从图 13 可知,GB1 表面良好,个别小坑是以焊接气孔为中心磨蚀所致。GB1 比 A132 高出 2.5 mm 左右,GB1 堆焊层表面状态明显优于 Co-Cr-W。随运行时间增加,GB1 堆焊层高出 A132 堆焊层的尺寸增加,结果如图 14 所示。

图 12　中环堆焊 GB1 等 4 种焊条经 3 个
汛期运行后外观[17]

图 13　中环堆焊不同焊条运行 6 个
汛期和 5 个清水期后外观[10]

1992 年 12 月又在中环中心高程以上 250 mm 及以下 350 mm 处进行堆焊试验,面积 0.6×1 m²,其中 GB1 为 0.6×0.6 m²,GB2 为 0.6×0.4 m²,其周围是原来堆焊的 A132。经 92 d 清水期和 68 d 浑水期运行,GB1 比 A132 高出约 0.40 mm,GB2 高出 0.30 mm 左右,GB2 比 GB1 的抗磨蚀性略差一些。堆焊层暴露出几条细小裂纹,这与冬季施工有关。经 2 个汛期运行后,分别比周围的 A132 高出 0.8 mm 和 0.7 mm,表面平滑,基本上没有磨蚀坑,见图 15。几条细小的焊接裂纹未见扩展,也未见磨蚀加剧现象。

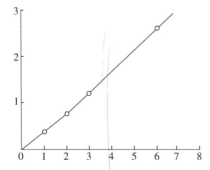

图 14　GB1 堆焊层高出 A132 的尺寸
与运行汛期数的关系

图 15　中环堆焊 GB1、GB2 焊条经 2 个汛期
运行后外观[17]

中环处铺焊水科院的合金粉末喷焊板（100 mm×300 mm）时，封底用 A132，盖面焊道纵向用低碳 Co-Cr-W，横向用 φ3.2 mm 的 GB1。经两个汛期和 2 个清水期运行后，结果如图 16 所示。可以看出，用 Co-Cr-W 堆焊的纵向焊缝比用 GB1 堆焊的横向焊缝磨蚀严重得多。GB1 焊缝裂纹较少，而 Co-Cr-W 裂纹倾向则大得多，有的焊缝已全部裂开，这也是铺焊板脱落的原因之一。

叶片头部是磨损严重的区域，利用即将报废的叶片进行试验，4# 和 8# 叶片头部用 GB1 堆焊，1# 和 5# 用 A132 堆焊。汛期发电后 4# 和 5# 叶片头部照片如图 17 和图 18 所示。可以看出，GB1 堆焊的 4# 叶片头部光滑，没有产生鱼鳞坑，而 A132 堆焊的 5# 叶片头部磨损比较严重，产生明显的鱼鳞坑，深约 0.5 mm。由于这组叶片汛后报废，无法继续观察。

图 16　中环铺焊经 2 个汛期的 2 个清水期　　　图 17　GB1 堆焊的 4# 叶片头部汛后外观[18]
　　　　运行后的外观[17]

1993 年 11 月在水利部召开的抗磨蚀攻关会议上，GB1 焊条是惟一受到充分肯定的材料，认为其抗磨蚀性能和堆焊工艺性较好，有推广应用价值。

鉴于 GB1 表现出良好的综合性能，为弥补叶片背面强空蚀区没有进行 GB1 堆焊试验的不足，1993 年 11 月决定在 1# 机叶片背面吊装孔以下、距叶片外缘 130 mm 处即强空蚀区堆焊 GB1，面积为 0.2×0.3 m²。为预防冬季焊接产生裂纹，在堆焊 A132 底层焊道后立即堆焊 GB1，层间温度约为 50 ℃，堆焊 A132 除起到打底作用外，还起到低温预热作用。由于环境温度太低（5 ℃ 以下），堆焊层出现 2 条细小裂纹。鉴于时间太紧，打磨未够量，高出周围约 1 mm，焊道尚未完全磨平。经 1 个清水期（约半年）运行，1994 年 7 月停机小修时，堆焊区周围局部已露碳钢，而 GB1 堆焊处未见空蚀，打磨痕迹及未磨平的焊道清晰可见，见图 19。经 4 个汛期和 4 个清水期运行后，后堆焊的 A132 已遭到比较严重的空蚀，而早期堆焊的 GB1 表面状态仍然很好，见图 20。此处为强空蚀区，GB1 的优越性表现得更充分，这与其特别好的抗空蚀性（为 1Cr18Ni9Ti 的 21.8 倍）有关。

1995 年汛前对 5F 6# 叶片进行全面堆焊防护，除接近外缘处分别堆焊 3 小块 Ni3Al、0Cr13Ni5MoRe 和 A132 外，叶片背面其余部分都堆焊 GB1。运行 2 个汛期后，堆焊 A132 处已露出 20SiMn 黄锈，Ni3Al 也出现磨蚀现象，0Cr13Ni5MoRe 磨蚀轻微，GB1 尚未出现磨蚀现象。3 个汛期后，堆焊 A132 处已出现深坑，Ni3Al 处已形成蜂窝状蚀坑，0Cr13Ni5MoRe 出现少量蚀坑，而 GB1 处仍然光滑，如图 21 所示。文献[5]指出，GB1 堆焊"满足了 3 个汛期的运行要求，表现了良好的抗磨性能"。由于叶片背面堆焊抗磨蚀效果显著，原来用于保护叶片背面的裙边也不用了。

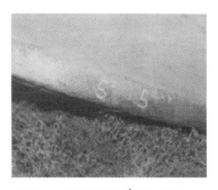

图18 A132 堆焊的 5# 叶片头部
汛后外观[18]

图19 1# 机 1# 叶片背面堆焊 GB1 经 1 个
清水期和 1 个汛期运行后外观[17]

图 22 左为 GB1 堆焊的 5F 6# 叶片背面靠近进水边处,图 22 右是用粉末喷焊的另一叶片相同部位,经 3 个汛期运行后可看出,堆焊的 GB1 看不到空蚀磨损,而粉末喷焊的则因保护层脱落而露出黄锈,叶片破坏比较严重。粉末喷焊材料是 1995 年水利部组织鉴定时肯定的两种抗磨蚀材料之一,现已极少应用,被水利部 1995 年鉴定会肯定的另一种抗磨蚀材料 GB1 焊条已成为三门峡水电厂主要的抗磨蚀防护材料。

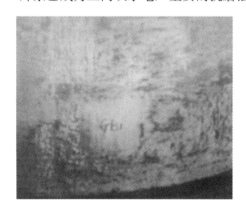

图20 叶片背面堆焊新型焊条及 A132
经 4 个汛期和 4 个清水期运行后外观[10]

图21 5# 机 6# 叶片运行 3 个汛期后外观[5]

1995 年末对 3# 机进行全面抗磨蚀防护。中环堆焊 GB1,叶片背面防护示意图见图23,从 1995 年 9 月 13 日到 2001 年 3 月 27 日共运行 30 246 h,其中汛期运行 7 851 h。叶片背面外观如图24、图25 所示。从图24、图25 可看出,GB1 表现出优良的抗磨蚀性能,它比 A132 高出 1.8 ~ 2.0 mm,比 SPHG1 粉末喷焊磨蚀也轻[5]。文献[5] 还指出,"GB1 焊条在应用上比 SPHG1 材料具有明显的优点,易于推广"。

运行 30 246 h 后中环磨蚀情况见图26。比较图26 和图13 可知,1995 年堆焊的 3# 机中环比 1992 年堆焊的 1# 机中环试验区磨蚀要严重得多。分析认为,这是由于 1# 中环堆焊时用 A102(或 A132)打底,而 3# 机中环堆焊时未用 A102 打底,直接堆焊。由于原来堆焊的 A102 已很薄,甚至已磨蚀穿,堆焊时 20SiMn 熔化,因此堆焊金属偏离了最佳成分。从而可看出,GB1 不宜直接在碳钢和低合金钢上堆焊,需用 A102 或 GB2 打底。GB2 比 GB1 具有更高的合金化程度,用它堆焊在碳钢和低合金钢上,其成分与 GB1 堆焊在不锈钢上接近,从

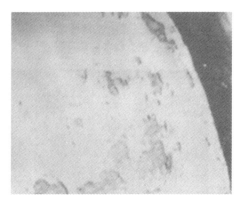

图22 叶片背面靠进水边处堆焊 GB1 焊条(左)和喷合金粉末(右)
运行 3 个汛期和 3 个清水期后外观[10]

而也具有优良的抗磨蚀性能。而 GB2 堆焊在不锈钢上或 GB2 多层堆焊,其抗磨蚀性能还不如 GB1,见表3、表4 和图15。在碳钢和低合金上堆焊时,如果只允许堆焊 1 层,就用 GB2 堆焊,如果允许堆焊 2 层,选用 GB2 打底,GB1 盖面,效果会更佳。

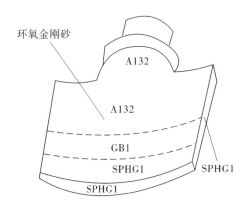

图 23 叶片背面防护示意图[5,8]

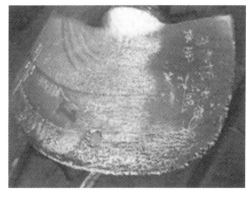

图 24 3#机运行 30 246 h 后叶片背面外观[5]

图 25 运行 30 246 h 后叶片背面
不同区域外观[5]

图 26 3#机中环运行 6 个汛期和 5 个
清水期计 30 246 h 后外观[5]

上述现场试验结果表明,GB1 堆焊金属抗磨蚀性能不仅大大优于 A132 和 A102(两者成分基本相同,A102 只比 A132 少大约 1% 的 Nb),也明显优于 0Cr13Ni5MoRe,甚至优于价

鉴于在 GB1 基础上加稀土的堆焊焊条的抗空蚀、磨损及磨蚀性能均比 GB1 高 50% 以上,故使用效果更好。

　　最近几年,对 GB1 焊条又进行了改进,使烟尘量减少 20% 以上,过去焊工反映的烟尘稍大问题得到改善。另外,在焊条药皮中加入晶粒细化元素,经全国水机磨蚀试验研究中心试验,抗磨蚀性能提高 10% 以上,改进后的焊条在三门峡水电厂已成功应用。

　　除三门峡外,使用 GB1 焊条的还有葛洲坝、刘家峡、青铜峡、红山嘴、龚嘴、丰满等十多个水电厂。

五、结　　语

　　(1)由于我国江河中多泥沙、水轮机过流部件磨蚀严重,现有的奥氏体(如 A102、A132、堆 277)、马氏体(如 KJ5-4、214、0Cr13Ni5Mo 等)皆不能满足现场使用要求,高铬铸铁型(如耐磨 1# 等)和高中碳铬硼型(如 F5、150CrB)虽然耐磨性好,但因抗裂性差,难打磨,也不适于在水力机械过流部件上应用。

　　(2)分析不同组织对耐磨性的贡献,得出奥氏体优于马氏体,硼化物优于碳化物,奥氏体加硼化物将具有优良耐磨性的结论。综合考虑耐磨性、抗裂性和加工性(包括砂轮打磨难易),最终选用低碳镍铬硼合金系统。

　　(3)低碳镍铬硼系的 GB1 堆焊金属具有优良的抗磨蚀性能。抗空蚀性为 A102 的 21.8倍,抗磨性为 A102 的 2.31 倍,抗磨蚀为 1Cr18Ni9Ti 的 6.7 倍,0Cr13Ni5Mo 的 5.6 倍。

　　(4)加入适量稀土可减少堆焊金属夹杂物数量和尺寸,使抗空蚀、磨损和磨蚀性能提高50% 以上。

　　(5)参加国家"八五"攻关三门峡现场试验及以后的应用结果表明,GB1 与 A102、A132、Co-Cr-W 和 0Cr13Ni4MoRe 和 00Cr17Ni6Mo 等材料相比,具有优良的抗磨蚀性能,可以满足三门峡 3 个汛期发电的需要,甚至可基本上满足 6 个汛期发电的需要,效果非常明显。

　　(6)GB1 堆焊焊条工艺性良好,不难打磨,能够机械加工,价格也不贵,仅为 Co-Cr-W的 1/5,是目前性价比最高的水力机械抗磨蚀防护堆焊材料。

　　(7)该焊条已获得国家发明专利,其主要成分为 Cr13-20,Ni5-10,B0.8-2.0 和微量稀土。

中国水科院姚启鹏、余江城,黄委水科院何筱奎,全国水机磨蚀试验研究中心由彩堂、姚光等帮助完成空蚀、磨损和磨蚀试验,三门峡枢纽管理局俞复民、徐清海、郭晚荣、高义、杨玉昆、张保平、薛敬平、刘贵勤、陈前淮、王金平等组织和参加了现场试验,金属研究所李斌、李强、郑风珍、白良谋、梁亚男、崔岩等参加焊条研制和试验工作,在此一并致谢。

参 考 文 献

1　张润芳,许国光.三门峡水电站水轮机转轮叶片损坏情况的演变[J].水机磨蚀,1989:51-57.

2　何筱奎.三门峡水轮抗磨蚀材料优选试验研究[J].水机磨蚀,1995:38-47.

3　薛伟,王永前,赵永春,等.空蚀试件的微观形貌分析[J].水机磨蚀,1993:124-131.

4　姚启鹏.泥沙粒径级配对材料磨蚀影响的试验研究[C]//第 12 次中国水电设备学术讨论会论文集.1995:327-333.

1995:327-333.

5 张保平,薛敬平,石永伟,等.三门峡水电站3#水轮机磨蚀情况分析[J].水机磨蚀,2001:67-77.

6 高云峰,支余庆.万家寨1#、2#水轮机防磨蚀措施及涂层应用现状[J].水机磨蚀,2001:78-84.

7 大型水轮机组调研概况[J].水机磨蚀,2002(2).

8 王者昌,张保平,薛敬平.黄河中游水电厂抗磨蚀防护的一些问题及对策[J].水机磨蚀,2002-2003:76-81.

9 王者昌,郑凤珍,白良谋.抗磨蚀焊条研制、应用及今后工作设想[J].水机磨蚀,1991:58-65.

10 王者昌,郑凤珍,杨玉昆,等.一种抗空蚀磨损堆焊焊条研制和应用[J].水机磨蚀,1998:122-125.

11 王者昌,李斌,崔岩.GB1堆焊金属微观结构及稀土合金的作用[J].水机磨蚀,1996:65-69.

12 王者昌,李斌,崔岩.堆焊金属组织结构对抗磨蚀性能的影响[C]//第八次全国焊接会议论文集.1997:466-468.

13 王者昌,李斌,崔岩.一种加稀土的不锈钢抗磨蚀堆焊材料.中国发明专利,编号 ZL961 15466.7,2002年.

14 王者昌,梁亚南,姚启鹏,等.GB1等堆焊金属的磨蚀行为[J].水机磨蚀,1995:67-72.

15 王者昌,梁亚南,姚启鹏,等.焊条堆焊金属磨蚀试验研究[C]//第12次中国水电设备学术讨论会论文集.1995:316-320.

16 王者昌,郑凤珍,李强.新型抗磨蚀堆焊焊条的研制和应用[M]//第13次中国水电设备学术讨论会论文集.1997:615-619.

17 王者昌,薛敬平.GB1系列抗磨蚀堆焊焊条的研制和应用[C]//水机磨蚀研究与实践50年.北京:中国水利水电出版社,2005.

18 王者昌.水力机械抗空蚀磨损金属覆层材料和应用[J].水机磨蚀,中国水利水电出版社,2008.

19 何筱奎,俞复民,郭晚荣.三门峡水电站水轮机防护材料抗空蚀磨损磨蚀性能试验研究[J].1994.

20 王者昌,郑凤珍,俞复民,等.GB1焊条堆焊在三门峡水轮机过水部件试验研究[J].水机磨蚀,1995:49-53.

21 王者昌,郑凤珍,白良谋,等.GB1焊条研制有在水轮机上试用[J].水机磨蚀,1993:151-154.

小型水轮机过流部件抗磨蚀新技术

胡　　江

（河北省易县水电管理处）

【摘　要】　河北省小水电站基本分两种类型,第 1 类是为原有水利工程配套而建设的坝后式电站和灌渠上的电站,第 2 类是河道引水式电站。第 1 类电站水质好,水流清澈;第 2 类引水式电站存在水质差、杂物多、泥沙含量大等问题。由于近年来生态环境恶化,水土流失加剧及建设初期考虑泥沙磨蚀问题不够充分,因此引水式电站水轮机泥沙磨蚀问题愈演愈烈。这个严重的问题就摆在了我们面前。

【关键词】　水轮机　非金属涂料　新技术

一、河北省引水式电站磨蚀现状

（一）河北省引水式电站分布情况

河北省水利系统单机 500 kW 及以上电站 51 座,水轮发电机组总台数 130 台,总装机 16.186 2 万 kW,2000 年发电量 20 844 万 kW·h,其中河道引水式电站 26 座,占 50.9%,水轮发电机组总台数 70 台,占 53.8%,总装机 6.020 2 万 kW,占 37%,2000 年发电量 11 480 万 kW·h,占 55%。这些电站主要分布在漳河、滹沱河、唐河、沙河、拒马河、潮白河、滦河干流及主要支流上。河北省 500 kW 及以上河道引水式电站基本情况见表 1。

这些电站所处河流均是河北省挟带泥沙较严重的河流,如漳河多年平均输沙量为 2 580 万 t,唐河多年平均输沙量为 180 万 t,这些河流上的水电站无一例外地存在着水轮机磨蚀问题。

随着小水电建设步伐的加快,全省 500 kW 及以上电站中引水式电站所占比例越来越大,见表 2。

因此,解决水轮机磨蚀问题更成为当务之急。

（二）紫荆关梯级水电站磨蚀现状

紫荆关梯级水电站位于河北省易县城西 40 km 的紫荆关镇,建设在跨流域引水的紫荆关"五一"引水渠道上,"五一"引水渠是将拒马河水引入建在中易水河上游的安格庄水库,渠首建一座橡胶坝,在春夏秋三季为无坝引水,冬季用橡胶坝蓄水,以防止冰凌阻水影响发电。"五一"引水渠长度 8.5 km,设计最大引水能力 25 m³/s,总落差 354 m,规划分 6 级开发,已投入运行的电站有 4 座,总装机 11 140 kW,设计年发电量 4 709 万 kW·h,梯级水电站水轮机组主要参数见表 3。

拒马河年平均含沙量为 2.92 kg/m³,多年平均输沙量 91.3 万 t,多为推移质,颗粒粗,粒径 $d_{50}=1$ mm,硬度大,大部分为石英,磨损力强。因近年来天旱少雨,汛期引水流量也达不到电站满发,用水流量小,影响渠道沉沙池及各站沉沙池排沙效果,因此造成汛期过机泥沙

表1 河北省 500 kW 及以上河道引水式电站情况一览表（2000 年）

序号	电站名称	所在县市	处数	台数	装机（kW）	容量（kW）	发电量（万 kW·h）	利用时间（h）
1	康庄水电站	平山县	1	2	2×500	1 000	305	2 033
2	秘家会水电站	平山县	1	3	3×800	2 400	600	2 875
3	十里坪水电站	平山县	1	3	3×800	2 400	642	2 674
4	小觉水电站	平山县	1	3	3×1 500	4 500	872	1 938
5	真龙山水电站	迁西县	1	3	3×1 000	3 000	150	500
6	黎河二级电站	遵化市	1	3	3×1 250	3 750	—	—
7	水胡同水电站	青龙县	1	2	2×800	1 600	96	598
8	邵庄水电站	涉县	1	2	2×500	1 000	52	520
9	张头水电站	涉县	1	4	1×500+3×160	980	55	561
10	西达水电站	涉县	1	3	3×500	1 500	315	2 100
11	活水水电站	武安市	1	3	2×630+1×92	1 352	34	251
12	海乐山水电站	磁县	1	2	2×3 200	6 400	1 757	2 745
13	民安庄水电站	唐县	1	3	3×630	1 890	656	3 471
14	北城子水电站	涞源县	1	2	2×500	1 000	126	1 257
15	紫荆关一级水电站	易县	1	3	3×1 000	3 000	782	2 607
16	紫荆关三级水电站	易县	1	3	3×1 250	3 750	1 082	2 886
17	紫荆关四级水电站	易县	1	2	2×1 250	2 500	802	3 207
18	紫荆关五级水电站	易县	1	3	3×630	1 890	747	3 954
19	官座岭水电站	易县	1	3	3×1 250	3 750	622	1 658
20	大柳树水电站	阜平县	1	2	2×1 250	2 500	253	1 012
21	三家台水电站	涿鹿县	1	2	2×500	1 000	353	3 530
22	隔河寨二级水电站	赤城县	1	2	2×500	1 000	270	2 700
23	山前水电站	滦平县	1	3	2×800+1×320	1 920	224	1 168
24	老定山水电站	隆化县	1	3	3×630	1 890	320	1 690
25	秋窝水电站	承德市郊	1	3	2×1 000+1×630	2 630	250	950
26	河东水电站	涿鹿县	1	2	2×800	1 600	22	137

表2 河北省 500 kW 及以上引水式电站实际发电量简况

年 份	1989	1990	1993	1997
500 kW 及以上电站发电量（万 kW·h）	19 285.6	20 444.9	10 163.7	36 252.0
引水式电站发电量（万 kW·h）	3 952.4	8 329.39	7 102.0	16 407.0
引水式电站电量所占比重（%）	30.86	40.74	43.97	55.26

表 3

电站名称	一级水电站	三级水电站	四级水电站	五级水电站
装机容量(kW)	3×1 000	3×1 250	2×1 250	3×630
设计年发电量(万 kW·h)	1 145	1 672	1 124	768
水轮机型号	HLD87-WJ-53	HL160-WJ-60	HL180-LJ-71	HL220-WJ-50
水头(m)	58.5	74.6	52.5	44.6
单机流量(m³/s)	2.11	2.08	3.068	1.83
机组转速(r/min)	1 000	1 000	750	1 000
吸出高度(m)	+1	+2	+2.58	+1.1

量大,加上各站机组安装高程均为$+H_s$,造成空蚀、磨损联合作用;各站水轮机均按清水河流条件设计,机组转速高,水流流速大,加剧了水轮机水轮机转轮磨损严重,转轮破坏形成鱼鳞坑,叶片背面呈海绵状蜂窝麻面,叶片厚度变薄,出水边成锯齿状破坏,每年至少修补 1~2 次,因修型不佳,叶片变形,使水轮机水力效率降低,达不到额定出力,直至转轮报废。以紫荆关一级水电站为例:1994 年 10 月投产至 1998 年底,3 年多时间更换了 9 个转轮,平均 1 年 1 台机组用 1 个转轮。磨损使水轮机检修工作量加大,检修周期缩短,检修时间延长。

水轮机前后抗磨板磨损严重,使水轮机迷宫间隙增大,容积效率降低。紫荆关五级水电站 1993 年投产,1# 机 2 年后拆开检修,下抗磨板迷宫间隙由原 0.5~0.7 mm 变为 12~14 mm,容积效率大大降低,且导叶轴孔处有磨蚀沟槽,上抗磨板虽比下抗磨板略轻,但水轮机顶盖磨损严重,主轴密封漏水量增大。紫荆关五级水电站投运 5 年后,1#、2# 机更换下抗磨板各 1 套,3 台机顶盖磨损得近乎穿孔,难以用常规方法修复。紫荆关一级水电站 1994 年投产,1997 年汛期曾发生顶盖穿孔。

磨蚀不但使水轮机导水叶端面与上下抗磨板漏水严重,同时呈沟槽锯齿状立面磨损,使导水叶变薄,间隙增大,也导致了严重漏水,使水轮发电机组关机时间延长不能正常停机。紫荆关五级水电站 1# 机运行 2 年后,关机时间是正常关机时间的 3 倍,以至运行人员不得不外加磨擦力帮助机组停机。再者水轮机主轴密封漏水沿主轴喷向水轮机推力轴承,致使推力轴瓦进水,引起烧瓦事故。

水轮机锥管、补气架、固定导叶等过流部件也有不同程度鱼鳞坑状磨损。

二、由于磨蚀引起的问题及造成的损失

(一)由于磨蚀破坏造成水轮机效率下降,发电量降低

水轮机磨蚀破坏后其水力效率、容积效率及机械效率大幅度降低,紫荆关三级水电站,经喷涂保护后水轮机效率提高 10% 左右,以 1999 年为例,由于泥沙磨蚀造成的直接电量损失就有 128 万 kW·h 之多,全省达 1718 万 kW·h。直接经济损失 1 169.75 万元(包括节省的配件开支及材料、人工费等)。

(二)由于磨蚀破坏,威胁安全运行

水轮机磨蚀破坏使水轮机组振动加剧,关机时间延长,漏水严重等问题都直接威胁机组

的安全运行,紫荆关一级水电站1997年汛期发生顶盖穿孔故障,如不及时处理将会发展成为水淹厂房事故,因此水轮机磨蚀问题必须解决以保障水电站安全运行。

(三)由于磨蚀破坏造成运行成本增加,电站经济效益下降

水轮机磨蚀破坏除了使电站发电量下降、安全性能降低外,还增加电站检修工作量,检修次数增加,检修时间延长,缩短了检修周期,使电站运行维护成本增加,电站经济效益下降。

三、水轮机抗磨蚀过去采取措施的效果

由于水轮机过水部件的磨蚀给水电站的安全运行及经济效益带来巨大损害,如何防治水轮机磨蚀一直是水电站运行中的一个重要技术问题。曾采取了各种抗磨蚀的技术措施,但效果都不十分理想。

(1)采用更换母体材料,提高抗磨蚀能力,效果不明显,而且费用较高。紫荆关一级水电站由低碳钢转轮改为镍铬不锈铸钢叶片转轮,运行时间比原低碳钢转轮延长半年,但费用是原转轮费用的2倍。

(2)采用金属喷焊技术,提高了转轮叶片出水边背面抗空蚀能力,由于工具限制,只能保护叶片背面,不能将整个转轮保护,且加工过程中叶片热变形和龟裂不易克服,加工难度大,工艺不好掌握,推广应用困难。

(3)镶衬辉绿岩铸石技术,虽能增加固定部件的抗磨蚀能力,但由于加工工作量及镶衬工作量大,受加工工具限制不易施工,应用困难。

(4)除上述措施外,还采用过加装扰流板、加高尾水水位等抗磨蚀方法,但都是解决局部磨蚀问题,不能彻底解决水轮机磨蚀问题。

四、采用水轮机过流部件抗磨蚀新技术的优点与创新点

近年来与全国水机磨蚀试验研究中心合作,试验和应用推广了几种非金属抗磨蚀新技术,其优点与创新点在于:

(1)整体加工、消除局部变形。

(2)可在复杂、窄小的转轮流道中全方位的涂抹保护。

(3)在工件表层形成包衣替代过流部件的更换,延长过流部件使用时间。

(4)工艺简单,易操作、费用低、易推广。

五、水轮机过流部件抗磨蚀新技术试验过程

(一)抗磨材料的筛选

根据"五一"渠输沙量颗粒分析,见表4。对固定部件采用环氧金刚砂修补,经过二站3#机及五站1#机常温修补试验,发现抗磨蚀性能良好。但与水轮机母体材料黏接强度差,易剥落,一般运行3~6个月发生60%左右的剥落。根据现场实际,课题组决定采取加温至50℃时施工,得到了良好效果。根据拒马河含沙情况,对转动部件最先使用弹性橡胶涂层,

经过试验发现弹性橡胶在转轮叶片负压区黏接力弱,出现大片剥离脱落,而此处正是空蚀最严重区域,经过研究决定改用复合尼龙保护。经过反复实验、研究、比较、筛选,最后确定对水轮机固定部件采用中温环氧金刚砂修补,转动部件使用复合尼龙喷涂保护。

表4   "五一"渠沙样筛分表

取样地点	天然状态的物情指标		试验含量(%)						控制粒径(mm)	有效粒径(mm)	不均匀系数	分类名称(按颗粒组成分类)
	孔隙比	密度(t/m³)	砾石10~2 mm	粒径(mm)								
				2~0.5	0.5~0.25	0.25~0.1	0.1~0.05					
二站沉沙池	0.78 0.52	2.65	7	33	52	5	3		0.55	0.26	2.12	中沙
二站前池	0.75 0.51	2.65	4	37.5	42.5	14	2		0.50	0.185	2.7	中沙

(二)转轮采用复合尼龙粉末喷涂

复合尼龙粉末为灰白色粉末,由高分子材料尼龙、环氧和多种添加剂经复合处理混合而成,既具有尼龙材料的耐磨、耐冲击性能又兼备环氧的优异的黏接性能。粉末喷涂在表面经过喷沙处理加热至200 ℃左右的转轮上,就溶融流平形成保护层,经固化成膜,具有优良的耐磨蚀性能,其抗磨系数是30#钢的2~3倍,耐磨蚀性能是30#钢的1.5倍,黏接强度达80 MPa以上,剪切强度45 MPa,替代工件表面抵御流体中泥沙颗粒及空蚀的破坏,从而使工件使用寿命延长,保证了使用期的效率,其施工工艺也比较简单,首先将转轮去油污后喷沙除锈露出金属本体,并形成一定毛糙度。用表面活性剂刷涂转轮表面,以加强金属与高分子材料的黏接力和界面防水性,然后在烘箱内加温,使温度达到200~220 ℃后保温30~60 min,取出后用净化的0.1~0.2 MPa的压缩空气,通过专用喷枪,将装在专用喷粉器内的复合粉末喷涂到转轮表面并熔融流平,若一次喷涂厚度不足,可多次喷涂,最后在烘箱内保持180 ℃固化45~60 min取出,完成全部工艺。工艺流程见图1。复合尼龙粉末喷涂工艺简单、易操作,只要空气能流通之处均能涂复,适合于造型复杂、流道较小的中小水电机组转轮,且施工时间短,10~15 min即可喷涂1个转轮,但对温度控制要求严格。经喷涂的转轮,运行1年后将涂层烧除,重新喷涂,继续使用。

(三)对水轮机固定部件采用环氧金刚砂涂层保护

环氧金刚砂由环氧树脂为主体辅以多元醇缩水甘油醚为活性稀释剂,加固化剂组成,其组成配方见表5。环氧树脂具有优异的黏结力,并且施工工艺简易,可在常温下施工,在加温至50~60 ℃后时与钢铁的黏结抗拉强度为40~60 MPa。剪切强度20~35 MPa,加入刚性填料金刚砂后抗磨性能优异,抗磨系数是30#钢的2倍,耐磨蚀性能相当于30#钢。其加工工艺是:工件去油污后经喷沙除锈露出金属本体,并形成一定的毛糙度。用表面活性剂刷涂需要涂复的工件表面,以强化黏结界面的黏结力和防水性,然后将工件加热至50 ℃左右将环氧树脂及活性剂、固化剂按比例搅拌均匀,呈乳棕色胶状,用刷子或刮板,涂复在所需修复工件的表面上作为基层;再将余下的部分按1:5质量比例加入金刚砂,充分拌和均匀成砂浆状,用刮板或加热后的抹刀涂复到基层上,充分平压使表面光滑,达到要求的厚度,可采用常温 2 ~ 3 d 固化或处于 50 ℃ 左右范围内 3 ~ 4 h 固化后即可使用。工艺流程见图 2。

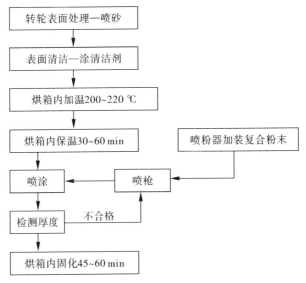

图 1　复合尼龙粉末喷涂施工工艺流程图

表 5　　　　　　　　　　　　　　环氧金刚砂涂层配方表

名称	数量
环氧树脂	100%
664	20%（与环氧树脂质量比）
偶联剂	1% ~ 2%（与环氧树脂质量比）
固化剂	18% ~ 20%（与环氧树脂质量比）
硅粉	30% ~ 40%（与环氧树脂质量比）
金刚砂	500% 左右（与环氧树脂质量比）

（四）有待改进的问题

推广应用的主要难点在：施工过程中的温度控制，温控掌握的好坏直接影响保护效果的优与差。需改进的问题是：转轮保护的复合尼龙保护层，修补技术不易掌握，修补处易剥落，现采取整只转轮全部清除后再重新保护的方式。以上问题有待进一步研究改进。

六、水轮机过流部件防护的效果及经济效益

采用非金属抗磨蚀材料保护转轮工艺简单易操作，可延长转轮使用时间，叶型变化小，保证了转轮高效率，并节省了大量资金，以易县紫荆关一级水电站为例，投产 1 年报废了 3 只转轮，直接经济损失 12 万元，为了增强转轮抗磨蚀能力，将转轮叶片材质由低碳钢改为不锈钢，每只造价增加 2 万元，每年投入 18 万元，且效果也不明显，采用非金属涂层保护后，每年只需 1 万元投入即可保证转轮不磨损不破坏。

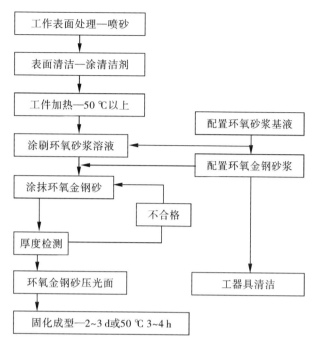

图2　环氧金钢砂涂层施工工艺流程图

固定部件采用环氧金刚砂涂抹简易快捷,效果良好,延长机组顶盖及上、下止漏环使用寿命,基本保证了水轮机迷宫间隙,减少了漏水量,提高了水轮机容积效率10%～20%,极大地降低了检修成本(为一般常规修复的1%左右)。缩短检修时间2/3左右。

推广到全省河道引水式水电站每年可增发电量1718万kW·h,增加直接经济效益1169.7万元,间接生产总值增加6872万元。

非金属抗磨蚀技术保护水轮机过流部件,效果明显,经济效益显著,工艺简单、快捷、易操作、好掌握,节省了大量资金,减小了检修工作量,缩短了检修时间,保证了机组安全高效运行,大大延长了水轮机使用寿命,降低了水电站运行成本,适合在多泥沙的小水电站中推广,以取得更好的经济效益。

音萨克水电站引水枢纽工程改造水工模型试验研究

梁 彦 松

（新疆疏附县水力发电公司）

【摘　要】　尽管结构优化范围受限,但通过大量水工模型放水投沙的试验观测与结构优化测验,克孜河音萨克电站引水枢纽改造工程获得了多项结构优化成果,大大减少了进入电站引水渠的泥沙。

【关键词】　模型试验　引水枢纽　水工模型

新疆克孜河音萨克水电站引水枢纽工程位于克孜河出山口以下,克孜河与天南维其克河的分叉处,距喀什市 17 km,距疏附县城 9 km。音萨克水电站从已建的天南维其克引水枢纽引水,尾水退入吾库萨克电站引水渠,供吾库萨克电站发电。天南维其克引水枢纽 5 孔进水闸中,右岸 2 孔为音萨克水电站进水闸。引水闸设计引水流量 $Q = 32$ m³/s,加大流量 $Q = 40$ m³/s。克孜河为多泥沙河流,多年平均含沙量 6.25 kg/m³。1998 年 6 月,克孜河发生溃坝型洪水,洪水挟带大量泥沙滚滚而下,致使克孜河一级水电站以下河床高程普遍被抬高,造成河道推移质泥沙向天南维其克引水枢纽处运动,电站运行条件发生了变化,主要是电站引水工程泥沙淤积严重,经常将输水渠道淤积,影响输水能力,使设备利用率大幅下降,电站水轮机磨损严重,降低了发电效率,增加了维修费用,缩短了设备使用寿命。因此进行引水枢纽改造,尽快解决引水枢纽进沙,输水工程淤积的问题十分必要。

音萨克水电站引水工程改造,系指天南维其克引水枢纽中为电站供水的右岸 2 孔引水闸后的消力池、音萨克电站进水闸、冲沙闸及排冰闸和冲沙渠道四项内容。目的是防止有害泥沙进入电站引水渠,同时解决压力前池冬季排冰不畅问题,以较大幅度提高水轮发电机组年平均利用小时数,增加发电效益,保证电站安全引水发电。

一、试验任务与内容

(一)试验任务

通过水工模型试验,对枢纽中为电站供水的 2 孔进水闸后的布置型式与结构进行改造,尽可能地减少进入电站引水渠的泥沙。

(二)试验内容

(1)测试河道在不同来流情况下,枢纽中为电站供水的 2 孔进水闸前后的水位流量关系。

(2)测试枢纽中为电站供水的 2 孔进水闸后、在原布置情况下,电站引水渠的进水进沙情况。

（3）测试枢纽中为电站供水的2孔进水闸后、其结构布置型式优化后，电站引水渠的进水进沙情况。

（4）上述各项测试情况下的相应水位与水流流速分布。

二、模型设计与制作

（一）模型设计

采用正态模型，按重力相似准则设计，即几何相似，水流运动相似和推移质泥沙运动相似。根据试验场地大小、试验任务要求和模型沙的选配，模型各项比尺如下：

几何比尺：$\lambda_L = 33$

流量比尺：$\lambda_Q = 6\ 256$

流速比尺：$\lambda_v = 5.75$

时间比尺：$\lambda_t = 5.75$

糙率比尺：$\lambda_n = 1.79$

泥沙比重比尺：$\lambda_g = 1$

泥沙粒径比尺：$\lambda_d = 33$

输沙率比尺：$\lambda_\omega = 6\ 256$

模型沙选用天然沙，人工筛分后按天然河床质颗粒组成及泥沙粒径比尺配制。

模型模拟长度1 900 m，其中闸枢纽上游河道段1 000 m，下游河道段900 m。模型平面布置图见图1。

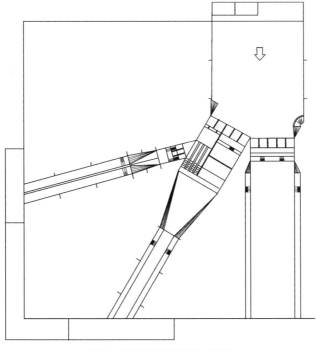

图1　渠首模型平面布置图

（二）典型流量的选择

根据甲方提供的资料和模型试验的需要,选择以下流量为模型试验的典型流量:

洪水流量(m³/s)	271
洪水流量(m³/s)	220
洪水流量(m³/s)	180
洪水流量(m³/s)	140
洪水流量(m³/s)	100

（三）模型制作

模型的各闸体和裙板用聚氯乙烯硬板制作,闸门用有机玻璃制作,其余建筑物均用水泥沙浆抹面。各建筑物根据糙率不同,采用表面拉毛加糙,或采用细沙密实加糙,以确保糙率相似。

三、试验成果

（一）结构优化试验

1. 为电站供水的 2 孔进水闸后的消力池改为陡坡、同时顺水流增设 1 道隔墙的试验

进水闸后的消力池原作为沉沙池,并拟通过它将其泥沙送入冲沙廊道后排往下游。试验中发现泥沙进到水跃区以后,由于水跃旋滚特性作用,泥沙前行进入廊道的力量较弱,上浮的力量较强,这样,大量的泥沙便进入电站渠道,或者大量泥沙沉积在消力池内,消力池慢慢地被泥沙堵死。

将消力池段改为陡坡,试验分两步进行。第 1 步,陡坡从进水闸底板末端开始至消力池底中部,放水投沙后发现水跃被推后,有少量泥沙缓慢地进入冲沙廊道,大量泥沙仍跃上廊道顶部、后渐渐进入电站渠道,廊道排沙效果不好。对陡坡实施第 2 步修改,陡坡的起始端不变,将其末端延至冲沙廊道进口处,此时放水投沙发现水跃被消除,泥沙随水流进入冲沙廊道,若廊道后的闸门是开启的,则泥沙被慢慢地排往下游;若廊道后的闸门是关闭的,泥沙就淤积在冲沙道内,待淤满后提起后面闸门,廊道内的泥沙被逐渐排往下游。此种情况下,仍有少部分细颗粒推移质泥沙跃上洞顶,继而进入电站渠道。

原消力池全部改为陡坡后,电站引水渠进沙情况虽然大大改善,然而冲沙廊道的冲沙并不是很顺畅,分析其原因,可能是冲沙廊道内的水流流速不够高,于是在 2 孔进水闸中墩后、直至冲沙廊道入口增设 1 道隔墙,(隔墙高度与冲沙廊道顶部齐平)使冲沙水流集中,提高冲沙廊道内的水流流速。经放水投沙试验,发现靠近电站进口的廊道排沙非常顺畅。

2. 原冲沙廊道末端的 2 孔冲沙平板闸、舌形排冰与调节水位闸改为 4 孔试验

上述陡坡改为消力池后,泥沙进入冲沙廊道虽较顺利,泥沙也能冲走,但需用较多的水量、冲沙的时间亦较长。分析其原因,可能是 2 孔廊道同时冲沙、廊道内的水流又必须具有一定的流速才能将泥沙带出廊道,这就要求有较多的流量进入廊道;可是在大多数情况下,不可能有较多的流量用于冲沙,较少的水量分开从 2 个廊道走,其流速就自然较小,冲沙速度较慢。使用较小的流量冲沙,只有 1 孔廊道 1 孔廊道地冲。可是,原来的冲沙闸是 2 扇门控制 4 孔冲沙廊道;因此,就必须将冲沙闸由原来的 2 孔改为 4 孔。

冲沙闸改为 4 孔后,即一孔一孔地冲,冲沙效果提高,几分钟就可将廊道内淤满的泥沙冲净。舌形门改小后,启闭灵活,调节水位和排冰更加方便快捷。

3.将2孔进水闸与3孔进水闸的模型隔墙向下游延伸了6 m(原型为198 m)试验

由于2孔进水闸主要为电站供水,且电站引水有限,若不冲沙,进水闸下游基本上无流水、或者水很少,在此侧冲沙廊道后面,模型中非常明显地出现回流,3孔进水闸水流挟带的泥沙大量落淤在此,并造成廊道冲沙速度变慢;由廊道排出的泥沙一部分被输往下游,一部分落淤堆积在廊道后面的回流区。增设隔水墙后,3孔进水闸后的水流不再影响廊道过流排沙,同时使此侧的冲沙水流更加集中,单宽流量增大,向下游输送泥沙的速度加快。

4.水电站进水闸前增设叠梁挡沙坎试验

克孜河音萨克水电站引水枢纽的工程改造,原则上是尽可能地不变更或者少变更原来的结构。同时,进水闸与泄洪闸以上结构都不能改动,水工模型试验的结构优化只能在2孔进水闸后进行,其结构优化工作也只是尽量减少入渠泥沙,故通过上述结构优化后,仍有部分泥沙进入电站引水渠。进水闸前增设叠梁挡沙坎,是让跃上洞顶的泥沙先被挡在洞顶上,当泥沙在洞顶上淤到一定厚度时,提起舌形门,让其冲走。

设置叠梁挡沙坎后,进入电站渠的泥沙明显地减少。挡沙坎的高度在模型中为1.82 cm(原型为0.6 m)时,上游进水闸前的水位没发生变化,

四、结 语

克孜河音萨克电站引水枢纽改造工程,尽管结构优化范围受限,通过大量水工模型放水投沙的试验观测与结构优化试验,获得了上述多项结构优化成果,使进入电站引水渠的泥沙大大减少。但由于结构优化范围受限原因,仍有部分推移质泥沙进入电站渠道,建议在电站进水渠后增设排沙漏斗等设施,以及对进水闸后部分渠道进行改造。

渣浆泵现场磨损速度影响因素综合排序的研究

何希杰　陈　岩　劳学苏

（石家庄强大泵业集团）

【摘　要】　研究渣浆泵各种因素对现场磨损速度的影响,应该侧重于这些因素的综合影响。采用灰色理论研究了介质特性(固液混合物的比重 S_m ,重量浓度 C_w ,固体颗粒硬度 HV);运行条件(泵的流量 Q ,扬程 H ,转速 n);泵的结构及水力设计参数(叶轮出口直径 D_2 ,出口宽度 b_2 ,进口直径 D_0);材料性能(冲击韧性 α_k ,宏观硬度 HRC ,金属碳化物显微硬度 HV_2)等因素对现场磨损速度 $\Delta G/t$ 的综合影响。通过大量计算,提出了这些因素对磨损速度的综合影响的排序。计算结果表明,在这些因素中,材料宏观硬度 HRC 对磨损速度的影响最大,冲击韧性 α_k 的影响最小,其余因素分别介于它们之间。本研究对渣浆泵的研究、设计、选型和现场运行都具有重要的指导意义。

【关键词】　渣浆泵　磨损速度　影响因素　综合排序　灰色理论

一、前　　言

渣浆泵过流部件,如叶轮、护板和护套等直接与输送的矿浆、灰浆、煤浆、泥浆等介质接触,受到严重的磨料磨损。这些过流部件承受复杂变化的周期载荷,使用条件比较恶劣,致使渣浆泵使用寿命比清水泵低得很多。设计人员和运行人员采用室内试验和现场试验,寻求提高渣浆泵使用寿命的办法和措施[1-2],同时从理论上研究渣浆泵在不同现场条件下使用寿命的预测方法[3]。

渣浆泵过流部件磨损速度($\Delta G/t$)是渣浆泵磨损状态最主要标志性的指标之一。根据理论研究和现场使用情况的综合分析,影响渣浆泵过流部件磨损速度的主要因素有四大类,即输送的介质特性、现场运行条件、泵用材料性能以及泵过流部件的结构及水力设计参数,将这 4 个影响因素称为Ⅰ级影响因素,简称为Ⅰ级因素。在每个Ⅰ级因素下还包含若干个次级影响因素,定义为Ⅱ级影响因素,简称为Ⅱ级因素。下面分别介绍一下Ⅱ级因素。

(一)介质特性

在介质特性中,包括固体颗粒的颗粒度、粒形、硬度和真比重;固液混合物(或者浆体)浓度和比重;混合物流速,流变特性,混合物酸碱度和温度等,这些特性属于Ⅱ级影响因素,下同。

(二)运行条件

在现场运行条件中,包括运行时泵的流量 Q 、扬程 H 、转速 n 、功率 P 、空蚀余量、管路直径、管路及管件布置、运行班次及时间等因素。

(三)材料性能

在泵用材料性能中,包括材料的化学成分、抗拉强度、抗弯强度、冲击韧性、伸长率、宏观

硬度 HRC、显微硬度 HV（金属基体硬度 HV_1 和碳化物硬度 HV_2）等因素。

（四）结构及水力设计参数

在泵过流部件结构及水力设计参数中，包括叶轮进口出口直径、出口宽度、叶轮进出口安放角、叶轮和泵体流道表面粗糙度等因素。

研究 II 级因素对渣浆泵磨损速度的综合影响时，不可能而且也没有必要将所有 II 级因素都考虑进去。下面采用灰色理论[4]，只研究介质特性中具有代表性的比重 S_m，质量浓度 C_w，颗粒硬度 HV；运行条件中的流量 Q，扬程 H 和转速 n；材料性能中冲击韧性 α_k，宏观硬度 HRC 和碳化物硬度 HV_2；几何参数中叶轮出口直径 D_2，进口直径 D_0 和叶轮出口宽度 b_2 等对渣浆泵过流部件磨损速度的综合影响及其排序。

二、数学模型

灰色系统理论（简称灰理论或者灰论）是著名学者邓聚龙教授 1982 年创立的一门新兴横断学科。它与研究"随机不确定性"的概率统计和研究"认知不确定性"的模糊数学不同，灰色理论的研究对象是"部分信息已知，部分信息未知"的"小样本"、"贫信息"不确定性系统。它通过对"部分"已知信息的生成、开发去了解认识现实世界，实现对系统运行行为和演化规律的正确把握和描述。总之，它是研究少数据不确定性的理论[4]，在各领域中各系统的分析、建模、预测、决策、规划控制等方面得到了广泛的应用。

灰色理论中灰色关联度是分析系统中各因素关联程度的方法，即是关联程度量化的方法[4]。

（1）灰色关联系数。

$x_0(k) = x_1(k)$ 为参考序列，$x_i(k) = x_2(k)$，$x_3(k)$，$\cdots$，$x_i(k)$ 为比较序列。

灰色关联系数 $\gamma(x_1(k), x_i(k))$ 表达式为

$$\gamma(x_0(k), x_i(k)) = \frac{\min\limits_{i}\min\limits_{k}\Delta_{1i}(k) + \xi\max\limits_{i}\max\limits_{k}\Delta_{1i}(k)}{\Delta_{1i}(k) + \xi\max\limits_{i}\max\limits_{k}\Delta_{1i}(k)}$$

$$= \frac{m + \xi M}{\Delta_{1i} + \xi M} \tag{1}$$

（2）灰色关联度（或者称为平均灰色关联系数）表达式为

$$\gamma(x_1, x_i) = \frac{1}{n}\sum_{k=1}^{n}\gamma(x_1(k), x_i(k)) \tag{2}$$

根据算式可以得到灰色关联度的计算步骤如下：

第 1 步：求各序列的初值像（均值像）。令

$$X_i' = X_i / x_i(1) = (x_i'(1), x_i'(2), \cdots, x_i'(n)) \quad i = 0, 1, 2, \cdots, m \tag{3}$$

第 2 步：求差序列

差异信息为

$$\Delta_{0i}(k) = |x_0(k) - x_i(k)|$$

x_2 对 x_1 的差异序列为

$$\Delta_{12} = (\Delta_{12}(1), \Delta_{12}(2), \cdots, \Delta_{12}(n)) \tag{4}$$

第 3 步：求两极最大差与最小差

它们的表达式为

$$\Delta_{1i}(\max) = M = \max_i \max_k \Delta_{1i}(k) \tag{5}$$

$$\Delta_{1i}(\min) = m = \min_i \min_k \Delta_{1i}(k)$$

$\Delta_{1i}(\max)$ 和 $\Delta_{1i}(\min)$ 也称为环境参数。

灰色关联差异信息空间 Δ_{GR} 为

$$\Delta_{GR} = (\Delta, \xi, \Delta_{1i}(\max), \Delta_{1i}(\min)) \tag{6}$$

$$\Delta = \{\Delta_{1i}(k) \mid i = 2, 3, \cdots, n; k = 1, 2, \cdots, n\} \tag{7}$$

$$\Delta_{1i}(\max) \in \Delta$$

$$\Delta_{1i}(\min) \in \Delta$$

式中 ξ——分辨系数,$0 < \xi < 1$,取 $\xi = 0.5$。

第四步:求灰色关联系数

其表达式为

$$\gamma(x_1, x_i) = \frac{1}{n} \sum_{k=1}^{n} \gamma(x_1(k), x_i(k)) \tag{8}$$

三、计算实例

有渣浆泵过流部件(叶轮)现场磨损速度($\Delta G/t$)X_1,介质比重(S_m)X_2,质量浓度(C_w)X_3,颗粒硬度(HV)X_4,运行条件中的泵流量(Q)X_5,扬程(H)X_6,转速(n)X_7,叶轮出口直径(D_2)X_8,出口宽度(b_2)X_9,叶轮进口直径(D_0)X_{10},材料性质中冲击韧性(α_k)X_{11},宏观硬度(HRC)X_{12}和碳化物硬度(HV_2)X_{13}的数据[1,5,6]列于表 1 中,试分析这些因素对渣浆泵过流部件(叶轮)磨损速度的综合影响及其排序。

解:

第 1 步:求初值像

根据公式(3)计算初值像,将计算结果列于表 2 中。

第 2 步:求差序列

根据公式(4)计算差序列,将结果例于表 3 中。

第 3 步:求环境参数

$$\Delta_{1i}(\max) = \max_i \max_k \Delta_{1i}(k) = 4.34$$

$$\Delta_{1i}(\min) = \min_i \min_k \Delta_{1i}(k) = 0$$

灰色关联差异信息空间 Δ_{GR} 为

$$\Delta_{GR} = (\Delta, \xi, \Delta_{1i}(\max), \Delta_{1i}(\min)) = (\Delta, 0.5, 4.34, 0)$$

第 4 步:灰色关联系数

$\gamma(x_1(k), x_i(k))$ 表达式为

$$\gamma(x_0(k), x_i(k)) = \frac{2.17}{\Delta_{1i}(k) + 2.17}$$

根据此公式计算灰色关联系数,其结果列于表 4 中。

第5步:灰色关联度计算

灰色关联度计算结果,列于表4中。

表1　　　　　　　　　　　渣浆泵磨损速度及其影响因素

序号	$\Delta G/t$ (g/h) X_1	S_m X_2	$C_w(\%)$ X_3	HV X_4	Q (m³/n) X_5	H (m) X_6	n (r/min) X_7	D_2 (mm) X_8	b_2 (mm) X_9	D_0 (mm) X_{10}	α_k (J/cm²) X_{11}	HRC X_{12}	HV_2 X_{13}
1	6.004	1.52	50.3	673	240	23	980	510	65	196	6.75	63.5	1 530
2	14.19	1.52	50.3	673	240	23	980	510	65	196	5.05	57	1 208
3	9.32	1.52	50.3	673	240	23	980	510	65	196	8.3	58.39	1 250
4	2.577	1.52	50.3	673	240	23	980	510	65	196	7.55	54.8	1 442
5	2.14	1.52	50.3	673	240	23	980	510	65	196	8.9	58.6	1 535
6	21.40	1.52	50.3	673	240	23	980	510	65	196	4.5	58.8	—
7	6.69	2.75	7.14	858	865	21	787	750	120	219	5.05	57	1 208
8	29.79	1.50	35	1 200	150	45	1170	365	70	150	8.9	58.6	1 535
9	21.28	1.41	42.3	1 200	360	45	980	510	86	203	8.9	58.6	1 535

表2　　　　　　　　　　　　　　　　　　X' 计算

n	1	2	3	4	5	6	7	8	9
$\Delta G/t$	1.000 0	2.365 0	1.553 3	2.095 0	0.356 7	3.566 7	1.115 0	4.965 0	3.546 7
X_2'	1.000 0	1.000 0	1.000 0	1.000 0	1.000 0	1.000 0	1.809 2	0.986 8	0.927 6
X_3'	1.000 0	1.000 0	1.000 0	1.000 0	1.000 0	1.000 0	0.142 5	0.695 8	0.841 0
X_4'	1.000 0	1.000 0	1.000 0	1.000 0	1.000 0	1.000 0	1.274 9	1.783 1	1.783 1
X_5'	1.000 0	1.000 0	1.000 0	1.000 0	1.000 0	1.000 0	3.604 2	0.625 0	1.500 0
X_6'	1.000 0	1.000 0	1.000 0	1.000 0	1.000 0	1.000 0	0.913 0	1.956 5	1.956 5
X_7'	1.000 0	1.000 0	1.000 0	1.000 0	1.000 0	1.000 0	0.803 1	1.193 9	1.000 0
X_8'	1.000 0	1.000 0	1.000 0	1.000 0	1.000 0	1.000 0	1.470 6	0.715 7	1.000 0
X_9'	1.000 0	1.000 0	1.000 0	1.000 0	1.000 0	1.000 0	1.846 2	1.076 9	1.323 1
X_{10}'	1.000 0	1.000 0	1.000 0	1.000 0	1.000 0	1.000 0	1.117 3	0.765 3	1.035 7
X_{11}	1.000 0	0.748 1	1.229 6	1.118 5	1.318 5	0.666 7	0.748 1	1.318 5	1.318 5
X_{12}	1.000 0	0.897 6	0.927 6	0.863 0	0.922 8	0.926 0	0.897 6	0.922 8	0.922 8
X_{13}	1.000 0	0.789 5	0.817 0	0.942 5	1.003 3	—	0.789 5	1.003 3	1.003 3

表 3 Δ_{1i} 计算

n	1	2	3	4	5	6	7	8	9
Δ_{12}	0	1.365 0	0.553 3	1.095 0	0.643 3	2.566 7	0.694 2	3.978 2	2.619 1
Δ_{13}	0	1.365 0	0.553 3	1.095 0	0.643 3	2.566 7	0.972 5	4.269 2	2.705 7
Δ_{14}	0	1.365 0	0.553 3	1.095 0	0.643 3	2.566 7	0.159 9	3.181 9	1.763 6
Δ_{15}	0	1.365 0	0.553 3	1.095 0	0.643 3	2.566 7	2.489 2	4.34	2.046 7
Δ_{16}	0	1.365 0	0.553 3	1.095 0	0.643 3	2.566 7	0.202	3.008 5	1.590 2
Δ_{17}	0	1.365 0	0.553 3	1.095 0	0.643 3	2.566 7	0.311 9	3.771 1	2.546 7
Δ_{18}	0	1.365 0	0.553 3	1.095 0	0.643 3	2.566 7	0.355 6	4.249 3	2.546 7
Δ_{19}	0	1.365 0	0.553 3	1.095 0	0.643 3	2.566 7	0.731 2	3.888 1	2.223 6
Δ_{110}	0	1.365 0	0.553 3	1.095 0	0.643 3	2.566 7	0.002 3	4.199 7	2.511
Δ_{111}	0	1.616 9	0.323 7	0.976 5	0.961 8	2.640 6	0.366 9	3.646 5	2.228 2
Δ_{112}	0	1.467 4	0.625 7	1.232 0	0.566 1	2.640 7	0.217 4	4.042 2	2.623 9
Δ_{113}	0	1.575 5	0.736 3	1.152 5	0.646 6	—	0.325 5	3.961 7	2.543 4

表 4 灰色关联系数与关联度

K	1	2	3	4	5	6	7	8	9	$\sum / n$
γ_{12}	1	0.613 9	0.796 8	0.664 6	0.771 3	0.458 1	0.757 6	0.352 9	0.453 1	0.652 1
γ_{13}	1	0.613 9	0.796 8	0.664 6	0.771 3	0.458 1	0.690 5	0.337 0	0.453 1	0.641 9
γ_{14}	1	0.613 9	0.796 8	0.664 6	0.771 3	0.458 1	0.931 4	0.405 5	0.445 1	0.688 1
γ_{15}	1	0.613 9	0.796 8	0.664 6	0.771 3	0.458 1	0.465 7	0.333 3	0.551 7	0.624 3
γ_{16}	1	0.613 9	0.796 8	0.664 6	0.771 3	0.458 1	0.914 8	0.419 0	0.514 6	0.690 6
γ_{17}	1	0.613 9	0.796 8	0.664 6	0.771 3	0.458 1	0.894 3	0.365 3	0.577 1	0.667 2
γ_{18}	1	0.613 9	0.796 8	0.664 6	0.771 3	0.458 1	0.859 2	0.338 0	0.460 1	0.660 5
γ_{19}	1	0.613 9	0.796 8	0.664 6	0.771 3	0.458 1	0.748 0	0.358 2	0.493 9	0.656 1
γ_{110}	1	0.613 9	0.796 8	0.664 6	0.771 3	0.458 1	0.998 9	0.340 7	0.463 6	0.68
γ_{111}	1	0.573 0	0.870 2	0.689 7	0.692 9	0.428 0	0.855 4	03 731	0.493 4	0.664 0
γ_{112}	1	0.596 6	0.776 2	0.637 9	0.793 1	0.451 1	0.908 9	0.349 3	0.452 7	0.662 9
γ_{113}	1	0.579 4	0.746 7	0.653 1	0.770 4	—	0.869 6	0.353 9	0.460 4	0.679 2

由此得出

$$\gamma_{16} > \gamma_{14} > \gamma_{113} > \gamma_{110} > \gamma_{17} > \gamma_{111} > \gamma_{112} > \gamma_{18} > \gamma_{19} > \gamma_{12} > \gamma_{13} > \gamma_{15}$$

可以看出,在这 12 个 Ⅱ 级因素中扬程(H)对泵过流部件磨损速度 $\Delta G/t$ 影响最大,而流量 Q 影响最小,颗粒硬度 HV,碳化物硬度 HV_2,进口直径 D_0,转速 n,冲击韧性 α_k,材料硬度 HRC,叶轮直径 D_2,出口宽度 b_2,混合物比重 S_m,质量浓度 C_w,依次介于它们之间。这些 Ⅱ 级因素对泵过流部件磨损速度 $\Delta G/t$ 的综合影响顺序为

$$\Delta G/t: H \triangleright HV \triangleright HV_2 \triangleright D_0 \triangleright n \triangleright \alpha_k \triangleright HRC \triangleright D_2 \triangleright b_2 \triangleright S_m \triangleright C_w \triangleright Q$$

式中,"$\triangleright$"表示重要程度,例如 $HV_2 \triangleright HRC$ 表示碳化物硬度 HV_2 对磨损速度的影响比材料硬度 HRC 要大一些,即碳化物硬度比材料硬度 HRC 重要一些。

四、结　语

本文采用灰色理论分析了渣浆泵 12 个 Ⅱ 级因素对过流部件现场磨损速度的综合影响,通过大量计算,得出了这些因素对磨损速度影响的综合排序。计算结果表明,在这些因素中,扬程的影响最大,流量影响最小,其余 10 个因素介于它们之间。本研究为渣浆泵设计、研究、选型选材和现场使用提供了理论基础,尤其是为渣浆泵选型和运行的研究提供了科学严密的方法。

参 考 文 献

1　赵占军.金属抗磨材料的杂质泵寿命的影响[C]//杂质泵及管道水力输送学术讨论会论文集.中国机械工程学会流体工程学会泵专业委员会,1988.

2　陈金海.杂质泵用材料室内筛选方法的探讨[J].润滑与密封,1980(3):20-28.

3　何希杰,张勇.渣浆泵现场使用寿命多元回归分析[C]//全国第二届杂质泵及固体物管道水力输送学术讨论会论文集.中国机械工程学会流体学会泵专业委员会,1999.

4　邓聚龙.灰预测与灰决策[M].武昌:华中科技大学出版社,2002.

5　何希杰,劳学苏.耐磨白口铸铁的综合性能与价格比[J].现代铸铁,2007(1):60-62.

6　何希杰,劳学苏.耐磨白口铸铁综合性能评价[J].铸造技术,2005(3):194-195.

中小型水电站低成本自动化技术研究

尹　　刚

（湖北省地方水电公司）

【摘　要】　介绍了中小型水电站自动化应用现状，提出了低成本水电站自动化的概念，介绍了低成本水电站自动化的应用实例。

【关键词】　低成本　自动化　研究

一、概　　述

自 20 世纪 80 年代末开始，我国就开始进行水电站自动控制设备的大规模微机应用的研究，在不到 20 年的时间里，已基本完成水电站微机自动化设备取代常规电磁自动化设备的产品化工作。目前，大型水电站已基本做到自动控制设备全部微机化，新建的中、小型水电站自动控制设备都已基本实现微机化，受设备价格和业主观念的影响，老电站则需通过技术改造逐步实现控制设备的微机化。

微机自动化设备的普及应用，从根本上减轻了运行人员的劳动强度，降低了人为误操作事故的概率，提前了事故预警的时间，快速提供的事故处理预案（专家系统），缩短了事故处理的时间，提高了事故处理的正确性，现在水电站对运行人员业务能力的考核已从经验型转向知识型。

二、两座电站监控差异的思考

在湖北省恩施州有 2 座新建的中型水电站，一座是私人业主为主要投资者的来凤垃圾滩水电站，轴流转桨式机组，110 kV 出线，总装机 3×17 MW；另一座为恩施州电力民营公司投资的利川龙桥水电站，混流式机组，10 kV 接入附近 220 kV 变电站，总装机 2×30 MW；这 2 座水电站的设计单位是同一所省属甲级设计院。

垃圾滩电站采用的是美国 SEL 公司的 110 kV 距离保护，监控 LCU 采用的 PLC 是 GE 的 VersaMax 系列产品；龙桥电站监控 LCU 采用的 PLC 是 GE 的 9030 系列产品。虽然 2 座电站监控所采用的 PLC 都是 GE 公司的产品，但在监控设备的价格上 2 座电站的差异却十分惊人，垃圾滩电站是 3 台轴流转桨机组，含监控和保护最终成交价为 48 万元；龙桥电站是 2 台混流机组，仅监控设备成交价就高达 137 万元。

大家都知道，3×17 MW 轴流转桨机组控制点的数量一定会大于 2×30 MW 混流机组，而熟悉监控系统的也都明白，在机组安装型式相同的情况下，决定监控设备价格的主要因素应该是控制对象的多少，也就是说，关键是 PLC 的点数。2 座同为中型电站，也都是立式安装型式,监测的内容和控制的对象不会有太大的差异,又同是一个设计院做的设计,为什么会发生这么大的差别。

实际情况是垃圾滩电站监控系统原设计 PLC 也是采用 GE 的 9030,监控、保护的中标价是约 85 万元,签订合同的自动化设备厂家如完全按设计院指定的设备型号要求配置设备,监控、保护设备的实际采购价格(也就是我们所说的成本)大约需要 110 万元,为了降低成本,厂家在合同签订后即与设计院协商修改设备配置,没能按标书的技术要求组织供货。业主为保证自己的利益,不得不在控制设备技术指标不变的情况下,更换设备生产厂家。新承接该项目的厂家在了解清楚用户意图后,根据电站的具体情况和运行管理人员的水平结构,用低成本自动化的设计思路重新对原系统设计进行了优化处理,采用 GE 的 VersaMax 的配置,并对网络结构进行了适当调整,不仅在经济上满足了用户节约的需求,而且在技术上达到了水电站监控技术规范的标准。由于采用了低成本自动化的设计思路,使得设备配置简单、维护方便、运行人员掌握起来十分容易,设备在没有高水平的运行、维护人员的管理下,已安全运行近 3 年。

从这 2 个典型的案例不难看出,低成本自动化是完全可以满足水电站监控系统的技术要求,同时,如果水电站监控系统没有科学、统一的设备生产标准,一味追求设备的高配置,用户掌握起来将十分困难,这就必然会造成设备资源、人力资源的极大浪费。

三、中国现行的产品技术管理体制

改革开放前,我国的产品技术管理是由机械部统一归口的,水电部只负责电力行业的技术标准和设计标准的制定。而我国电气设备生产标准的制定都是机械部完成并协调各种设备生产厂家之间的关联。当时编定有发电机序列、开关柜序列、变压器序列、控制保护柜序列等等,供设计单位设计选用。这些系列都是经过广泛调查、科学论证、充分的试验,根据中国的国情确定的,具有很好的科学性和实用性。

伴随着机械部的撤销,电力部的公司化,水电站电气设备的生产标准逐步企业化。而近代科学技术的快速发展,各学科的高度专业化,原来由主机厂配套生产的辅机设备逐步从主机厂分离,细化为专业的设备生产厂,由于没有了统一管理,相互之间缺乏必要的技术协调。

在原有管理体制发生变化的过程中,新的管理体制建立的速度太慢,造成设备生产技术标准的管理真空。现在,不科学的设备选型方式在水电站设计中被大量使用,已有成为主流的发展趋势。最近几年,设计选择非标的发电机已成技术时尚,有的地方已开始在设计中选择非标的变压器,二次设备的选型已变成选择,因为数字式设备取代常规电磁控制设备以后,很多厂家为规避技术标准,自编型号,国内在水电站控制设备和二次设备选型上已基本无统一的型号可选。

在没有统一标准约束的情况下,贪大、求高的思想泛滥,一个中小型水电站监控设备,动辄 100 万元,甚至几百万元,中控室的值班桌上摆满了进口计算机。造成的设备资源浪费和资金浪费十分惊人。如此庞大的计算机系统,在交通十分不便的水电站,还需要一批高素质的专业计算机人员来管理、维护,使得电站的运行费用不断攀升。

四、高压机组低成本自动化的研究

水电站自动化设备由常规设备发展到数字式设备后,对自动化厂家而言,已由二次成套设备生产厂转变为微机监控设备集成商,很多的水电站计算机监控设备生产厂实际上原来就是几个人的自动化公司。电气二次设备的集成化使原有的设备生产模式发生了根本性的变化,除南瑞、许继和东方电子等几大集团公司具有自主开发和自行生产的能力外,其他的监控设备生产厂家大多是保护及自动装置自己生产,其余设备外购,特别是监控系统的上位机软件是监控的核心部分,但大部分监控厂家都不具备自主开发的能力。要将不同厂家的设备有机的组合起来,并能可靠的运行,设计和工程调试成了监控设备生产过程中至关重要的环节。

要实现水电站低成本自动化的目的,首要是要完成好系统结构的设计和 IT 设备的选型,这些工作以前是由设计院来做的。随着国际化进程的发展,由工厂完成监控系统结构的设计和设备的选型已成趋势。水电站低成本自动化的实现就是要通过工厂设计,在满足规范要求的情况下,达到设计紧凑、功能完整、可用性良好、安装调试简单,其功能投入率应在90%以上。同时还必须易于维护,且维护费用较低。水电站低成本自动化的本质就是精打细算,从功能、系统结构、硬件、软件、经济效益等几个方面综合考虑来进行设计集成。

垃圾滩电站的低成本自动化就是在监控系统设计上加以优化,减少一些不必要的关联和配置,将不需要经过 PLC 的量改由工控机来处理,减少了 PLC 的投入成本。由于开入、开出量的减少,PLC 可以选择 VersaMax 来完成程控任务,一些不重要的量则由多路的采集装置负责采集,从而降低了设备成本,但可靠性并没有因此而降低。

水电站低成本自动化技术还应用在了湖北省魏家洲水电站,改造后电站装机容量为:3×900 kW,采用低成本自动化技术后,设备的投入大大降低,含监控、保护及辅助设备的控制设备共计 28 万元,而相同的改造内容市场价至少需要 40 万元。

五、低压机组低成本自动化技术的研究

在我国已建的水电站中,低压机组电站所占的比例最大。由于电站总投资少,机电设备投资比例又很小,电站自动化在设计上基本没有考虑,电站控制、调节都是以手动为主。在以人为本的今天,要解决低压机组水电站长期存在的安全问题,必须研制低成本低压机组自动化控制、保护设备。

低压机组电站一般容量很小,值班人员的技术水平都不太高,现在很多民营电站都是一对老夫妻共同管理。要在低压机组电站实现自动化,操作简单,运行无需人工干预是基本的要求,价格低廉也是必须考虑的主要因素。

要在低压机组电站实现自动监测、控制、保护、准同期、励磁调节、温度检测等功能,现行的微机监控系统方案是无法满足价格低廉和操作简单要求的,而研发低成本数字式一体化控制、保护屏则是最佳的选择。

低成本数字式低压机组一体化控制、保护屏在研发设计上具备有以下特点:

(1)集中组屏,一、二次设备布置在 1 块具备一定防护等级的屏内。

（2）能完成监控、保护、自动准同期、励磁调节、温巡等功能。

（3）无须人工干预，自动按设定的逻辑顺序进行操作、调节。

（4）能实时自动采集、处理和存储数据。

（5）能对越限自动报警。

（6）能完成事件顺序自动记录。

（7）具有一定的故障录波功能。

（8）具有通信接口。

（9）可实现设备故障自诊断。

（10）选择可靠的操作电源方式。

（11）销售价格控制在每台3万元左右。

（12）配套价格在3万元以下的微机全自动调速器。

低成本数字式低压机组一体化屏为全封闭柜式结构，具有较高的防护等级，将发电机断路器、隔离刀闸、互感器和水轮发电机组的监控、保护、自动准同期、温巡的技术高度集成与数字励磁系统（含励磁调节器、励磁功率部分和干式励磁变）布置在同一屏内，1台水轮发电机组单元1块屏。整套设备为组合式，并在厂家完成设备的安装、调试工作，主要技术参数在厂家已基本设置完毕，到现场只需完成外部连接的接线和做简单的调试，即可正常使用。

在二次部分设计上充分考虑现场人员的技术水平现状，设备的安装、调试尽可能简单方便，并满足不同类型的低压水轮发电机组的基本控制、调节和保护要求。

数字式低压机组一体化屏运行维护简单，智能装置设计为插拔式结构，互换性好。友好的人机界面，使运行人员只需稍加培训即可胜任操作工作，良好的安全自动化设计保证了设备在日常运行过程中无需人工干预，按以上思路设计的数字式低压机组一体化屏已在国内几百座电站使用，并已在国外几十座电站使用。320 kW、300 调速功的机组，只需配1台控制屏、1台高油压微机调速器，价格一共6万元，低压机组水电站都能用得起。

六、结　语

在水电站自动化技术日趋成熟的今天，在中小型水电站，降低运行成本永远是仅次于安全运行的重要工作。在中国市场经济的环境中，高成本高科技产品是需要高技术的人才管理维护的，高技术人才和高科技产品的维护必然会加大电站的运行成本，在生活条件艰苦、交通十分不便的水电站，要想留住高技术人才已属不易，为了几十台计算机的正常运行而在企业保留一批计算机专业人员也是一种人力资源的浪费。研制推广低成本水电站自动化技术既是市场的需求，也是水电站运行管理的需要。

中小型水电站要实现真正的无人值班，必须要解决计算机监控系统的维护问题，因为在实际运行中，计算机监控系统的故障率比电站其他设备要高很多。采用低成本自动化设备首先解决了设备的复杂性问题，优化的配置使得可靠性提高，低成本的设备使得购置方便、维护简单，人性化的设计使得运行变得轻松。

推广水电站低成本自动化，可以降低设备投入成本，减少运行成本，降低运行人员的劳动强度，还可以节约大量的社会资源。我们不难看出，节约型社会需要节约的设计思想作为支撑，低成本水电站自动化的设计思想会使水电站计算机监控系统运行和维护变得十分简单。

新疆小水电开发应重视泥沙问题

顾四行　　　　　　　　冯士全

（全国水机磨蚀试验研究中心）　（南水北调中线干线工程建设管理局）

【摘　要】　简述了塔尕克水电站设计和水轮机制造概况及运行 5 000 h 后水轮机转轮止漏环隙泥沙磨损严重情况,提出了水轮机泥沙磨损的综合治理措施。

【关键词】　塔尕克水电站　水轮机　泥沙磨损

应新疆新华水电投资股份有限公司邀请,2008 年 8 ~ 9 月间赴新疆阿克苏地区温宿县塔尕克水电站,发现水轮机转轮止漏环间隙磨损十分严重,电站在枢纽设计和机组选型等方面存在不少问题。现简述如下,供借鉴。

一、电站概况

电站引库玛拉克河水(上游来自吉尔吉斯斯坦),有两段引水渠,长各 7 km,渠道两侧均为戈壁。电站设计装机容量 2×2.45 万 kW,水轮机型号 HLA801−LJ−215,转轮直径 2.15 m,设计水头 74 m,最大水头 76.6 m,最小水头 73.6 m,设计流量 37.22 m³/s,转速 300 r/min,飞逸转速 496.6 r/min,水轮机出力 25 260 kW,吸出高度(H_s)−1 m(制造厂要求,实际要负得多)。水轮机按清水设计。

由于电站前池较小,并且距前池底部高 1 m 处设 2 孔 1 m×1 m 排沙孔,因此进口无扩散段。

泥沙情况,设计说明书提供的资料:多年平均含沙量 3.178 kg/m³,最大含沙量 49.3 kg/m³,0.5 mm 以下颗粒占 100%,泥沙中石英含量占 45%,方解石占 40%。

二、机组运行及磨损情况

2 台机先后于 2008 年 3 月 31 日和 4 月 8 日并网发电。运行至 8 月 25 日,1# 机累计共运行 2 784 h,发电 4 632 万 kW·h,2# 机运行至 8 月 17 日,累计共运行 2 957 h,发电 4 710 万 kW·h,运行工况基本在厂家要求的范围内。

机组停机后,观察表明,前池底至排沙孔底坎(1 m)及机组事故检修门前流道内均淤满泥沙和卵石,淤积高度达 1.5 m,引水渠也有大量泥沙淤积,导致引水量不足;因此,实际过机含沙量和泥沙粒径远大于设计数值,2008 年汛期电站实测最大含沙量达 59.6 kg/m³。说明电站不仅有悬移质泥沙,还有大量推移质(块石)以及树枝等杂物进入水轮机,枢纽水工建筑物设计时对泥沙、冰块、杂物排除措施考虑欠周。

机组选型设计时,转速偏高是造成水轮机快速磨损的主要原因之一。试验表明,磨损与水流速度的 3 次方成正比,如果加上空蚀联合作用(即磨蚀),则其破坏与速度的 5 次方甚至更高次方成正比;因此,转速适当降低(如塔尔克水轮机转速降为 250 r/min)则磨蚀可减轻很多。

该水轮机转轮(包括叶片、上冠、下环)都采用了目前国内外大型水轮机用的 0Cr13Ni4Mo 铸造不锈钢,转轮上下止漏环(迷宫环)采用 1Cr18Ni9Ti 不锈钢板制作,应该说材质很好,原来估计运行 5 ~ 6 年不成问题,但实际情况是:在汛期(浑水)运行 1# 机累计 1 504 h,2# 机累计 1 517 h,2# 机转轮下止漏环单边间隙最大已达 21 mm,为设计值 1.1 ~ 1.4 mm 的 19 ~ 15 倍,上止漏环间隙最大已达 3.6 mm 以上,为设计值 1.1 ~ 1.4 mm 的 2.6 ~ 3.3 倍,下抗磨板已磨出明显沟槽,甚至一般多泥沙水电站水轮机很少破坏的固定导叶进水边局部也已出现深约 5 mm 的凹坑,如此快速严重破坏,国内罕见。2# 机继续运行至 2009 年 3 月中旬,2# 机累计运行约 5 000 h,下止漏环最大间隙已达 36 mm(见图 1),只能吊出转轮(见图 2)进行大修处理。底环抗磨板(10 mm 不锈钢板)局部也已磨穿(见图 3),机组底环侧面抗磨板磨损情况见图 4。转轮叶片进水边也有局部撞击凹坑。

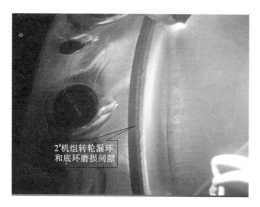

图 1　2# 机下上漏环间隙

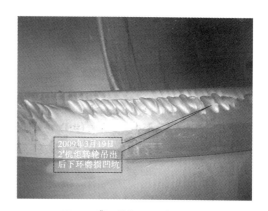

图 2　2# 机转轮下环磨损情况

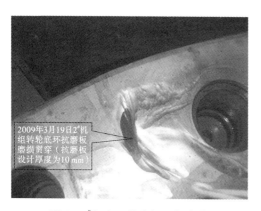

图 3　2# 机底环抗磨板局部磨穿

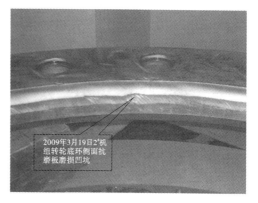

图 4　2# 机底环侧面抗磨板磨损凹坑

该机主轴密封设计要求为清水,水源取自引水钢管经处理后供机组使用。由于转轮上止漏环渗漏的高压泥沙水以及水质、水压问题,造成主轴密封端盖(铸铝结构)快速磨穿,密封环严重磨损漏水,水导轴承座紧固螺栓全部断裂,水导油盆进水而被迫停机。目前电站正在着手引水系统排沙设施和前池改进设计及增加备用转轮方案。

另据介绍,电站还存在冬季排冰困难和汛期排污(仅一扇固定平板拦污栅)问题。

三、应对措施

笔者曾多次去新疆一些水电站调研,了解到如喀什水电公司一、二、三级水电站,喀什地区疏附县吾库沙克水电站,阿克苏西大桥水电站,库车县克孜尔水电站和玛纳斯红山咀水电厂二、三、四、五级水电站等,这些水电站有的已投运20多年,除克孜尔水电站有较大水库(6亿多 m³)外,其余均为渠道引水式水电站,都曾存在水轮机泥沙磨损和冬季排冰、汛期排污问题,在这些水电站运行检修实践中与国内许多科研单位和高等学校相结合,对存在问题进行科学试验,不断探索,总结出了许多很好的经验,例如采用螺旋排沙装置,汛期将粗颗粒泥沙排除,免入水轮机;合理有效的取水方式及沉沙、排沙、排冰、排污设施;水轮机下抗磨板采用压盖式,以减轻转轮下止漏环快速磨损;汛期用回转式拦污栅清污;采用改型转轮防磨增容;用金属和非金属防护层以及增加一定数量的备品备件等等。当然各个水电站的具体条件(如水头、机型、转速等)不同,他们的经验不能照搬,设计、制造单位要深入调研并结合各个水电站的实际情况参考采用,有时还要经过反复试验才能取得实效。

我国水能资源蕴藏量世界第一,但也是多泥沙国家。黄河泥沙闻名于世。我国水轮机泥沙磨损一直是多泥沙水电站安全运行中的突出问题。由于磨损往往和空蚀联系在一起,相互作用加速了破坏(也叫磨蚀)进程,因此,其破坏机理复杂,影响因素很多,是一项多学科系统工程,必须采取综合治理措施,如:

(1)大力开展流域治理,退耕还林还草,以减少水土流失。

(2)枢纽设计时要通过必要的模型试验并总结已有水利水电工程实践经验,合理设计取水方式和拦沙、沉沙、排沙、排冰、排污设施。

(3)多泥沙水电站水轮机不能按清水设计,一定要考虑泥沙问题,要适当降低转速等机组主要参数,扩大导叶分布圆直径,加高导叶,以增加过流面积降低流速,从而有效减轻过流部件的磨损。结构设计中要考虑过流部件平顺、光滑和合理的圆角过度以及易磨损部件的拆换方便。

(4)采用优质抗磨蚀材料和提高加工制造精度非常重要。

(5)安装质量对减轻间隙磨蚀,提高机组安全稳定运行的可靠性十分关键。

(6)加强过机泥沙观测,掌握过机泥沙含量第一手资料对分析过流部件磨损十分重要。当过机泥沙含量特别大时,可向电网申请停机。

(7)要严格遵守运行规程,尽量在机组稳定、高效率区运行,可委托有资质的测试单位现场测定机组各项性能指标并绘制出稳定运行区和不稳定运行区,指导科学合理的机组运行方式。

(8)要合理制订机组检修计划,确保检修质量,做到该修必修,修必修好,并做好记录。

(9)由于泥沙磨损发生在水轮机过流部件表面,因此采用金属和非金属防护层以延长水轮机大修周期是比较经济实用的措施之一。

四、结　语

　　水电站建设的最综目标是多发电,充分发挥水能资源的经济效益。因此,电站设计单位、机组制造厂家和安装单位一定要多为电站着想,千方百计确保机组能长期安全运行,电站投资方更要多考虑机组长期经济运行。不能追求一次投资省、建设速度快而忽略了施工和机组质量。多泥沙水电站机组主要参数适当降低之后,机组尺寸和重量会增大一些,效率会低一些,投资也会增加一些,但机组安全运行时间和大修周期会延长,特别是水量充沛的汛期可以满发多发,比之高参数机组汛期故障或事故频发,不能正常运行,则降低参数后的机组的长远经济效益十分明显,所以在设计阶段一定要做好经济分析比较。新疆塔尕克水电站机组累计运行 5 000 h,转轮下止漏环就要大修更换,教训很深刻。

小型水电站技术改造《规范》与《规程》的异同

顾四行　闵京声　姚　光　王晓红

(中水北方勘测设计研究有限责任公司)

【摘　要】　概述了《小型水电站技术改造规范》(简称《规范》)与《小型水电站技术改造规程》
(简称《规程》)的由来,并就《规范》与《规程》的内容进行比较分析。

【关键词】　小型水电站　技术改造　规范　规程

受水利部农村水电及电气化发展局委托,中水北方勘测设计研究有限责任公司承担了
《小型水电站技术改造规范》的主编任务,参编的还有水利部农村电气化研究所、杭州诚德
发电设备有限公司、湖北省地方水电公司和河海大学等单位的有关人员。

《规范》是在水利部行业标准《小型水电站技术改造规程》(SL 193—97)基础上经广泛
调研、收集和总结10多年来我国小型水电站技术改造成功经验并对《规程》作了较大修改,
且升为国家标准。下面就《规范》与《规程》的异同作简要比较分析。

一、概　　述

《规范》由中华人民共和国住房和城乡建设部于2008年下达,中水北方勘测设计研究有限
责任公司于2008年12月与水利部农村水电及电气化发展局签订编制合同,按合同要求于
2010年8月底完成了《规范》报批稿。2011年5月12日住房和城乡建设部公告批准《小型水
电站技术改造规范》为国家标准,编号为GB/T 50700—2011,自2012年5月1日起实施。

《规程》由原水利部水电及农村电气化司于1994年下达,全国水机磨蚀试验研究中心
(中心秘书处设在中水北方勘测设计研究有限责任公司工程技术研究院)于1996年12月
完成报批稿,水利部1997年8月批准发布,1997年12月1日实施。两者相隔14年,编制组
的参编人员也由《规程》的4人增至《规范》的20人。

《规范》内容包括7章共79条及规范用词说明和引用标准名录;《规程》内容包括5章
共63条和3个附录(术语符号;中小型轴流式、混流式水轮机模型转轮型谱参数表(JB/T
6310—92)和中小型水轮机新模型转轮参数表),最后还附有参考资料(小型水电站技术改
造工程实例)。《规范》将技术改造工程实例附在有关条文说明中。

下面按《规范》各章顺序,对《规范》与《规程》进行分析讨论。

二、各章内容分析讨论

(一)总则

总则在《规范》与《规程》中的共同点:①适用范围相同,500 ～50 000 kW;②强调采用

新技术、新工艺、新材料和新设备,充分发挥水电站的经济效益。

不同之处是:《规范》更强调安全、节能、环保要求,严禁使用国家明令淘汰的产品。

(二)术语

按国家标准编制规则要求,《规范》将术语列入第二章,而《规程》则将术语列入附录A。《规范》删除了共性的名词术语,只保留了技术改造、更新改造、增容改造和减容改造4个术语,而《规程》的术语多达17条。

(三)现状分析与评价

《规范》第3章"现状分析与评价"包含了《规程》第2章"基础工作"的内容,且强调在收集电站基础资料的同时应进行安全检测,并对水文资料、水工建筑物、水力机械、电气和金属结构等设备或设施进行安全分析,作出电站是否需要进行技术改造的评价。

(四)性能测试

《规范》第4章"性能测试"与《规程》第3章"性能测试"内容基本相同。考虑到小型水电站数量大,目前全国已有4.5万余座,不可能对所有急需技术改造的水电站进行性能测试工作,故《规范》要求对单机容量1万kW及以上的水轮发电机组在技术改造前后,进行现场性能对比测试工作。而《规程》规定为3 000 kW及以上的水轮发电机组,由于数量太多,实际做不到。

(五)改造内容与要求

《规范》第5章"改造内容与要求"与《规程》第4章"技术改造"相对应,但在内容上有差异。

1. 一般规定

《规范》规定有下列情况之一的设施或设备,应进行技术改造:

(1)存在安全隐患。

(2)上、下游水情发生较大变化。

(3)性能落后,技术状况差。

(4)水能资源利用和设计不合理、施工、设备制造和安装质量差。

(5)地质条件发生变化。

(6)生态受到严重影响。

(7)可以提高效益或其他需要改造的情况。

2. 水工建筑物

(1)《规范》增加了水工建筑物技术改造的原则:①消除安全隐患;②增加调节能力;③减少淹没损失;④便于施工。

(2)《规范》和《规程》在科学利用水能资源和改善引水系统条件,减少水头和流量损失所采取的技术改造措施方面相同。

(3)根据四川汶川和青海玉树地震情况,《规范》增加了水电站抗震设防要求。

(4)根据小型水电站安全事故多发的情况,《规范》增加了严禁尾水闸门采用上游高压水进行充水平压和泄洪闸门启闭设备应有可靠的备用动力两项要求。

3. 水轮机及其附属设备

《规范》5.3节"水轮机及其附属设备"与《规程》4.3节"水轮机及其附属设备"基本相同。有的内容则有所增加,例如《规范》将调速系统技术改造要求由《规程》的2条增至5

条,强调调速系统技术改造应满足开停机、快速并网、增减负荷和事故停机的要求;严禁使用没有安全措施的手动,电动调速器;机组如有黑启动要求,调速器应设置纯手动操作装置。根据运行经验,《规范》提出水轮机进水阀应设置机械限位保护装置;无人值班(少人职守)的水电站,闸门宜配置自动操作机构。以及径向轴承瓦温过高的机组,可采用水冷瓦技术和立轴水轮机导轴承宜采用抛物线免刮瓦等。

4. 辅助设备

《规范》将辅助设备列为一节,而《规程》则只在"水轮机及其附属设备"一节中列出3条。

总结10多年来各地小型水电站的运行经验,《规范》对电站水系统的技术改造提出了下列要求:

(1)技术供水系统改造应满足小型水电站改造后的用水需要。

(2)机组容量超过800 kW的小型水电站,应增设备用水源。

(3)按无人值班(少人职守)标准改造的小型水电站,应配置自动滤水器、自动控制阀、示流信号装置。

(4)渗漏排水系统的排水泵宜采用自吸泵。

(5)锈蚀严重的管路应更换。

小型水电站油系统的技术改造,《规范》提出:

(1)透平油系统应简化管路敷设,宜采用软管供排油方式。

(2)宜取消绝缘油系统。

小型水电站压缩空气系统技术改造,《规范》提出应满足机组改造后的用气需要。

5. 发电机及其他电气设备

关于发电机及其他电气设备,《规范》和《规程》基本相同,但《规范》增加了以下内容:

(1)发电机组应埋设温度传感装置。

(2)停机后定子绕组绝缘电阻下降较多的发电机,应加装加热除湿装置。若加热除湿后,绝缘电阻仍然达不到要求时,应更换绝缘。

(3)应采用具有自动调节功能的励磁装置。励磁系统宜采用静止励磁方式。

《规范》对其他电气设备技术改造提出了以下要求:

(1)应选择安全、节能、环保型产品,严禁使用高耗能和可能对环境产生污染的设备。

(2)高压断路器应选择无油型。

(3)应选择满足"五防"要求的金属封闭式高压开关柜。

(4)低压开关柜应选择通过3C认证的设备。

(5)电缆宜采用电缆架和穿管方式敷设。

(6)应配置可靠、安全、环保的操作电源。

"五防"是指:①防止误分、误合断路器;②防止带负荷分、合隔离开关;③防止带电挂设接地线;④防止带地线合闸;⑤防止操作人员误入带电间隔。

3C认证是中国强制性产品认证的简称。

6. 自动化

目前我国新建的小型水电站都能实现无人值班(少人职守)要求,因此,《规范》对小型水电站的自动化提出按无人值班(少人职守)要求设计,并将自动化列为一节共9条,而《规程》只在发电机及其他电气设备一节中列了1条。

《规范》还提出以下技术改造要求：

（1）应设置自动制动装置，严禁使用木棍刹车。

（2）应设置闸门监控系统，并实现远方控制与监测。

（3）大坝安全监测系统应与电站微机监控系统数据共享。

（4）低压机组小型水电站控制设备技术改造，宜采用结构简单可靠的数字式监控、保护、励磁一体化屏。

（5）电气二次屏柜的防护标准不得低于IP40，产品应通过3C认证。

（6）应配备可靠的通信设备。

7.暖通与消防

《规范》5.7节"暖通与消防"与《规程》4.5节"改善运行条件和消防措施"基本相同。

（六）技术性能指标

《规范》第6章"技术性能指标"与《规程》第4章4.1.3条"技术改造后的主要技术经济指标"基本相同。

随着科学技术的进步，水轮机效率有了很大的提高，因此额定工况下机组的综合效率《规范》比《规程》有较大提高。鉴于小型水电站装机容量范围很大，从500~50 000 kW，单机容量也在增大，因此，《规范》将额定工况下机组的综合效率分为4档，即：

单机功率小于500 kW	75%
单机功率500~3 000 kW	75%~81%
单机功率3 000~10 000 kW	81%~88%
单机功率10 000 kW以上	88%以上

《规程》仅为3档，指标较低，分别为：

单机功率小于500 kW	70%
单机功率500~3 000 kW	75%
单机功率3 000~10 000 kW	80%

（七）工程验收

1997年之后，水利部先后颁布了行业标准《小型水电站建设工程验收规程》和《水利水电建设工程验收规程》，因此《规范》第7章工程验收仅列3条；而《规程》当时无工程验收参照标准，故第5章工程验收共列10条两者差异较多。

三、结　语

20世纪90年代，在编制水利部行业标准《小型水电站技术改造规程》过程中，曾对湖南、广西、福建、浙江、云南、甘肃、河北、新疆等省区小型水电站技术改造情况进行了调研，并收到近百个县水利局及水电站的函调资料。当时，我国小型水电站的技术改造尚处于起步阶段，多数水电站的改造限于增容改造。在《小型水电站技术改造规程》（SL 193—97）指引下，十多年来，我国小型水电站技术改造取得了很大成绩，技术改造不仅仅是机电设备的增容或减容改造，还包括水工建筑物（含引水系统、前池、厂房等）以及金属结构和电站自动化等多方面的技术改造。

国家标准《小型水电站技术改造规范》是在总结十多年来小型水电站技术改造的成功经验基础上，采取成熟实用的新技术、新工艺、新材料，强调安全、节能、环保的时代要求。因此，《规范》与《规程》相比，在内容上有较多修改和补充，而且更具实用性与可操作性。为防止事故发生，多处条款明确提出严禁要求。

根据全国农村水电增效扩容改造专项规划，将对1995年以前建成的近万座近1 000万kW装机容量的老旧小型水电站进行技术改造。任务十分繁重。目前专项规划的试点工作即将启动。国家标准《小型水电站技术改造规范》的制订，必将促进和规范小型水电站技术改造的顺利开展，为提高我国小型水电站科技水平和能效，保障安全生产，作出重要贡献。

转轮巧加泵叶减轻水封磨蚀

刘 洪 文

（新疆天富股份公司红山嘴水力发电厂）

【摘 要】 介绍了红山嘴电厂玛河一级电站 16 MW 机组，为了解决水封磨蚀问题，在转轮上加装泵叶，达到了减轻水封磨蚀的目的，为多泥沙水电站水轮机水封抗磨工作提供了新的思路。

【关键词】 减压 泵叶 效益

新疆红山嘴玛河一级水电站由 2 台 16 MW 和 2 台 9 MW 混流式机组构成，总装机容量达 50 MW。由于一级电站设计水头高达 104 m，再加上洪水期玛纳斯河泥沙含量很大，且泥沙为颗粒状石英砂，泥沙硬度很大，磨蚀能力极强，一级渠首前的调节池经 2007 年的泥沙淤积，已起不到改善水质的作用。因此在 2008 年洪水期，这 4 台机的水封磨损十分严重，见图 1 和图 2。洪水期 4 台机共更换水封超过 20 次，每次更换水封少则 6 h，多的达到了 22 h。损失电量超过 250 万 kW·h，经济损失达 50 万元。

图 1 磨损的转环

图 2 转环磨损的深度

为了解决水封磨损问题，减少停机次数，降低经济损失。在厂生技科组织下，由厂检修安装公司组成了解决水封磨损问题技术小组。技术小组首先从水封结构入手，找到问题的关键所在。一级电站水封为压差式水封，16 MW 和 9 MW 机组除了具体结构有所不同外，工作原理是一样的。都是采用止水胶圈（水封）和转动环（小镜板）进行止水。压力水通过水封下的管道将水封顶起，止水面与固定在大轴上的转动环紧紧相压，将主轴外泄的水封住，同时压力水通过水封上的小孔对转动环工作面进行润滑。由于水头高及泥沙磨损严重，在洪水期转轮迷宫环间隙就会越来越大，因此转轮上腔的压力就会越来越大，那么主轴外泄的水压就会越来越大。为了封住外泄的水，就必须提高水封压力水的压力，以增大水封和转动环之间的压力，这样水封和转动环之间的摩擦力就增大，由于洪水期水质十分恶劣，外泄水中夹杂着大量的泥沙,就造成了转动环工作面严重磨损,有时甚至将转环工作面厚度达10 mm 的不锈钢抗磨板完全磨掉,同时也使水封胶皮圈严重磨损,因而造成顶盖水大量泄漏,机组不得不被迫停机。因此如何降低转轮上腔的压力就是解决水封磨损问题的关键所在。

找到了问题的关键所在,技术小组就开始解决问题。首先联系发电机制造厂家南平电机厂,把我们的想法与水轮机的主设工程师进行交流。分析了这台机的实际情况,结合多年解决类似问题的经验,很快提出了在转轮上加装类似泵叶和泵板的装置,通过泵叶一定的角度将转轮上腔的水强行排入顶盖排水孔,并通过顶盖排水管排至尾水从而达到降低顶盖上腔压力的目的。同时,还提出了在转环内侧按一定的角度焊接数个小泵叶,可以将漏至转环水封箱内侧的水打散,起到扰流作用,进一步减少水封的漏水量。厂家很快寄来了设计图,根据厂家的设计图,结合机组实际情况进行了修改。并且结合缺陷处理中遇到的其他问题,大胆地提出了水封技改的 5 项措施:①在转轮上加装 12 块 25 mm 厚的泵叶,在泵叶上铺一块直径为 1 500 mm 厚度为 25 mm 的泵板,并将顶盖上的立筋全部割除打磨干净;②在转环内侧按一定的角度焊接数个小泵叶;③将水封箱压力水孔由 2 个增加为 4 个,并增加相应的压力水管;④把水封的固定销由 1 个改为对称的 2 个;⑤将水封压力水管改为直径更大的明管。

2008—2009 年大修期中,把以上这些技改措施应用到一级 3# 发电机(16 MW 机组)上,并在一级 4# 机上实施了第 2 项技改措施(在转环内侧按一定的角度焊接数个小泵叶)。把两机做对比,以此来验证技改措施的好坏,见图 3。

经过 1 个洪水期的试验运行,此项技改措施取得了令人意想不到的结果。3# 发电机从技改后到第 2 次大修没有更换过 1 次水封,水封封水效果非常理想。4# 机虽然只进行了 1 项技改,但是停机更换水封次数从 2008 年洪水期的 6 次下降到 2009 年洪水期的 3 次。两机合计少停机 9 次,多发电 132 万 kW·h,增加产值近 26.4 万元。同时技改中没有出现发电机摆度、振动增加和出力下降及其他任何不良后果,见图 4。

图 3　正在技改的转轮

图 4　技改后使用 1 个洪水期的转轮

此项技改措施,不但减少了机组停机次数,增加了产值,而且对减轻水轮机其他部分的磨蚀也起到了意想不到的作用。从这次一级 3# 发电机拆机后的检查情况看,顶盖内腔磨蚀情况比技改前有了很大的减轻,止漏环根部的磨损也减轻了不少。转轮上冠止漏环磨蚀明显减轻,上冠内侧焊泵叶处磨蚀也明显减轻。总的来说转轮上腔压力的降低,不但解决了水封磨蚀的问题,而且减轻了顶盖和转轮的磨蚀情况。

通过实践解决了水封磨损严重的问题,通过实践我们还想解决不同水头机组水封和顶盖的磨蚀问题。在2009—2010年大修期中不但将此项技改措施应用在一级4#机上,而且将此项措施应用在32 m水头的二级4#机中。2009—2010年大修期中,按照3#机的技改方案对4#机进行了全面的技改,技改后在2010年洪水期中,4#机只停机1次更换水封。2009年进行过技改的3#机竟然没有因水封磨损停机过。而没有进行过技改的1#机和2#机各停机达7次,损失电量160万kW·h,经济损失达32万元。同时还对32 m水头的二级4#机进行了类似的技改,整个洪水期这台机没有因水封磨损而停过1次机,而2009年同期因水封磨损停机大3次,损失电量20万kW·h,经济损失4万元。

在解决了压差式水封的磨损问题后,我们又把目光聚集到了采用填料式(石棉盘根)密封的69 m水头的三级电站3台机组。今年洪水期三级电站3台机组由于停机更换水封共停机21次,损失电量190万kW·h,经济损失达38万元。由于三级电站机组采用的是填料式(石棉盘根)密封,这种在转轮上加泵叶的方法是否有效? 会不会对机组产生其他影响? 在全国其他类似机组上是否还有更好的解决方法? 我们期待全国各地同仁能与我们加强交流,更好地解决水轮机水封磨蚀问题。

高耐蚀耐磨非晶纳米晶复合涂层在水轮机转轮上的应用

胡 江　　　　　　刘文举　周 昊

（河北省易县水利局）　　　（河北省易县旺隆水电站）

【摘　要】　介绍采用新型高耐蚀耐磨非晶纳米晶复合涂层材料,在水质差、杂物多、泥沙含量大等问题的紫荆关一级水电站转轮进行抗磨试验,并指出了此种抗磨技术的优缺点,为多泥沙水电站的水轮机过流部件抗磨工作提供了新的途径。

【关键词】　水轮机　新型抗磨材料　非晶纳米晶复合涂层

易县地处太行山脉北端东麓,河北省中西部,地域广阔,全县总面积 2 534 km,地势西高东低,流域面积 200 km 以上的河流有 5 条,特别是西部山区落差大,水流急,形成了丰富的水电资源,全县水能资源理论蕴藏量为 30.64 万 kW,可开发量为 23.3 万 kW。1995 年易县通过国家验收成为河北省惟一的初级电气化县,“十五”和“十一五”期间,易县又分别被国务院批准列为全国水电农村电气化县。截至目前,易县农村小水电运行电站 9 座,总装机容量 29 860 kW,设计年发电量 11 552 万 kW·h,水轮机 25 台,有混流式水轮机也有冲击式水轮机,有立轴布置也有卧轴布置,既有引水式也有坝后式电站。其中 7 座引水式电站都分布于拒马河流域,拒马河河水含沙量大,年平均含沙量为 2.92 kg/m³,多年平均输沙量91.3 万t,多为推移质,颗粒粗,粒径 d_{50} = 1 mm,硬度大,大部分为石英,磨损力强。因近年来天旱少雨,汛期引水流量也达不到电站满发,用水流量小,影响渠道沉沙池及各站沉沙池排沙效果,因此造成汛期过机泥沙量大,加上各站机组安装高程均为 $+H_s$,造成空蚀、磨损联合作用;各站水轮机均按清水条件设计,机组转速高,水流流速大,加剧了水轮机过流部件的磨蚀破坏。

多年来,我们一直引进各种抗磨蚀技术改造措施,增强机组的运行稳定性和增加机组出力,提高经济效益。如:①20 世纪 80 年代末在卧式水轮机顶盖镶衬辉绿岩铸石技术,增加固定部件的抗磨蚀能力;②20 世纪 90 年代初采用金属喷焊技术,对水轮机转轮叶片背面出水边和活动导水叶表面进行保护;③采购备用转轮更换材料,由低碳钢转轮改为镍铬不锈铸钢(0Cr13Ni5Mo)叶片转轮,提高抗磨蚀能力;④对运行一段时间磨损的转轮,修复后采用全国水机磨蚀试验研究中心非金属抗磨蚀涂层保护,增加抗磨蚀能力;⑤除上述措施外,还采用过加装扰流板、加高尾水水位等抗磨蚀方法,解决局部磨蚀问题。

为了更好地解决水轮机磨蚀问题,探索解决水轮机磨蚀的新途径,引进北京科技大学材料科学与工程学院的高耐蚀耐磨非晶纳米晶复合涂层材料进行水轮机转轮抗磨试验。该抗磨涂层采用新材料、新工艺,选择纳米金属、纳米非金属(包括纳米氧化物/碳化物)复合涂层和纳米晶非晶复合涂层为对象,结合活性燃烧高速喷涂技术、等离子喷涂技术来获取具有高耐蚀耐磨特性的表面纳米涂层。活性燃烧高速燃气喷涂（AC-HVAF）技术是一种用于金属表面沉积金属合金和烧结碳化物的工艺,涂层材料以预合金或合成粉末形式输送至喷枪,压缩空气和燃气(丙烷,丙烯或 MAPP 气体)在喷枪中燃烧产生高速燃烧产物气流,粉末在这个气流中只被加热到其熔点下 100～200 ℃ 而被加速到非常高的速度,通常在 700～800 m/s 的范围内,这些粉末粒子冲击到工件表面,形成涂层。材料不熔化以及高的冲击速度,使 AC-HVAF 涂层沉积工艺显示出与众不同的特性。这种技术所得到的涂层非常致密,通常没有金相可见孔隙,可以得到涂层孔隙率一般都在 1% 以下。

应用高耐蚀耐磨非晶纳米晶复合涂层保护水轮机转轮试验在紫荆关一级水电站 1# 机上进行试验。紫荆关一级水电站位于跨流域引水的紫荆关"五一"引水渠道上,"五一"引水渠是将拒马河水引入建在中易水河上游的安格庄水库,渠首建 1 座橡胶坝,在春、夏、秋三季为无坝引水,冬季用橡胶坝蓄水,以防止冰凌阻水影响发电。"五一"引水渠长 8.5 km,设计最大引水能力 25 m³/s,总落差 354 m,规划分 6 级开发,已投入运行的电站有 5 座,该站为梯级开发的第 1 级,水质条件最恶劣,杂物多、泥沙含量大,1# 机转轮相对其他 2 台机磨蚀更严重。紫荆关一级水电站水轮机参数见表 1。

表 1　　　　　　　　　　　　紫荆关一级水电站水轮机试验参数

装机容量	3×1 000 kW	机组出力	800～1 000 kW
流量	2.11 m³/s	水轮机型号	HJD87-WJ-53
水头	58.5 m	水温	4～18 ℃
含沙量	2.93 kg/m³	沙粒粒度分布	$d_{50} = 1$ mm
转轮转速	1 000 r/min	总运行时间	2 808 h
吸出高度	1.1 m	安装高程	269.8 m

将运行 2 年备用转轮(见图 1)修复后由北京科技大学进行高耐蚀耐磨非晶纳米晶复合涂层保护(见图 2 和图 3)。在水质相对不好的汛期进行试验,共计运行 120 d,试验期间每运行 30 d 左右打开尾水管检查,运行 2 808 h 后停机检查,涂层完好无破损(见图 4)。由于对备用转轮进行了修复,经过修形后喷涂的转轮与检修前相比出力略有提高,导叶开度由 45° 变为 40°,带满出力。

图 1　运行后的转轮

图 2　喷涂中的转轮

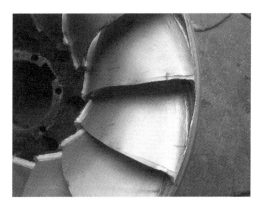

图 3　喷涂后的转轮　　　　　　　　　　　　图 4　运行后的转轮

通过对转轮试验后的形貌、水轮机负载状况等指标分析,在水轮机转轮上应用高耐蚀耐磨非晶纳米晶复合涂层制备工艺,水轮机转轮整体完好,转轮叶片和轴孔未观察到形变,完全能够满足水轮机效率及转轮安装要求;运行中输出功率与未喷涂前比较,此涂层制备工艺对转轮叶片原始出力设计没有影响,既可以应用到旧转轮的修复,又可以对新转轮进行预喷涂保护;从叶片形貌上看,原铸钢(A3)经一个汛期运行转轮部分过水面破坏形成鱼鳞坑,叶片背面呈海锦状蜂窝麻面,严重时出水边成锯齿状破坏,经非晶纳米晶复合涂层保护后的转轮表面经一个汛期运行后未发现明显的磨蚀区,涂层表面完好,明显优于铸钢材料(A3)的抗磨蚀性能。总体上高耐蚀耐磨非晶纳米晶复合涂层抗磨蚀性能优异,为多泥沙水电站的水轮机过流部件抗磨工作提供了新的途径,值得在水轮机上应用和推广。但由于喷涂设备限制,转轮流道狭小,叶片正水面表面与喷涂粒子射流不成 90°,从而影响了涂层的结合强度,转轮叶片背面是一个曲面,要掌握喷涂粒子流与水轮机叶片表面保持或接近 90°不易控制,影响喷涂保护效果,有待进一步研究改进。

姚河坝电站水轮机运行磨损情况及应对措施

汪 世 安

（国电四川南桠河流域水电开发有限公司）

【摘 要】 空蚀和泥沙磨损是水轮机过流部件损坏的主要原因,是机组检修周期的决定因素。叙述了姚河坝电站水轮机在实际运行过程中暴露出的异常磨损情况,以及采取的处理措施和取得的效果。

【关键字】 水轮机 过流部件 磨损 措施 安全 效益

一、电站概况

姚河坝电站位于四川省石棉县境内,是南桠河流域第 4 级电站。电站多年平均流量 32.6 m³/s,多年平均来水量 10.28 亿 m³。径流年际变化相对稳定,最丰年平均流量 43.1 m³/s,最枯年平均流量 25.2 m³/s。

电站装设了 3 台 44 MW 混流式水轮发电机组,保证出力 71.9 MW,设计年发电量 6.91 亿 kW·h,年利用小时数 5 235 h,于 2001 年 9 月投产发电。

二、电站设计情况

（一）流域水文情况

南桠河流域处于高山峡谷,汛期支沟偶有泥石流爆发,形成汛期沙量集中,粒径粗大的特点。河流输沙量在年内分配不均匀,主要集中在 6～10 月,其输沙量占年输沙量的 96.2%,多年平均含沙量 0.786 kg/m³,汛期过机最大含沙量 0.413 kg/m³。莫氏硬度大于 5 的沙粒占总沙量的 78.1%。相关泥沙资料见表 1。

表1

多年平均含沙量 （kg/m³）		粒径≥0.25 mm 平均含沙量 （kg/m³）		过机泥沙小于某粒径 沙重百分比(%)				
多年平均	6～10 月平均	年平均	6～10 月平均	0.025 mm	0.05 mm	0.1 mm	0.25 mm	0.5 mm
0.166	0.241	0.001	0.0014	30.9	54.6	78.9	99.4	100

(二)抗磨损设计

1.以(水)库代(沉沙)池及避沙峰,减少过机泥沙

在电站施工初期,设计院应业主委托,研究试验了以库代池的创新方案,取代原修建沉沙池方案。既可起到减少过机含沙量45%及降低中值粒径,减轻水轮机磨损量50%以上的效果,又可节省投资、多发电量及方便运行操作。

2.优选机型

针对过机泥沙情况,姚河坝电站水轮机选型设计时重点考虑了抗空蚀和泥沙磨损性能方面的技术要求。经过充分论证,选用了克瓦纳(杭州)发电设备有限公司的HL(F)-LJ-215型(鲁布革使用机型)混流式水轮机。该机型在额定工况点的导叶出口平均流速,由老型号(姚河坝下一级电站所使用)的50 m/s降至30.5 m/s,转轮叶片出水边的最大流速由38.5 m/s降至37 m/s。同时,转轮叶片出水边下部厚度增加,设计9.8 mm,离边缘25 mm处的厚度为11.69 mm,有效防止过早磨成锯齿形,可延长转轮寿命。

3.优选材质。

转轮为铸焊结构,由不锈钢ZG06Cr16Ni5Mo的上冠、下环和各15只长、短叶片组焊而成,叶片采用0Cr16Ni5Mo不锈钢板经模压成型后再经数控加工达到规定的精度和粗糙度。

导叶采用ZG06Cr16Ni5Mo不锈钢材料,整体铸造。

顶盖、底环过流表面设置不锈钢护板,由0Cr16Ni5Mo不锈钢板组焊后粗加工,用螺钉把合在顶盖、底环上,最后精加工达到质量要求。

4.进行渗氮处理

转轮及导叶要求进行等离子渗氮处理,有效深度达0.1 mm以上,硬度达HV900以上。第1台转轮送到国外进行渗氮时变形超标,其余就未进行渗氮了;全部导叶在国内进行渗氮并达到了要求。

(三)水轮机主要参数

型 号	HL(F)-LJ-215
额定水头(m)	280.00
额定功率(MW)	45.1
额定流量(m³/s)	17.5
额定转速(r/min)	500

三、水轮机实际运行磨损情况及原因

(一)磨损情况

总的来说,水轮机设备设计选型合理,制造质量优良,安装工艺质量良好,投运后设备运行稳定性很好,振动摆度、瓦温等各项参数均属优良。按照设备健康状况可控、在控的管理要求,在设备运行期间,电厂严格开展了质量监督工作,定期对水轮机部件进行了检查,随时了解和掌握其磨损情况。

现将1#水轮机投运至第1次大修期间(2001年9月至2004年11月)各时段的磨损情况对比介绍如表2。

表 2   磨换情况对比表

序号	部位	各时段磨损情况		
		2002 年 12 月	2003 年 12 月	2004 年 11 月
1	转轮	叶片表面光亮,无磨损痕迹;叶片进口边与上冠和下环连接处有冲刷痕迹	叶片表面有磨损斑迹,用手触摸无粗糙感;叶片进口边与上冠和下环连接处有 1~2 mm 磨损坑槽	叶片表面有小浅型磨损坑槽,用手触摸可感觉粗糙;叶片进口边与上冠和下环连接处有 5 mm 磨损坑槽;下环菱边有倒角形磨损
2	活动导叶端面	看不到明显磨损痕迹,端面总间隙较投运时有 0.3 mm 左右增大量	大头上下端面无明显磨损痕迹;小头上下端面呈蜂窝状磨蚀,磨蚀量达 1~2 mm	大头上下端面有轻微磨损痕迹;小头上下端面磨蚀非常严重,呈蜂窝状,磨蚀量达 5~8 mm
3	活动导叶立面	看不到明显磨损痕迹,大头头部及正面(背向转轮面,后同)还有原本痕迹	大头头部及背面光亮,用手触摸无粗糙感;正面(面向转轮面,后同)呈鱼鳞状磨蚀	大头头部及背面靠大头侧大部分面积磨损轻微,有零星麻点,背面靠小头侧一小段呈鱼鳞状磨蚀;正面磨损严重,呈蜂窝麻面状
4	顶盖抗磨板	在导叶常开位置导叶小头轮廓所对应处有浅坑形磨损,其余地方光亮无痕迹	在导叶常开位置导叶小头轮廓所对应处有麻坑形磨蚀,坑深达 3~5 mm,导叶大头轮廓对应处有麻坑形磨损	在导叶常开位置导叶小头端面所对应处呈蜂窝坑状磨蚀,坑深达 15 mm 左右;导叶大头轮廓对应处有麻坑形磨损,坑深 3 mm 左右
5	底环抗磨板	在导叶常开位置导叶小头轮廓所对应处有麻点形磨损,其余地方光亮无痕迹	导叶常开位置导叶小头轮廓所对应处有蜂窝坑状磨蚀,坑深达 5~8 mm,导叶大头轮廓对应处有麻坑形磨损	在导叶常开位置导叶小头端面所对应处呈蜂窝坑状磨蚀,坑深超过 20 mm,已穿透抗磨板;导叶大头轮廓对应处有麻坑形磨损,坑深 5 mm 左右
6	泄水锥	光亮无痕迹	光亮无痕迹	光亮无痕迹

相关照片资料如图 1~图 5 所示。

图1 运行1年底环磨损情况

图2 运行2年底环磨损情况

图3 运行3年底环磨损情况

图4 运行3年导叶磨损情况

（二）磨损原因分析

1. 水质问题

机组运行1年多后，由于上游多个电站建设施工的影响，大大增加了过机含沙量，加重了水轮机过流部件的磨损。

2. 机组运行工况问题

据统计，在2001年9月至2004年11月期间，机组处于低负荷运行时间达2 000 h左右，低负荷运行时，其运行工况较差，过流部件磨损会加重。

图5 运行3年转轮磨损情况

3. 导叶端面间隙问题

机组安装调试后，导叶实际端面间隙比设计(0～0.2 mm)要大，再加上蜗壳充压后，座环和顶盖的变形，也增加了导叶的端面间隙，最终，机组在运行状态，导叶的端面间隙达到了0.4～0.6 mm(小头要大些)。间隙大了，漏水阻力相应减小，漏水流速增大，导致导叶端面的磨损加重。

4. 设备本身抗磨性问题

尽管姚河坝电站水轮机设备的设计选型、材料选择等都考虑了抗磨损的要求，但在实际运行中,也暴露了一些具体的问题。过流部件中,转轮的磨损情况是比较轻微的,证明了这种新型结构转轮的 X 型叶片可保证转轮内水力流场的流态均衡,具有优良的抗空蚀和泥沙磨损性能。磨蚀最严重的部位是导叶小头上下端面及其对应位置的顶盖和底环抗磨板,其原因主要是导叶小头上下端部厚度较小,运行中小头端面漏水路径短,漏水阻力小,漏水流速增大,磨蚀就重。

四、造成的危害

水轮机设备实际运行中严重的磨损情况,给电站的安全生产和经济效益造成了较大的影响。

(一)安全生产受到威胁

(1)磨损严重后,导叶在关闭状态下,端面间隙过大,在机组开机过程中,漏水量较大,一方面造成球阀开启前不能正常平压,为了开启机组,只能调低球阀平压压力值,非正常状况开启球阀,对球阀设备是有害的;另一方面当球阀开启后,蜗壳达到额定压力,导叶漏水对转轮的冲力过大,有时还未开启导叶(制动闸和围带都还没退开),机组就可能被冲转,造成危害。

(2)水轮机运行 3 年后,磨损达到了非常严重的程度,顶盖和底环抗磨板已经磨穿,其固定螺钉显露,极有可能脱落,止漏环测压及顶盖排水管口已出现穿孔射水等,设备的运行状况已不可控,存在着较大的安全隐患,随时都有可能发生问题,影响设备安全运行,使电站的安全生产面临了严峻的形势和巨大的压力。

(二)经济效益受到了影响

随着水轮机过流部件磨损的加重,各部件间隙增大,机组运行中漏水也增大,容积损失增加,机组效率下降,使电站经济效益受到了影响,相关数据见表 3 和表 4。

表 3   各部水压、流量比较

负荷 (MW)	时期	上止漏环压力 (MPa)	下止漏环压力 (MPa)	尾水管进口 (MPa)	尾水管出口 (MPa)	顶盖排水压力 (MPa)	顶盖排水流量 (m³/h)
0	投运初期	0.72	0.60	0.05	0.10	0.07	92
	运行 3 年	0.83	0.64	0.07	—	0.28	207
44	投运初期	0.96	0.88	0.07	0.16	0.15	215
	运行 3 年	1.12	0.97	0.08	0.04	0.34	609

表 4   不同导叶开度下的负荷   MW

开度	空载	10%	20%	30%	40%	44%
投运初期	6.35	25.42	42.50	56.29	68.12	70.00
运行 3 年	13.05	30.70	48.36	60.88	73.49	83.70

由于未进行机组效率试验,没有准确数据列出,可以知道,到大修前,额定功率时,水轮机效率下降达8%~10%。

五、所采取的应对措施及效果

面对水轮机的严重磨损,给安全生产带来的严峻形势和巨大压力,通过深入的分析和研究,并广泛咨询业内专家和同行,从临时性和长久性两个方面采取了应对措施,并取得了良好效果。

(一)临时性措施及效果

针对机组只运行了3年时间(大修周期为4年),水轮机过流部件磨损就已相当严重,不能再继续安全运行的情况,根据已有条件(只有1套备品),首先进行了1台机组大修,全面恢复了其健康状况,保证了安全稳定和经济运行。然后通过开展广泛的技术咨询和与设备厂家积极联系,经过综合分析和仔细研究,最终对另外2台机采取了非常规检修方案,即对顶盖和底环抗磨板用M831焊条进行现场补焊打磨修复,较大程度地恢复了设备健康状况,继续安全稳定运行了1年时间,然后开展了大修工作。

(二)长久性措施及效果

解决了临时问题后,为了从根本上改善水轮机过流部件的异常磨损,延长机组运行时间,达到规定大修周期的要求,电站采取了以下措施。

1.提高机组检修工艺质量

加强机组大修工程管理,提高检修工艺质量要求,特别是导叶端面间隙调整要求,在保证导叶能够转动的情况下,要求间隙尽量小,且大小头要一致。

2.减少过机泥沙含量

加强隧洞进口沉沙情况监测,利用夜间低负荷时段进行冲库,既将对电站发电量的影响降到了最低,又保证了冲库频次,很好地控制和减少了过机泥沙含量。

3.避免机组低负荷运行

加强运行管理,运行人员要清楚机组运行在振动区和低负荷时的危害。积极主动与调度联系沟通,科学合理安排机组负荷,尽量避免机组在低负荷下运行。

4.采取表面处理工艺,提高过流部件抗磨性

通过广泛咨询了解,并综合比较分析和认真研究后,在2006年1月实施的3#机组大修中,对导叶叶片、顶盖和底环抗磨板以及转轮上下止漏环等关键过流表面实施了高强度抗磨材料喷涂工艺。涂层性能参数为:涂层材料为Sulzer Metco(美国产),其结合强度大于70 MPa,表面硬度大于1 100 HV,抗磨损能力比0Cr13Ni4Mo不锈钢高数倍以上,抗气蚀能力与0Cr13Ni4Mo不锈钢相当,涂层厚度为0.3 mm。

以上措施所取得的效果:1#机组在经过大修后,至今已运行近3年时间,根据对过流部件磨损检查情况,与修前运行相同时间比较,磨损程度减轻了50%左右,运行4年时间是没有问题的,应该说效果是显著的。而3#水轮机过流部件采用了高强度抗磨材料喷涂工艺后,至今已运行了近2年时间(经历了2个汛期),实际检查结果看,涂层无起皮、脱落现象,表面光滑无明显磨蚀痕迹,与未实施喷涂工艺并运行同等时间的2#机比较,过流面损坏量非常轻微(在0.3 mm内,涂层还未磨穿),据目前情况估计,3#水轮机有可能持续运行6年,

可见,该喷涂层抗磨蚀性能是非常显著的,这一表面处理工艺的采用是成功的。

六、结　语

不同类型的机组有着不同的运行状况,同一类型的机组在不同流域电站也会表现出不同的运行状况。作为一个新建投运的电站,面对设备实际运行过程中暴露出的具体问题,给安全生产带来的严峻形势和巨大压力,在没有处理这类问题经验的情况下,虚心向同行和业内专家学习和请教,集思广益,仔细分析,认真研究,敢于探索,采取措施,对问题进行了处理,并取得了良好的效果,保证了电站的安全生产,提高了经济效益。为自身设备的检修和提高水轮机抗磨蚀性积累了经验,对同类型电站具有一定的借鉴意义。

纳米塑料合金水泵抗磨密封环的研制

田 震 田蔚冰 张学明 詹树强 伍 瑛

（重庆新高纳米塑料合金有限公司）

张世伟

（陕西东雷抽黄管理局）

【摘 要】 介绍了水泵面临的磨蚀问题，纳米塑料合金水泵抗磨密封环抗磨蚀的机理以及生产流程等。

【关键词】 纳米塑料合金 水泵 磨蚀 密封环

一、前 言

我国水力资源的可开发在 3.8 亿 kW 以上，但中国河流特点之一是含沙量比较大，年平均输沙量在 1 000 万 t 以上的河流有 115 条，直接入海泥沙总量达 19.4 亿 t，其中黄河及其支流、金沙江、大渡河、岷江、红河、长江及其部分支流上的水电站与泵站都存在或将面临水机磨蚀问题。

机电排灌是农业基本建设的内容之一，是促进农业生产的重要一环。我国大、中型抽黄灌溉的泵站在运行中都存在着水泵过流部件磨蚀的严重问题。如陕西省渭南市东雷一期抽黄工程，该工程是多级高扬程大型电力提灌工程，各泵站 1979 年陆续投入使用。在投入使用后，由于黄河含沙量大，很快就发现了水泵各过流部件受到严重的磨损。据《东雷抽黄志》中记载：黄河 4# 水泵 2# 机组累计运行 1 870 h 后，口环数处磨穿，泵体过流表面坑凹深达 20 ~ 30 mm，护套直径磨损 6 mm，密封间隙由原来的 0.75 mm 增大到 17 mm，叶片出口边磨损减短 105 mm，出口及前后盖板多处穿孔，泵体内 3 ~ 5 mm 深的沟槽多处。泵组出水量由 4.3 m³/s 降到 3.9 m³/s。"黄河 2#"、"黄河 3#"亦有类似情况。

引黄河水泵站水泵约 10 万台，约有 340 万 kW 装机容量的水泵存在磨蚀危害。由于磨蚀的产生大大降低了水泵的性能，使水泵的流量减少、功率加大、电耗上升，同时使叶片和叶轮室遭到损坏。由于磨蚀引起的泵站频繁检修，不仅耗费了大量的人力、物力、财力，还缩短了机泵的使用寿命。仅黄河中游兴建的水电站和大型抽黄泵站每年因泥沙磨蚀造成的经济损失达数十亿元。

30 年多来，不少水利水电科研单位的研究人员已从事水力机械过流部件表面磨蚀保护涂层的研究工作，包括室内试验和现场试验。在磨蚀防护涂层方面，取得了一定成果和经济社会效益。20 世纪 80 年代以后，随着我国对外开放的不断深入，机组的引进和水机制造厂的合资，许多外国公司也纷纷将各种涂层推向我国。20 世纪 80 年代，有几十种金属或非金属涂层在水轮机和水泵上进行现场中间试验,其中有 F1、F5、耐磨 1#、2-14 等焊条、合金粉末喷焊、等离子喷涂、金属陶瓷铺焊、渗铝等金属涂层和 SE 浇注型聚氨酯、XCA 型聚氨酯、53—A 聚氨酯、复合尼龙、环氧金钢砂、工业搪瓷、矿渣微晶玻璃以及辉绿铸石等非金属涂层(材料),其中大部分均未能推广应用,原因主要有两方面:①涂层性能差(包括抗磨蚀性能和黏结性)差,达不到水轮机和水泵的防护要求;②现场条件满足不了涂层的工艺要求。因此只有少数几种涂层在中小水电站水轮机或泵站水泵上运用。近 10 年来,美国、英国、法国、德国等许多发达国家的聚氨酯涂料、环氧基涂料先后进入我国,并在一些水电站上试验或试用。室内模拟试验和现场真机试验表明,到目前为止,国内外的聚氨酯的涂层都不能满足实际需要,就是说其黏结力太低,运行不久涂层即大面积掉落。如美国 S-8 聚氨酯涂料,美国和加拿大的 DP、DL 超蚀金属强化涂料,英国 E. WOOD 公司的 EC、FC 抗空蚀涂料,法国阿尔斯通公司耐尔别克厂的"耐而久"涂料,德国伏依特公司的聚氨酯涂料等等,先后在葛洲坝、刘家峡、新安江、碧口、柘溪、龚嘴、三门峡、万家寨等水电厂试验或试用,基本都以失败告终。国内许多单位研制的聚氨酯涂料也一样。正像许多外国公司所认为的,中国水电站水轮机抗磨蚀问题,是具有挑战性的工作。由此可以认为,中国(特别是黄河流域)的水力机械泥沙磨损问题,已成为世界级难题。

二、研制方向

优良的过流部件应具有的主要性能是抗磨蚀性能。经过试用,人们发现环氧树脂、聚氨酯、橡胶、复合尼龙都具有较好的弹韧性,与碳钢、低合金钢、不锈钢部件比较,抗磨损、空蚀的性能比较突出,于是被广泛地用来做部件防护涂层。但在使用过程中,又出现了新的问题。这些弹韧性材料是以涂料的状态用涂刷的方法涂在部件上,经加热或自然固化后使用。但防护涂层因附着强度不够而脱落,包括涂抹的环氧金刚砂涂层也不具有足够的抗磨蚀强度,这成了弹韧性材料推广应用的障碍。

在碳钢、不锈钢制作的部件已承担不了抗磨蚀重任的情况下,在弹韧性材料因涂刷等工艺方法难于满足附着强度要求的技术背景下,重庆新高纳米塑料合金有限公司以新的思维方式为指导,提出了以整体浇铸加温固化工艺生产过流部件的新思路。经过反复的配方调整、工艺设计、无数次的工业化生产,终于研制出了全新材质的过流部件。其主要性能为机械强度达到 80 MPa 左右,同时具有较好的直觉弹韧性,可以进行机床精加工,可作为一个完整的部件进行组装和拆装。

三、纳米塑料合金水泵抗磨密封环研制机制

我们认为以硬碰硬,是不能从根本上解决水泵过流部件抗磨蚀的问题,所以,我们选取了比较柔软的材质,用"以柔克刚"的办法来解决这一难题。经过一系列的技术攻关与创新后,重庆新高纳米合金有限公司于 2005 年 10 月提出申请,并在 2008 年 1 月得到授权发明专利——水机纳米塑料合金零部件及制备方法。该专利的原理是:以尼龙为基料,将纳米级粉料人工烧结成微米级或毫米级颗粒料后,经浇铸而成一纳米合金材料。该合金经纳米材料的改性后既提高了柔韧性、弹性协同性,大大提高抗磨蚀性能,又解决了因尼龙自身吸水

而造成尺寸稳定性不足的问题,从而形成了一种有弹性记忆功能的超高分子量合金。该合金自身柔韧性、弹性协同性良好,尤其抗磨蚀性能很高,故形成以柔克刚、功能互补的独有特性,以满足过流零部件抗磨蚀的要求。

四、尼龙的特点

尼龙为韧性角状半透明或乳白色结晶性树脂,作为工程塑料的尼龙分子量一般为15 000 ~ 30 000元。尼龙具有很高的机械强度,软化点高,耐热,磨擦系数低,耐磨损,自润滑性,吸震性和消音性,耐油,耐弱酸,耐碱和一般溶剂,电绝缘性好,有自熄性,无毒,无臭,耐候性好,染色性差。不过铸型尼龙制品在较强外力条件下适用,刚性不佳,吸水率与其他金属材料相比较大,使制品的稳定性和电性能变差,使其在很多领域的应用受到限制。

五、纳米技术的简述

作为当今世界的前沿科技,纳米技术是在0.1 ~ 100 nm尺度范围内,研究电子、原子和分子运动规律与特征的一门新兴学科。纳米技术涵盖纳米材料、纳米电子和纳米机械等技术,目前可以实现的技术是纳米材料技术。而纳米复合材料是以树脂、橡胶、陶瓷和金属等基体作为连续相,以纳米尺寸的金属、半导体、刚性粒子和其他的无机粒子、纤维、纳米碳管等改性剂为分散相,通过适当的制备方法将改性剂均匀分布于基体材料中形成一相含纳米尺寸材料的复合体系。由于分散相的纳米小尺寸效应,大的比表面积和强界面结合效应和宏观量子隧道效应等特性,使纳米复合材料具有一般工程材料所不具有的优异性能。所以,铸型尼龙在加入了作为填充物的纳米材料后,在所制成的纳米塑料合金材料中,纳米塑料合金可将分散相的刚性、尺寸稳定性和热稳定性与连续相的柔性、可加工性完美地结合起来,使纳米塑料合金具有高比强度、比模量而又不损失其冲击强度、高耐磨性、密度及柔韧性。又由于在纳米塑料合金中的聚合物基体中存在着分散的、大尺寸比的硅酸盐层,这些层对于水分子和单体分子来说是不能透过的,这就迫使溶质要通过围绕硅酸盐粒子弯曲的路径才能通过薄膜,这样就提高了扩散的有机通道长度,隔阻得到提升,吸水率很大降低,保证了制品的稳定性和外观尺寸,大大提高制品的使用寿命。

六、添加的纳米材料

为了达到预期性能和使用效果,不同的材料,须进行不同形式的处理,方可加入使用,选取加入的纳米材料为:纳米二氧化硅、纳米碳酸钙、纳米碳管、纳米铜、纳米二硫化钼,这些材料的特点分别为:

(1)纳米二氧化硅。二氧化硅有3种表现形式,即:硅藻土、石英粉、气相法白炭黑。其中气相法白炭黑常作为补强剂使用,用以改善拉伸强度,撕裂强度和抗磨性。气相法白炭黑纳米二氧化硅具有三维网状结构,拥有庞大的比表面积,表面粗糙度能明显降低,并且极大地增强复合材料的机械强度和柔韧性,极大地延长制品的使用寿命。

(2)纳米碳酸钙。普通的碳酸钙对尼龙来说只能充当填充物,但是加入表面处理的纳米碳酸钙后的尼龙,其冲击强度大大提高,而相应的加工性能依然良好;拉伸强度先增大,达到最大值后开始下降;屈服应力随材料含量的增加而增加随粒子尺寸的增加而降低。而且,纳米碳酸钙对材料的缺口冲击强度和无缺口冲击强度的增韧效果十分明显。将碳酸钙粉末进行偶联剂处理和有机物表面处理后,大大降低其表面能,使之在聚合物中更容易分散且无二次凝集现象,提高其使用价值。

(3)纳米碳管。是一管状的纳米级石墨晶体,是单层或多层石墨片围绕中心轴按一定的螺旋角卷曲而成的无缝纳米级管,结构连接完美,具有许多异常的力学、电学和化学性能。纳米碳管的抗拉强度达到 50~200 GPa,是钢的 100 倍,密度却只有钢铁的 1/6。被破坏时,应变达到 5%~20%,在轴向上纳米碳管有良好的柔韧性和回弹性,在扭力作用下纳米碳管显示出强的抗畸变能力,当负荷卸去,纳米碳管会恢复原状。纳米碳管是目前可制备出的最高比强度的材料。

(4)纳米铜。纳米铜具有超塑延展性,在室温下可拉长 50 多倍而不出现裂纹,平均体积仅为 80 nm,铜纳米结晶体机械特性惊人,强度不仅比普通铜高 3 倍,且形变非常均匀,没有明显的区域性变窄现象。这是科学家首次观察到物质如此完美的弹塑性行为。而且直接作用于机件金属表面,还可以起到修复金属磨损表面的作用。

(5)纳米二硫化钼。它被被誉为"高级固体润滑油王",能极大的增强复合材料的自润滑性能。二硫化钼是由天然钼精矿粉经化学提纯后改变分子结构而制成的固体粉剂。本品色黑稍带银灰色,有金属光泽,触之有滑腻感,不溶于水。产品具有分散性好,不黏结的优点。

将以上这些纳米级粉体材料,经各自不同的处理工艺处理以后,便成为纳米塑料合金的核心添加剂。这些材料,或有类似,或有独特的特点,在生产的过程中均匀混合地加入基料中,使他们能充分地发挥各自的特点,改进尼龙材料原本的优异性能,增强作为水泵零部件所需要的原本不足的性能,使我们的纳米塑料合金成为一非常优异的水泵过流零部件的生产材料。

七、纳米塑料合金的生产流程与特点

纳米塑料合金的生产制造是在较低的温度下于常压直接灌注入模内聚合成型的,方法虽然比较特殊,但简单方便。图 1 为整个生产过程的流程图。

纳米塑料合金分子量大(分子量超过 10 万),结晶度超过 50%,无论在强度、硬度、耐磨损性能和耐化学性能方面,纳米塑料合金都有非常卓越的表现。所以,选取纳米塑料合金作为基本材料来制造水机过流零部件。

八、纳米塑料合金的主要特点

(一)质量轻

纳米塑料合金的密度一般在 1.15~1.16 t/m³ 之间,仅是钢(7.8 t/m³)的 1/7,铜(8.9 t/m³)的 1/8,合金铝(2.7 t/m³)的 1/2.5。由于质轻,作为机械材料使用时,可以减少零部件不必要的强度和动力,并可减轻运动惯量,装卸和检修也极为轻便。

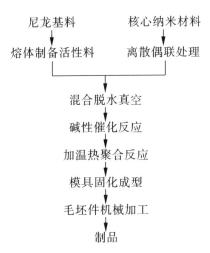

尼龙基料　　　核心纳米材料

熔体制备活性料　　离散偶联处理

混合脱水真空

碱性催化反应

加温热聚合反应

模具固化成型

毛坯件机械加工

制品

图1　纳米塑料合金生产流程

（二）良好的耐磨性能

纳米塑料合金的磨损特点是在使用初期时稍有磨损,以后就很少磨耗。不像其他的金属材料那样,随着使用时间的增长,磨损也成比例的增加。

（三）良好的回弹性

纳米塑料合金可使弯曲面不发生永久变形,这样能保持强韧度以抵抗由于反复冲击负荷所产生的断裂。这对用于承受高冲击负荷的制件是非常必要的。

（四）机械性能好

纳米塑料合金机械强度大、韧性好、抗冲击、耐疲劳。由于纳米塑料合金是在其熔点220 ℃结晶成型的,故分子量大,使其具有很好的抗蠕变特性,能长期承受轴承的重负荷。

采取整体浇铸出毛坯件,再机加工成型的生产工艺模式。所以不需要添加额外的抗磨层,故不存在抗磨层与母材黏接的问题。又由于纳米塑料合金材料可塑性强,根据图纸可生产多种设备需用的各种零部件,生产方便快捷,产品质量稳定。经过在陕西东雷抽黄管理局4 级、3 级泵站连续 4、5 年的真机试验证明,用纳米塑料合金整体浇铸方法生产的水泵密封环,其使用寿命是金属密封环的 5 倍以上。

参　考　文　献

1　张玉龙.纳米复合材料手册.

2　王有槐,王新华.铸型尼龙实用技术.

3　姚启鹏,张世伟.东雷抽黄大泵抗磨密封环研制.水机磨蚀,2002—2003 论文集.

江口拱坝封拱温度对坝体应力的影响分析

李 润 伟

（中水东北勘测设计研究有限责任公司）

【摘 要】 江口水电站大坝为双曲拱坝，横缝灌浆对拱坝的施工工期起着控制性的作用，为满足下闸蓄水、初期发电及度汛的要求，加快施工工期，对提高坝体中上部高程的封拱温度进行了专门分析研究，较好地解决了工程实际问题。

【关键词】 封拱温度 横缝灌浆 拱坝 坝体应力 江口水电站

江口水电站工程位于重庆市武隆县江口镇芙蓉江河口以上 2 km 处，枢纽由混凝土双曲拱坝、水垫塘、二道坝和地下引水发电系统组成，水库正常蓄水位 300.00 m，初期发电水位 262.00 m。总库容 5.05 亿 m^3，电站装机容量 300 MW。

大坝为椭圆形混凝土双曲拱坝，最大坝高 140.00 m，坝顶弧长为 380.71 m，厚高比为 0.192。坝身布置 5 个泄洪表孔和 4 个中孔。江口坝址基岩为灰岩，拱坝建基于弱风化岩石。坝址处多年平均气温为 17.3 ℃，最低月平均气温为 6.7 ℃，最高月平均气温为 27.5 ℃，气温年变幅为 10.6 ℃，多年平均水温为 16.9 ℃，拱坝混凝土强度等级为 C30、C25。

一、工程实际问题

由于拱坝未封拱的独立坝段挡水高度有限，因此封拱灌浆高度对于施工期的拱坝挡水高度起着决定性的作用。拱坝的施工工期往往受横缝灌浆的控制，而横缝灌浆不仅受坝体混凝土施工进度控制，同时还受坝体混凝土的龄期及封拱温度控制。

2002 年是江口工程的施工高峰期，工期非常紧张。为了保证下闸蓄水、首台机发电目标的顺利实现，同时也为保证 2003 年大坝安全度汛，需研究在满足坝体应力要求的条件下，提高坝体封拱温度的可能性，以加快封拱灌浆的速度。

设计单位对大坝 226~285 m 高程之间的封拱温度进行了多方案的敏感性分析计算，确定了顺应实际情况的封拱温度，以满足初期发电的要求。

二、坝体封拱温度方案分析

（一）封拱温度方案确定

根据现场的实际情况，主要是希望提高坝体中上部高程的封拱温度，缩短冷却时间，加快工期。结合江口工程的具体情况，参照原设计坝体的封拱温度，又新增了 3 个坝体封拱温度方案进行应力计算，以分析坝体的应力情况，坝体封拱温度方案见表 1。

表1				坝体封拱温度方案表					℃
高程（m）	305	285	270	250	230	215	200	185	165
方案1（原设计）	16	15	14	13	13	13	13	13	13
方案2	16	15	15	14	14	13	13	13	13
方案3	16	16	16	15	15	13	13	13	13
方案4	16	16	16	14	13	13	13	13	13

（二）荷载组合

对于各种方案，均计算如下组合。

组合1：正常蓄水位上下游静水压力+设计正常温降+自重+泥沙压力；

组合2：正常蓄水位上下游静水压力+设计正常温升+自重+泥沙压力；

组合3：设计洪水位上下游静水压力+设计正常温升+自重+泥沙压力（下游水位分别考虑顶托最高水位、最低水位及无顶托水位）。

（三）计算成果分析

坝体应力计算采用拱梁分载法，计算程序为水科院的"拱坝体形优化程序"。

经计算分析可知，组合3（设计温升）为坝体应力的控制工况。在3种下游水位情况下，坝体应力水平随着封拱温度的升高而增大。各方案坝体的主压应力均满足规范要求，坝体的拉应力由上游面控制，上游面的拉应力详见表2。

表2		组合3（设计温升）坝体上游面拉应力值及其部位表			MPa
项目		方案1	方案2	方案3	方案4
下游为顶托最高水位	最大主拉应力	1.175	1.239	1.312	1.252
	部位	250 m 高程左拱端	250 m 高程左拱端	250 m 高程左拱端	250 m 高程左拱端
下游为顶托最低水位	最大主拉应力	1.141	1.205	1.277	1.218
	部位	250 m 高程左拱端	250 m 高程左拱端	250 m 高程左拱端	250 m 高程左拱端
下游为无顶托水位	最大主拉应力	1.123	1.187	1.258	1.200
	部位	250 m 高程左拱端	250 m 高程左拱端	250 m 高程左拱端	250 m 高程左拱端

由表可知，当封拱温度为方案1时，拉应力均满足规范要求。坝体封拱温度在方案2时，坝体的应力水平增加最小，拉应力最大值发生在下游考虑顶托最高水情况，其值为1.239 MPa，超过规范允许值（1.2 MPa）3.25%，且仅此1点。当下游水位为无顶托水位时，拉应力最大值为1.187 MPa，满足规范要求。而方案3和方案4均不同程度地超出了规范要求，最大超出9.3%。

为了满足下闸蓄水、首台机发电及2003年大坝度汛的要求，经封拱温度方案分析认为：坝体的封拱温度由原来的方案1调整为方案2以后，坝体应力基本能够满足规范要求，是可行的。

龙江高拱坝泄洪消能方案研究

李润伟　　王　颖

（中水东北勘测设计研究有限责任公司）

【摘　要】　龙江水电站工程大坝为混凝土双曲高拱坝,坝址河谷为 V 形窄河谷,工程地质条件复杂,泄洪消能问题较重要。设计进行了多种泄洪消能方案比选,通过水工模型试验,选定了合理的泄洪消能方案。

【关键词】　泄洪消能　方案研究　龙江高拱坝

一、工程概况

龙江水电站工程位于云南省境内。该工程是以发电、防洪为主。正常蓄水位 872 m,总库容为 12.17 亿 m^3,总装机 240 MW。工程主要由双曲拱坝、坝身泄水表孔、放水深孔、坝下消能塘、进水口和左岸发电引水隧洞、地面厂房及 GIS 开关站等组成。

该工程于 2006 年 11 月 28 日开工,2010 年 4 月下闸蓄水。目前,大坝主体已完工,3 台机组全部投入运行。

二、泄洪消能建筑物布置

大坝及泄洪建筑物为 1 级建筑物,消能建筑物为 3 级建筑物。泄水建筑物校核洪水标准采用 2 000 年一遇($P=0.05\%$),相应泄量 3 982 m^3/s;设计洪水标准采用 500 年一遇($P=0.2\%$),相应泄量 3 256 m^3/s;消能建筑物的设计洪水标准为 100 年一遇($P=1\%$),相应泄量 2 998 m^3/s。

大坝为混凝土双曲拱坝,最大坝高 110 m,坝顶弧长 472 m(包括重力墩坝段)。坝身布置 3 个开敞式泄洪表孔和 2 个有压放水深孔。泄洪表孔堰顶高程为 860 m,孔口尺寸为 12 m×12 m(宽×高),中墩两侧平直,2 个边墩出口均收缩 10°,形成宽尾边墩,表孔出口设差动坎,表孔采用液压弧形钢闸门挡水。放水深孔底板高程为 810 m,出口尺寸为 3.5 m×4.5 m(宽×高),出口宽尾闸墩收缩角 7.125°,进口布置事故检修平板钢闸门,出口布置弧形钢闸门,放水深孔只做放空检修用,不参与泄洪。消能塘长 149.68 m,底宽度为 37.2 m,底板高程为 769 m,厚度 2~4 m,两侧护坡坡比 1∶0.6~1∶1.4,尾部设拦渣坝,高 20 m,梯形断面,上下游坡比均为 1∶0.7。

河床冲积层厚度 12~15 m,其表部有 2 m 左右的中粗沙,下部主要为砂砾石层,基岩为片麻岩,表部呈弱风化状态,节理较发育,节理间距 20~50 cm。

三、泄洪消能方案研究

(一)消能方案比较

本工程河谷狭窄,坝址下游水较深,不同频率洪水坝下水深见表1,由表1可知,设计洪水时下游水垫深33.04 m,校核洪水时下游水垫深34.83 m。国内百米以上拱坝水垫塘的统计见表2,相对上下游水位落差来讲,龙江坝下游水垫是较深的。

表1
龙江坝下水垫深度表

项目	上游库水位 (m)	下游水位 (m)	下泄流量 (m³/s)	下游水垫深度 (m)
校核洪水($P=0.05\%$)	874.54	800.83	3 982	34.83
设计洪水位($P=0.2\%$)	872.72	799.55	3 256	33.55
消能防冲设计($P=1\%$)	872.03	799.04	2 998	33.04
正常蓄水位	872.00	791.99	——	25.99

表2
国内高拱坝水垫塘水垫深度统计
m

工程名称	坝高	上下游水位差	消能设计洪水 下游水垫深
小湾	292	229.66	42
溪洛渡	273	200.00	76.2
二滩	240	165.20	54
构皮滩	225	149.60	72
盖下坝	160	116.03	41.56
江口	140	95.31	44.48(最高) 31.69(最低)
藤子沟	124	99.93	23.57
龙江	110	72.99	33.04

为了节约投资,设计在拟定消能方案时,首先考虑了不护底板的方案,只对坝下游河道两岸边坡进行防护。具体布置为:清除消能塘表部的河床沙砾石覆盖层,在消0+050.00—0+120.00之间预挖消能冲坑至弱风化岩石的表部,冲坑底高程766 m,底宽34.8 m。水工模型试验对预挖冲坑和坝下300 m范围内的河床按动床制作。

试验成果表明,在100年一遇洪水时,冲坑上游坡度在1:2.4~1:4之间,在大坝校核洪水时将反淘坝脚。尽管采取了多种侧向收缩、增加差动坎的消能措施,但均没能解决冲坑深度过大,护坡被淘刷的问题。本工程消能塘基岩节理间距20~50 cm,岩体的抗冲能力较低,另外,下游河道狭窄,下泄水流集中,造成坝下游冲刷严重、冲坑两岸护坡不稳定,冲坑距坝脚太近,威胁大坝的安全。因此认为,坝下游预挖冲坑护坡不护底的方案基本不适于本工程的特点,应采用既护坡又护底的消能塘方案。

（二）泄洪表孔尾坎方案比较

本工程采用坝顶表孔泄洪,具有坝高、落水集中、消能区河道狭窄的特点,应设法采取措施,尽量增大纵向入水范围,充分利用下游有限的水体消能,减小消能塘底板受力。但由于河道狭窄,加之拱坝各孔射流向心集中的作用,要实现水舌的适当横向扩散和较大的纵向扩散,目前尚无合适的计算方法,只能采用模型试验进行方案的研究比较。

根据消能方案比较时的经验,为了减小水舌入水宽度,边墩均采用收缩式宽尾墩;为了使水舌纵向拉开,使入水水流分散,溢流堰出口采用差动坎型式。对于不同的收缩角度和不同的差动坎布置,拟定了4个方案见表3。

表3 差动坎布置方案比选表

方案	差动坎布置	冲击压力（×9.81 kPa）	
		最大值	最大均方根
方案1	边墩收缩1.3 m,收缩角10°;1#、3#两孔差动坎分别在其孔边墩侧,挑角15°;2#孔1个齿坎置于孔中,挑角20°	18.51	10.83
方案2	边墩收缩2.0 m,收缩角10°;1#、3#两孔差动坎分别在孔的中墩侧,挑角0°;2#孔2个齿坎靠两侧,挑角8°	14.07	6.81
方案3	边墩收缩1.0 m,收缩角10°;1#、3#两孔差动坎置于孔中间,挑角10°;2#孔两坎为弧形挑坎,仍在两侧,挑角40°	9.54	4.32
方案4	边墩收缩1.0 m,收缩角10°;1#、2#、3#孔各设一个差动坎,均置于孔中间,1#、3#挑角10°,2#孔挑角0°	8.52	3.74

经试验分析可知,方案4最优,冲击压力最大值及最大均方根值均为最小,入塘水流对底板的冲击影响小,消能效果最好,因此推荐方案4。

四、结　　语

由于高拱坝的水头高、河谷窄、消能集中,泄洪消能的布置显得尤为重要,应通过优化布置提出合适的泄洪消能方案。高拱坝的泄洪消能较复杂,理论计算不能完全满足设计需要,需通过水工模型试验进行验证,最终指导设计。

农村水电站技术改造经验介绍

谭 勇　　　　尹 刚

（恩施州水利水产局）　　（湖北省地方水电公司）

【摘　要】　较详细地介绍了湖北省在农村水电站技术改造方面的经验,特别是对主机进行局部改造还是更新改造方面进行了论述。对水轮机组、调速器、励磁、监控等方面的改造有借鉴作用。

【关键词】　电站　改造　方法

一、概　　述

湖北省长阳水电站始建于 1978 年,1980 年投产,设计水头 52 m,单机流量 2.3 m³/s;共装有 3 台卧式水轮发电机组,改造前发电机容量为 3×800 kW,6.3 kV 侧为三机一变单母线接线,主变压器容量为 3 150 kVA,35 kV 出线 1 回;35/0.4 kV 近区变 1 台,容量为 800 kVA。由于历史的原因,辅助设备配套不完善,电站自动化程度较低,控制保护都为常规设备。由于运行管理手段落后,多年来电站的实际最大出力只能达到 2 300 kW。

经 20 多年运行,电站设备都已严重老化,不能满足电站安全运行要求,且经济效益也达不到设计要求。为增效扩容,湖北省水利厅农电处投入电气化资金 100 万元,电站自筹 35 万元,由湖北省地方水电公司主持对电站进行了全面技术改造,经多方共同努力,在不到 3 个月的时间,完成电站水轮发电机组及电气设备的改造,各项指标均满足规范要求,单机出力可达 900 kW,达到了预期效果。

二、设备改造前的准备

(1)在设备改造前,地方水电公司成立专门的工程部,负责改造的实施和技术监管,组织水工、水机、电气等相关专业的专家对电站的现状和存在的问题进行专题研讨,按照少人职守的要求,请清江水电设计院提出增效扩容改造的具体实施方案,并邀请参加技术改造的相关厂家到现场实地进行考察和技术答疑,工程部综合多方意见后提出技术改造要求,经清江水电设计院完成初步设计后,报省水利厅主管部门批准。

(2)在技术改造方案确定和设备订货前,工程部组织进行了大量的调查研究,对主要设备生产厂家的生产成本、利税、后期的服务和性价比进行详细分析,对参与技术改造的厂家生产能力和技术水平及其售后服务进行了考察。

(3)在整个技术改造过程中,甲方直接参与了设备生产厂家技术方案的选定和产品生产过程的监控,对质量和时间进行严格控制,并实时协调各相关厂家之间的协联问题。保证了现场连接的顺利实施。

（4）在经费上精打细算，在保证质量和厂家合理利润的前提下，尽量减少一切无关费用的发生。所签合同的设备价均比其他电站改造费用低30%以上，而设备的改造质量要求并未降低，整个改造共计投入资金135万元。设备经这几年的运行，一切正常，不但增加了出力，而且已基本达到少人职守的要求。

三、主要设备的改造

（一）水轮机的改造

（1）更新转轮。采用新型转轮替换原转轮，提高水轮机效率，增加过流能力，达到增加机组出力的改造目的，并显著改善机组运行工况，加宽机组稳定运行范围。新改造后的转轮有较宽的稳定运行范围、较强的抗空蚀能力、较高的水力效率。改造前实际最大出力2 300 kW，改造后最大出力可达2 500 kW，单机最大出力已达900 kW，可以更好地适应电站水头和出力变化要求，在更大的负荷区间高效工作而不产生有害的水力振动和严重空蚀。

（2）更换、修复磨损的过流部件。由于机组已运行20多年，过流部件不同程度的发生严重空蚀及磨损，容积损失大大超出标准范围，直接影响着水轮机工作的效率。采用更换前后盖板、更换密封环及主轴密封；修复导叶翼型、重新调整导叶立面和端面间隙、更换导叶轴套、重新钻铰导叶定位销孔等，使其符合新机组出厂国家标准。

（3）水轮发电机组的主轴通过强度校核计算，强度符合改造后增加出力的要求。

（二）发电机的改造

（1）发电机定子。重新设计制作定子线圈，增大定子线圈线径截面，使用新型高科技绝缘材料，提高线圈绝缘等级，使其达到F级绝缘等级；各接头及过桥线、引出线均改锡焊为银焊。

（2）发电机转子。转子抽芯拆卸解体，重新称重配挂磁极，重新进行整体绝缘处理。

（3）发电机引出线部件。更换刷握及碳刷等部件，更换发电机引出线，提高引出线载流能力，以符合改造后机组运行要求。

3台水轮机和发电机的改造费用共为66万元。每台平均的改造费用为22万元，而每台机改造后增加的发电出力为100 kW。

（三）电气一、二次设备的改造

（1）受资金制约，对原一次设备只更换了35 kV出线高压断路器，将原DW-35多油断路器更换为真空断路器，对其他一次设备都进行了全面大修。投资约5万元。

（2）改造前电站中控室原有8面屏柜，其中4面常规继电保护屏，分别为：1#、2#、3#发电机保护屏和主变线路保护屏；现全部更换为微机LCU屏，减少为5面：机组自动控制保护屏3面，微机线路、主变保护屏1面，同期监控屏1面。

（3）电站配置1套微机监控系统，取代原来的常规控制、测量方式。1台上位机（工控机）、1台针式打印机、1套UPS、3套机组LCU和1套公用LCU（同期监控屏），LCU内PLC采用欧姆龙产品。将原机械电能表更换为电子式电能表（具有通信功能），实现了数据上传。全套微机监控系统加微机保护及辅助设备的微机控制设备只用了28万元。

（4）原同期方式只装设了常规组合同期表，采用手动准同期并网；此次改造增加了微机自动准同期装置,并保留常规同期方式(更换新的同期表)。电站运行采用微机自动准同期为主,手动准同期为辅的同期方式。

(5)保留原直流系统和低压厂用电系统的原有设备,只作常规维护和部分故障元器件更换。

(6)对中控室的布局进行重新布置设计和简易装修。现场改造投资约20万元(含人工、主附厂房装修;部分电缆、开关、配件的更换等)。

(四)辅机等设备的改造

(1)原调速器为机调,可实现自动开停机功能,由于导叶行程的对应状态不准确和其他因素,自动功能一直未正常使用;调速油压单元具有油压指示表和配套电动机,但不能实现油泵的自动控制;为了节约投资,此次改造将原常油压调速器电气柜更换为微机调节装置,保留原油压和机械部分,只对其进行修复,实现了油泵的自动控制。整个改造达到微机调速器的技术要求,3台调速器改造只投资10万元。

(2)励磁系统原为常规多圈旋转电阻式手动励磁调节器,通过手动旋转多圈电阻实现无功的调节。将原励磁设备整体更换为微机励磁设备,可就地调节和远方调节功能,具备自动起励、灭磁,实现了自动控制调节。3台微机励磁设备(含励磁变)投资11万元。

(3)蝶阀控制的改造。原蝶阀具有开度位置信号和蝶阀的电动控制行程位置,但行程位置不能准确指示实际蝶阀的全关和全开位置,蝶阀长期靠人工现地操作。这次对蝶阀的电气回路和反馈行程进行改造,使其具有启动和停止电气控制回路及远方接口,以空节点形式提供启动电机和停止电机的信号,与电站微机监控系统相连。增设蝶阀坑水位监测变送器,并根据现场条件,专门设计了现地一体蝶阀控制箱,既提高了设备管理水平又便于维修。

(4)集水井控制。集水井原来虽原装有水位仪,但从未实现水位显示和水泵的自动控制功能;这次对集水井水泵的控制回路和信号回路进行了改造,更换集水井水位监测变送器,增加了控制水泵电机启停的远方接口,以空节点形式提供给电站微机监控系统,实现了对集水井水泵的自动控制及水位的实时测量。

(5)前池和尾水水位监测。电站原来无前池水位、尾水水位的监测;现增设前池水位、尾水水位变送器,并以4~20 mA电流的输出信号提供给电站计算机监控系统完成实时测量功能。

(6)技术供水原为手动控制进水阀门,无示流信号装置;这次改造加装了进水控制电磁阀和示流信号装置,电磁阀和示流信号都可与电站计算机监控系统通信,实现了技术供水回路的自动控制。

(7)原配置的机组轴瓦温度和发电机定子温度常规测量表已不能进行温度测量;通过对水轮发电机组的改造,埋设了新的温度测量元件,并配置了微机温巡装置,实现了温度的自动巡检。

四、改造的体会

(一)主设备的改造

在主机改造方案讨论时,首先否定了整机更新的方案,而采用局部改造方案。局部改造既节约资金,又节约时间,综合效果并不比整机更新差。整个改造从资金筹备、方案选择到并网发电总共历时 3 个月;改造是利用枯水期进行,主设备从拆机到投运只用了 2 个月;除转子和水轮机拉到厂家修理外,其它都在现场完成,而现场设备的改造工作只用了近 1 个月;这样的改造速度在国内是不多见的。主要在于要有详细的改造方案和科学的工作计划;对相关厂家在进度上实施过程监督,在技术上严格按国家规范把关,在资金上严格的按成本进行核算控制。

(二)监控、保护设备的改造

长阳水电站在较短的时间里就成功投运了计算机监控、保护系统(合同签订后 1 个月设备就运到现场,厂家 1 名工程人员在 1 周内就完成了现场调试工作),实现了监控系统与微机调速器、微机励磁系统和油、气、水系统自动化设备的联调,达到了对水电站主设备的监视、测量、控制、调节、保护等方面的现代化技术改造目的。之所以能够在很短的时间完成任务,主要是因为抓了自动化设备出厂前的生产过程监督,派有专人驻厂监督,大量原来习惯到现场解决的问题都在出厂前就得以解决。

(三)资金的控制

改造前根据设计要求做了充分的市场调查,首先从了解材料成本价格起,成本清楚了,后面的价格就好谈了,选国内一流厂家,而设备价格却最合理的。另外,从技术上把握尺度,使改造方案和设备选择始终按高性价比要求进行,可以不换的设备坚决不换,如调速器只改了电柜部分。再如励磁变就没有采用对环境有一定污染的环氧干变,而是选择了过载能力强的油变。根据需要去改造是这次改造的基点。有了一流厂家的配合,才能科学的调整改造方案,才能做到高性价比。这次改造的费用是:3 台水轮机和发电机的改造费用共为 66 万元,每台平均的改造费用为 22 万元;全套微机监控系统加微机保护及辅助设备的自动控制设备只用了 28 万元;3 台调速器改造只投资 10 万元;3 台微机励磁设备更新(含励磁变)投资 11 万元。

农村水电站数字监控保护的生命周期研究

韩文生　　　　　　　　尹　刚

（安徽水电潜山有限公司）　　　　（湖北省地方水电公司）

【摘　要】　农村水电站微机设备都是有生命周期的,而且很短。分析了造成微机监控保护设备的生命周期过短的原因,提出了预防措施。

【关键词】　小型电站　控制保护　生命周期

一、概　　述

全国农村水电增效扩容改造试点工作已经正式启动,根据水利部《农村水电增效扩容改造项目初步设计指导意见》要求,控制和保护设备将全部更换为数字设备,也就是说,将有 620 座农村水电站全部采用微机监控保护设备。

随着微机监控保护设备的可靠性不断提高,数字式装置已成为农村水电站的首选设备。虽然微机监控保护设备的功能十分强大,但与其过于高昂的价格和管理维护的复杂性相比,设备的实际使用寿命却很短,这一问题已开始引起人们的高度关注。

从世界第 1 台微处理机 4004 于 1971 年由英特尔公司研制成功,到 1982 年微电脑开始逐步应用,从 1975 年 ATARI8800 微电脑问世,到 1991 年微软的视窗操作系统取代 1984 年发布的 DOS 操作系统,使得微型计算机可以很方便地被非专业人士使用,微电脑应用的发展速度超乎人们的想象。在不到 20 年的时间里,农村水电站微机监控保护设备的快速实用化,就是得益于微电脑技术的高速发展和迅速普及。

20 世纪末,当大中型水电厂正在利用小型计算机进行水电厂监控的试验过程中,低成本、高性能的微电脑已悄悄的开始进入商用市场。在极短的时间内,各种的大规模、超大规模微处理芯片相继研制成功,带动了微型计算机制造业的快速发展,使得农村水电站控制保护设备能在极短的时间内得到应用,给农村水电站现代化建设创造了物质和技术基础条件。

二、微型计算机在农村水电站控制、保护系统中的应用

农村水电站的控制、保护技术的发展,经历了常规电磁式设备,分离元件设备(20 世纪70 年代),CMOS 四合一集控台设备(20 世纪 80 年代),集中式微机监控、保护系统和分层分布式微机监控、保护系统几个阶段。集中式微机监控、保护系统和分层分布式微机监控、保护系统又统称为微机控制、保护设备。随着科学技术的不断进步,目前市场上还在销售的仅剩常规电磁式设备和微机监控、保护设备,分离元件设备和 CMOS 四合一集控台设备早已退出市场,究其原因主要是设备的可靠性不高和元器件无法正常供应等问题造成。

我国水电厂计算机监控、保护技术的应用起源于 20 世纪 80 年代,20 世纪 90 年代中期小型计算机在大、中型水电厂监控系统方面得到广泛应用,当时市场上销售的微型计算机尚处于 286 阶段,苹果机是主流机型,而且价格十分昂贵。计算机技术应用于水电厂监测和控制,使得水电厂运行管理水平和设备安全运行水平得以快速提升,实现了水电厂无人值班(少人职守)的发展目标,还使水电厂的经济效益得到大幅的提高。

计算机监控、保护技术在大、中型水电厂应用成功后,从设备成本的角度考虑,国内一些院校开始研究将微型计算机应用到农村水电站的监控、保护中,因为这是一个很大的应用群体,有着无限的市场前景。谁也没有料到,由于大规模集成电路的制造成本迅速下降,微型监控、保护设备的价格快速走低,微机监控、保护设备很快就在农村水电站得到普及。

随着超大规模集成电路销售价格的不断下调,功能强大的微型计算机越来越受到市场的青睐,加上计算机网络技术的高速发展,微型计算机的应用空间迅速扩展。现在,微型计算机已不仅在农村水电站监控、保护系统大量应用,在大、中型水电厂计算机监控中也广泛采用,超大型水电厂的监控系统也已开始采用微型计算机组成监控网络。

三、监控保护设备的市场生命周期

虽然微机监控、保护设备在农村水电站的应用得到快速普及,但在这 10 几年里,农村水电站监控、保护设备的研发和应用过程中忽视了一个很重要的问题,那就是任何设备都有一定的市场生命周期,也就是产品的市场寿命,而且,农村水电站监控、保护设备的生命周期很短。

设备市场生命周期直接反映是一种产品从开始进入市场到被市场淘汰的整个过程,间接反应的是设备正常使用状态下的实际应用时间。一般来讲,设备的使用寿命有 2 种,一种是物理上使用寿命,另一种是道义上的使用寿命。

(一)物理使用寿命

所谓的物理使用寿命,就是设备从生产到自身已不能使用这段时间,这种寿命比较长,一般用设备设计使用寿命来描述。他与使用者的管理水平和设备的使用频率和使用方法有很大的关系。一般的设备都有规定的设计使用寿命,也就是我们所说的物理使用寿命。

(二)道义上的使用寿命

所谓的道义上的使用寿命,就是设备本身虽还能使用,但性能已无法满足使用者的基本需求。也就是技术上已经落后,继续使用的成本太高。由于市场上已无备品备件销售,设备的运行、维护费用随着时间的推移不断攀升,因此使用者不得不更换新的设备。微型计算机的道义使用寿命现在只有 2 ~ 3 年。

四、农村水电站监控系统的生命周期

(一)监控系统的组成

农村水电站的监控系统一般由主站级(上位机)和现地控制单元级(LCU)组成,它们之间依靠不同的通信介质及相关网络设备加以连接。主站级大多配有 1 台或多台计算机,辅以打印机、不间断电源(UPS)、调制解调器(MODEM)、卫星同步对时装置(GPS),其主要功能就是替代人工值班。现地控制单元级则装有 PLC 或集中数据采集装置、常规仪表、常规控制开关、同期装置、温巡、转速信号装置、剪断销信号装置等;在信息量稍大的水电厂,有的还装有一体化工控机或带触摸屏的数字处理通信单元。现地控制单元级的主要功能是完成对水轮发电机组的自动监视、控制和调节。通信介质多采用双绞线、光纤。

(二)微处理器在监控系统中的应用

现在农村水电站监控系统使用的设备主要是微型计算机及用单片机开发的智能装置和PLC,这些设备的核心都是微处理器。

1. 微处理器的发展过程

从 1984 年 Apple 发布 Motorola 68000 微处理器到 2007 年 Intel 推出 2 万亿次 80 核CPU。在 20 多年的时间内,微处理器的发展速度十分惊人。从 Intel 推出 8080 到 PentiumⅣ,最初 Intel 公司是每隔 4 年发布一款新型微处理器,后来缩短为 2 年发布一款新型微处理器,而且 2～4 年的间隔之间还不断的发布中间产品和过渡产品,这个速度还在不断刷新。

2. 监控系统设备与微处理器的相互关联

微型计算机的核心部件是微处理器,微型计算机的的发展直接受微处理器发展的影响,微处理器每一新款的发布,都会使微型计算机产生型号的改变,并且快速成为市场的主流机型,这种型号的改变现在已发展到与微处理器的发布几乎同步。也就是说,受微处理器技术的快速发展推动,新款微型计算机从市场主流机型到退出市场通常只有 3 年左右的时间。

农村水电站监控系统使用的智能装置的核心部件都是微处理器,虽然他们受微处理器升级换代的影响没有微型计算机那么敏感,但随着某一型号微处理器芯片的停产,对智能装置的使用和后期维护的影响还是显而易见的。如:早期在保护、同期、转速、温巡、RTU 等装置上广泛采用的 8098 芯片早已停产,取而代之的 80C196 也将停产,过去使用这些芯片的智能装置都会面临后期的维护问题。而用户不得不面对的是,从现在开始,装置一旦发生较大的故障,惟一正确的选择就是更换设备。

PLC 的发展历程十分复杂,其核心部件都是选用微处理器。与微型计算机和水电厂智能装置不同的是,受工业控制需求的影响,PLC 中、低端产品系列在选择微处理器时,更加注重通用性和可替换性,使得 PLC 的中、低端产品受微处理器的升级换代影响较小。为凸显产品的先进性,PLC 高端产品的升级换代几乎与微处理器的升级换代同步,这一特征是农村水电站监控系统在选择 PLC 时必须加以注意的。如:某站的控制保护设备,使用的 PLC 是施奈德的昆腾系列,属高端产品。该站投产仅 3 年,CPU 模块的通信口损坏,送厂家维修被告知同型号的产品早已停产,用户的选择只能是更换新型号的产品。

3. 产品档次与生命周期

一般来讲,档次越高的 IT 产品生命周期越短,因为其面对的是高端用户,这是一个使用量很少的客户群体,他们追求的永远是与高端市场的新产品同步。

档次不高,性价比高的 IT 产品,市场的使用量较大,一般来说生命周期较长。

五、微机继电保护及自动装置的生命周期

农村水电站继电保护及自动装置常规设备的技术发展与常规控制设备的技术发展在很长一段时间内是同步的,而且他们之间相互关联。进入微机时代,受可靠性的制约,微机监

控设备的发展开始领先于微机继电保护及其自动装置。其原因在于微机监控设备采用的是PLC,而微机继电保护及其自动装置采用的是单片机。

从理论上讲,微机继电保护及其自动装置的相关理论没有多大的发展,而保护装置的改型主要受制于单片机升级换代。从第1代保护大量采用8098芯片到被80C196芯片替换,再到DSP芯片前后不到20年的时间。从8位芯片到16位芯片再到32位芯片,并不是技术的进步,而是芯片的被迫替换和芯片价格的变化。

微机继电保护装置的生命周期相对于微机监控设备一般比较长,也就是说道义上的使用寿命比较长,因为微机继电器是自主开发的专用产品,其设计使用寿命主要受元器件质量和使用环境的的影响,只要用户按产品要求正确使用,正品的微机继电器至少可以使用10年以上,生命周期要比监控系统长很多。

六、预防短生命周期的方法

在采购监控保护系统设备的时候,重点考察的是厂家的整体实力和工厂规模、生产及检测设备的多少、设备技术上的先进性和价格,但对设备的生命周期考虑甚少。在实际应用中,设备的生命周期应该是重要的考量标准。

一般来讲,水电厂微机监控系统道义上的使用寿命比物理上的使用寿命短,国外最长的15年,中国约为8年,有的更短,早期的一些大、中型水电厂微机控制、保护设备早已更新换代。二网改造期间投运的变电站微机监控、保护设备,现在很多已被撤换。控制、保护设备的生命周期受道义上的使用寿命影响较大。在常规控制保护设备被微机设备逐步替换的过程中,预防控制、保护设备生命周期过短是十分必要的,这样做不仅可以电站减少管理和运行成本,还可以减少社会的环保成本。

预防设备生命周期过短的基本方法,是考察具有硬件自主开发能力的厂家,选择具有多年稳定运行经验的设备,装置硬件平台的CPU要通用性好、市场用量大。不盲目跟风,尽量不去选择最新开发的产品,不追求功能的标新立异,以实用、可靠、经济和维护方便为设备选型基本原则。可靠性和性价比高、市场占有量大的产品,其生命周期一般都比较长。高档、尖端的产品市场占有量都很低,一般生命周期都不会很长。

参 考 文 献

1 王定一. 水电厂计算机监视与控制[M]. 北京:中国电力出版社,2001.

湖北省小型水电站现状调查

尹　　刚

（湖北省地方水电公司）

【摘　要】　较详细地介绍了湖北省在农村水电站增效扩容改造方面的经验,特别是在进行局部改造还是更新改造方面进行了论述。在水轮机组、调速器、励磁、监控等方面的改造有借鉴作用。

【关键词】　电站　改造　方法

20 世纪 50 年代制订的全国农业发展纲要提出,"凡是能够发电的水利工程,应当尽可能同时进行中小型的水电建设,以逐步解决农村用电要求"。根据当时的需求,湖北省各地结合兴建水利工程,建造了一批小型水电站。这个时期农村的办电能力小,用电水平低,小水电装机容量只限于 500 kW 以下。在"谁建、谁管、归谁所有"的政策鼓励下,湖北省小水电建设有了大发展,电站平均容量由 500 kW 上升到 3 000 kW 以上。

按水利部要求,增效扩容改造电站为 1995 年以前,湖北省符合水利部增效扩容改造年代要求的电站实际多为 20 世纪 80 年代以前建设,运行时间大部分已达 30 年。本次共考察英山占河三级(20 世纪 70 年代)、红花电站(20 世纪 80 年代);罗田天堂二级(20 世纪 70 年代)、三级(20 世纪 80 年代)、四级(20 世纪 80 年代);团风响水潭(2009 年改造)、张家河(20 世纪 80 年代);通山九宫山五级(20 世纪 80 年代)、六级(20 世纪 70 年代)、七级(20 世纪 70 年代)、望江岭(20 世纪 80 年代)、新桥(20 世纪 90 年代)。

考察的电站分为:坝后式、河床式和引水式;按机组的形式分为:混流式、轴流式和冲击式;按发电机电压分为:低压机组和高压机组。基本涵盖了各种类型,具有较完整的代表性。

一、电站现状

此次考察以鄂东为主,鄂东地区是《全国农业发展纲要》最大的受益区,其小型水电站多建于 20 世纪 90 年代以前,电站运行大多超过 30 年。由于体制和管理思想的约束,运行管理水平不高,维护经费不到位,设备得不到正常的维护,使得电站设备过早老化,安全事故频繁发生。

（一）主机部分

受当时国家整体制造水平和分配制度的制约,20 世纪 80 年代前投运的水电站,都不同程度的存在主机设备配套不合理的问题,很多电站的出力达不到设计要求。在被考察的电站中,主机设备出力不足、用水浪费的现象普遍存在,有的十分严重。这都与当时的设计水平、设备制造能力和物质分配方式有着直接的关系,由于物质匮乏、资金短缺,当年在电站的建设中力求设备简单、造价低廉,这些都给电站的运行留下了许多安全隐患,还严重制约了电站的效率提高和自动化水平的提高。

为了解决电站主机设备出力不足、效率不高的问题,在近20年的时间里,一些地方对20世纪建设的部分电站进行了局部改造。遗憾的是在这一轮的改造过程中,人们并没有对电站存在的安全问题加以重视,对辅机及自动化元件的改造也未能同步进行。

(二)调速器部分

上世纪建设的小型水电站调速方式多种多样,主要有:全手动操作器(单机100 kW以下机组)、手动电动操作器(单机100~800 kW机组)、常油压全自动调速器、常油压微机调速器。在被调查的电站中,全手动操作器和手动电动操作器使用较多,常油压全自动调速器和微机调速器使用的也不少,这在全国是不多见的。

(三)自动化元件部分

自动化元件是水电站自动控制的基础,在被考察的电站中,自动化元件配置不完善是普遍现象,单机500 kW以下的电站基本不配自动化元件,很少的电站配有示流或温度传感器,机组配套的测温元件大都不能正常使用。

(四)辅助设备部分

在被考察的水电站中,高压机组的辅助设备配置虽比较完善,但都年久失修,不能正常的运行,能耗也较大。而低压机组则不尽人意,机组轴承一般采用高温黄油进行润滑,很多电站不设专门的冷却装置,自然冷却和风冷是低压机组的主要冷却方式,发电机一般采用敞开式通风结构,利用转子两端的风扇叶片进行自循环通风冷却;刹车多采用手油泵制动器,很多电站连刹车制动器也不装,靠自然停机或木棍刹车;进水阀多以手动操作为主,在经过改造的电站一般都加装了电动操作机构,由于不是原装及选型不合理,容易造成过关和过开,威胁阀体的安全。

(五)控制部分

除天堂二级、四级和响水潭对控制保护设备进行了改造外,其他电站采用常规电磁式控制、保护装置是普遍现象,有相当一部分电站还在使用最老式的阿继仿苏产品黑壳继电器,这些产品已无法买到配件。

(六)操作电源部分

操作电源是为控制、信号、测量回路、继电保护装置、安全自动装置和断路器的操作提供可靠工作电源。在小型水电站设计中,操作电源的选配一直未能得到足够的重视,其配备也是多种多样,这次考察的电站基本都配有直流操作电源。

(七)安全及安全自动化部分

在小型水电站设计过程中,电站安全运行问题从来就没有得到足够的重视,这里面既有设备安全问题,也有人身安全问题。小型水电站的安全设备技术研发始终落后于电站生产技术的发展。如电站使用的常规控制柜至今还大量采用无安全防护等级的开启式结构,电站的新、老成套控制设备均未经过国家3C认证。

在安全自动化方面,电站的设计基本没有认真的考虑过。如:电动操作取代手动操作器,虽然解决了自动开停机问题,但人身安全防护和过调问题却没有得到解决。自动刹装置的应用都不在设计应考虑之列,电站的安全自动化设计几乎就是空白。

（八）其他部分

通信手段十分落后,有的电站没有专用的电力通信设备。由于很多电站采用的是市话作为通信手段,电力调度命令很难及时下达到电站。好在小型水电站在电力系统中的作用越来越小,否则造成的损失将不可估量。

二、存在的安全隐患

（一）水工建筑物的安全监测

上世纪建设的电站由于没有相关规范,电站在建设时都没有考虑在水工建筑物中埋设安全监测设备,本世纪建设的电站因为安全管理不到位,基本上也没在水工建筑物上埋设安全监测设备。虽然国内也曾发生过电站垮坝事故,因电站库容小,水工建筑物的安全监测并没有引起真正重视。

（二）主机及辅助设备

20 世纪 80 年代前建设的电站,主机及辅助设备经几十年的运行,由于资金问题,设备长期得不到科学的维护和保养,使本可使用 50 年以上的主设备,运行不到 30 年就不堪重负。设备不仅效率下降,而且都有安全隐患存在。

（三）安全管理与安全自动化

小型水电站的安全管理一直缺乏有效手段,电站安全自动化设备配置存在不到位问题,在我国有几万座这样的电站长期运行在不安全的环境下。水电站存在的安全隐患主要表现为:

(1)控制柜无防护措施,带电导体随处裸露,直接威胁人身安全。

(2)手动、电动操作无安全防护措施,电动操作时容易伤人。

(3)同期方式简陋,电站非同期合闸事故经常发生。

(4)升压站的防护不可靠,高压危及人身安全。

(5)电站机组不装刹车,停机靠木棍。

(6)为了木棍刹车方便,飞轮不设防护网罩。

(7)接地措施不到位,危及设备安全。

(8)缺少科学的维护方法,影响设备的使用寿命。

(9)安全技术管理不到位,缺乏有效安全管理手段。

(10)信息闭塞,对新技术、新材料的了解和应用接受很慢。

三、考察分析

（一）安全技术和安全管理存在盲区

小型水电站装机容量小,电站的安全管理没能得到应有的重视,有的地方存在电站安全技术管理的盲区。虽然每到汛期,相关部门都会到电站进行检查,但其检查的重点都侧重于大坝的安全度汛,而对大坝安全监测设备的缺失和电站设备长期存在的安全隐患却未能引起足够的关注。

在安全技术层面上,如:大坝安全监测设备装设、坝区备用电源可靠性、电站安全自动化设备的配置等都应纳入行业管理范畴,需要认真的加以监督。

(二)新技术的推广应用严重滞后

小型水电站在技术上的投入本来就不足,在新技术的应用方面则更为滞后。电站安全自动化在小型水电站得不到推广,使得电站设备效率低下,安全事故频发。既浪费了国家资源,又对运行人员的生命构成威胁。

小型水电站技术落后既有技术上的原因,也有管理上的原因,而从技术上对安全的漠视是影响新技术推广的主要成因。最近几年针对电站技术装备落后的问题,从中央到地方都做了大量工作,水利部还专门出台了《农村水电技术现代化指导意见》。

(三)技术人员技术观念陈旧

技术人员技术观念陈旧问题,在农村水电行业是普遍存在的,技术观念陈旧是制约小型水电站技术进步的主要原因之一,由于电站的业务人员水平并不高,技术观念陈旧,加上信息不畅,必然对新技术的了解和接受存在一定的障碍。小型水电站技术负责人普遍认为新技术不好掌握,微机自动化设备没有常规设备可靠,技术观念的陈旧使得新技术很难在电站推广应用。

这些技术人员虽然也同样工作在缺乏安全保障的环境中,但他们视而不见,习以为常,自我保护意识淡薄。作为县级水电行业的中坚力量,这些技术人员是一庞大的技术群体,他们的技术观念对行业的影响是巨大的。

(四)20 世纪 90 年代以前建设的电站普遍占地面积较大

如天堂二级电站占地面积 7 万多 m^2。如何合理的利用这一优势,被考察电站都没有引起重视。

四、思考与建议

(1)分期、分批对市、县水电技术管理人员及水电站运行和管理人员进行技术培训,组织考察、学习,更新知识、开拓眼界,推广先进思想、先进技术、先进设备、先进设计方法。

(2)组织技术力量,根据湖北省的特点编制小型水电站技术改造技术标准(参考),统一设计方法、统一技术标准、统一设备配置,减少不必要的浪费。

(3)加大对小型水电站技术改造的安全技术审查力度。

(4)加大对小型水电站的设备安全检查力度。

(5)建立设备安全淘汰机制,对存在危及人身安全隐患的设备要强制淘汰。

(6)大力推广新技术、新设备,对已不符合安全要求的设备要强制更换。

(7)行业和安全主管部门要加大对设备生产厂家和电站的监督力度,本着对人民负责的态度,对不具备安全可靠性的设备不允许生产,如:手动电动操作器、无防护措施的控制柜。对未配置具有安全性能刹车装置和安全自动化设计不完善的电站,应坚决不允许其投入运行。

(8)在被考察的电站大多数职工是高中学历和中专学历,人员素质普遍偏低,要尽快推广无人值班(少人职守)技术,减少人为事故的发生,保障水电站的安全运行。

(9)建立激励机制和促进良性循环,对通过技术改造的电站并提取足够电站维护资金的,经水行政主管部门验收合格的,发给电站使用证,可享受新电新价,并可获得财政给于的适当经济补助。

戈兰滩水电站模型验收试验

杨富超　杨　旭　刘　婕

（中水北方勘测设计研究有限责任公司）

【摘　要】　介绍了戈兰滩水电站水轮机转轮模型试验。其内容包括效率及出力试验、空化试验、压力脉动试验、飞逸试验、轴向水推力试验、蜗壳差压试验、成像观测试验及模型水轮机通流部件几何形状及尺寸检查测量等。

【关键词】　水轮机　模型验收试验　建议

一、前　　言

根据"云南省李仙江戈兰滩水电站水轮发电机组及其附属设备设计、制造、运输合同文件"的规定，水轮机的性能在卖方试验台进行性能试验验收。为此云南大唐李仙江流域水电开发有限公司组织了模型验收试验工作组，于 2004 年 9 月 13～17 日在哈电大电机研究所水轮机研究室高水头试验Ⅱ台进行了戈兰滩水轮机模型验收试验。

二、电站概况及机组主要参数

李仙江戈兰滩水电站位于云南省普洱地区江城县和红河州绿春县的界河——李仙江干流上，是李仙江流域 7 个梯级电站的第 6 级，坝址距省会昆明市公路里程约 649 km，距左岸红河州绿春县县城 140 km，距右岸普洱地区江城县县城 50 km。工程主要任务是发电，电站装机 3 台，总容量 450 MW，年利用小时数 4 488 h，电站建成后并入云南省电网运行。水轮机额定水头 80 m，最大水头 86.2 m，最小水头 75.3 m，极端最大水头 89.2 m，极端最小水头 60 m；水轮机在额定水头下的额定出力 153.06 MW，水轮机最大出力 168.37 MW。额定转速 142.9 r/min，原型转轮进口直径为 4.8 m。

三、模型试验台及测量仪器仪表

模型验收试验在卖方试验室——哈电大电机研究所水轮机研究室高水头试验Ⅱ台进行，验收试验前，验收试验工作组对模型试验台原级标定仪器设备有效期内的鉴定证书进行了检查，并对主要测量参数的仪器仪表进行了现场原位标定，标定结果表明，试验台的效率综合测量误差不超过±0.20%，满足合同对验收试验台的要求。同时验收试验工作组选择一个测程进行了各参数的手工计算，手工计算结果与计算机输出结果吻合。

四、验收试验结果

（一）水轮机效率及出力验收试验

1. 水轮机模型最优效率的验收（按实测效率比较）

对模型最高效率点进行了 10 次重复性测量，以验证模型最高效率点和试验台的随机误差，试验水头 25 m，试验是在无空化系数下进行的，并在电站装置空化条件下进行了复核。

试验结果表明：在无空化条件下，10 次测量平均效率 $\eta = 94.58\%$，模型单位转速 $n_{110} = 73.28$ r/min，$Q_{110} = 0.789\ 5\ \mathrm{m^3/s}$。

在电站装置空化系数条件下，模型最高效率与无空化条件下结果基本相同。模型验收试验值与预试验值（94.53%）相符，满足合同在运行范围内模型最高效率不低于94.51% 的要求。换算到原型最高效率 $\eta_p = 96.03\%$，满足合同原型最高效率不低于95.97% 的要求。

2. 水轮机加权效率保证值验收

对各加权因子点的效率进行了试验，试验水头 25 m，试验是在电站装置空化系数下进行的，试验结果见表 1。

验收试验结果表明：原型加权平均效率为 93.16%，满足合同不低于 92.45% 的要求。

3. 水轮机出力验收试验

对各水头下合同要求的出力点进行试验验收，试验水头 25 m，试验是在电站装置空化系数下进行的，试验结果见表 2。

验收试验结果表明：

各水头下的出力均满足合同要求。

加权平均水头（83.52 m）额定出力点模型效率为 92.68%，换算到原型为 94.13%，低于合同保证值原型水轮机的效率不低于 94.73%，相应模型水轮机效率不低于 93.27% 的要求。

额定水头（80 m）额定出力点模型效率为 91.37%，换算到原型为 92.82%，满足合同保证值原型水轮机的效率不低于 92.55%，相应模型水轮机效率不低于 91.09% 的要求。

（二）水轮机空化验收试验

1. 试验条件及试验观测方法

试验条件为保持试验水头 25 m。观测方法为利用尾水管有机玻璃直锥段通过闪频仪观测叶片空泡及涡带发生和发展情况，确定在电站装置空化系数 σ_p 下叶片有无空化发生，同时通过试验确定每个测试工况点的初生空化系数 σ_i 和临界空化系数 σ_c。初生空化系数定义为在转轮 3 个叶片表面开始出现可见气泡时所对应的空化系数。临界空化系数定义为无空化工况点的效率水平线与效率急剧下降线的切线交点处的空化系数。初生空化系数通过空化气泡的观测确定，临界空化系数通过测量水轮机的效率、单位流量、单位出力随空化系数的变化来确定。

吸出高度 H_S 基准面为机组导叶中心线（361 m 高程），电站装置空化系数 σ_p 统一按电站下游最低尾水 365.23 m 计算（$H_S = -4.23$ m）。

表 1   水轮机加权效率验收结果

水头(m)	效率	40% N_r	50% N_r	60% N_r	70% N_r	80% N_r	90% N_r	100% N_r
86.2	权重	—	0.53	—	1.49	12.51	1.72	—
	模型效率(%)	—	84.78	—	91.37	92.81	94.66	—
	原型效率(%)	—	86.23	—	92.82	94.26	96.11	—
	合同规定原型效率(%)	79.59	84.69	88.54	91.2	93.39	95.26	95.44
83.52	权重	—	—	4.83	2.43	9.32	5.02	11.22
	模型效率(%)	—	86.79	90.11	91.59	93.45	94.52	92.68
	原型效率(%)	—	88.24	91.56	93.04	94.90	95.97	94.13*
	合同规定原型效率(%)	80.31	85.67	89.45	91.77	93.99	95.73	94.73
82	权重	—	—	—	1.2	—	—	15.37
	模型效率(%)	—	—	—	92.03	—	—	91.90
	原型效率(%)	—	—	—	93.48	—	—	93.35*
	合同规定原型效率(%)	80.77	86.34	90.01	92.06	94.34	95.92	93.99
80	权重	—	—	3.28	2.42	—	—	15.37
	模型效率(%)	—	—	90.09	92.16	—	—	91.37
	原型效率(%)	—	—	91.54	93.61	—	—	92.82
	合同规定原型效率(%)	81.46	87.36	90.49	92.39	94.84	95.63	92.55
78	权重	—	0.35	3.79	—	—	—	—
	模型效率(%)	—	87.8	90.0	—	—	—	—
	原型效率(%)	—	89.3	91.5	—	—	—	—
	合同规定原型效率(%)	82.25	88.38	90.75	92.83	95.21	95.23	—
75.3	权重	1.05	2.42	5.68	—	—	—	—
	验收模型效率(%)	80.56	87.17	89.75	—	—	—	—
	原型效率(%)	82.01*	88.62*	91.20	—	—	—	—
	合同规定原型效率(%)	83.38	89.33	91.03	93.54	95.55	93.82	—
各出力权重		1.05	3.3	17.58	7.54	21.83	6.74	41.96
原型加权平均效率								93.16

注: * 表示低于合同要求的效率值;出力百分数 N_r = 153.06 MW。

表 2　　　　　　　　　　　　水轮机保证出力和效率验收结果

验收试验结果		合同要求 P_{t}(MW)	模型效率 (%)	合同要求 (%)	原型效率 (%)	合同要求 (%)
H_{t}	P_{t}(MW)					
89.2	168.69	168.37	—	—	—	—
86.2	168.38	168.37	—	—	—	—
83.52	163.51	161.50	—	—	—	—
83.52	153.06	153.06	92.68	93.27	94.13	94.73
80	153.09	153.06	91.37	91.09	92.82	92.55
75.3	140.00	140.00	—	—	—	—
60	100.29	100.00	—	—	—	—

2. 验收试验结果

验收试验共选择了 9 个工况点,验收试验结果见表 3。

表 3　　　　　　　　　　　　水轮机空化特性试验结果

H_{t}(m)	P_{r}(%)	n_{11}(r/min)	Q_{11}(m³/s)	σ_{c}	σ_{i}	σ_{p}	σ_{p}/σ_{c}	σ_{p}/σ_{i}
86.2	50	73.9	0.489	0.092	0.128	0.160	1.7	1.3
86.2	70	73.9	0.634	0.064	0.102	0.160	2.5	1.6
86.2	90	73.9	0.798	0.070	0.130	0.160	2.3	1.2
86.2	110	73.9	1.004	0.097	0.153	0.160	1.6	1.0
80.0	50	76.7	0.537	0.108	0.139	0.173	1.6	1.2
80.0	70	76.7	0.700	0.060	0.115	0.173	2.9	1.5
80.0	100	76.7	1.019	0.097	0.155	0.173	1.8	1.1
75.4	50	79.0	0.535	0.106	0.140	0.184	1.7	1.3
75.4	90	79.0	0.902	0.087	0.160	0.184	2.1	1.2

从验收试验结果上看,验收试验工况点(真机运行水头下 50% ~110% 额定出力负荷范围内)在电站装置空化系数下均未发现可见空化气泡。

(三)水轮机压力脉动验收试验

1. 试验设备和方法

压力脉动试验采用瑞士 Kistler 公司生产的压力传感器,传感器在试验前进行了现场标定。试验中每一试验工况点数据采集时间为 12.8 s,采样率为 640 Hz,在信号采样过程中设置低通滤波为 250 Hz。压力脉动混频幅值以混频峰—峰值表示,按 97% 置信度进行取值。

2. 压力脉动测点布置

验收试验上共安装 4 个压力脉动传感器,分别安装在蜗壳、无叶区、尾水管锥管 $0.4D_{1}$

（上游侧）和尾水管锥管$0.4D_1$（下游侧）。

3. 水轮机压力脉动验收试验

试验条件：试验水头为$H_M = 25$ m，在电站装置空化系数下进行。

试验工况点：结合合同保证值要求，选择真机运行极限最大水头、额定水头和极限最小水头下从空载到满负荷各选取了约18个工况点进行压力脉动验收试验。

试验结果表明：极端最大水头下40%～54%负荷区域尾水管压力脉动幅值大于合同规定的8%的保证值，最大值为9.9%，其他区域满足合同要求；额定水头下40%～45%负荷区域尾水管压力脉动幅值大于合同规定的8%的保证值，最大值为9%，其他区域满足合同要求；极端最小水头下40%～66%负荷区域尾水管压力脉动幅值大于合同规定的8%的保证值，最大值为10.99%，其他区域满足合同要求。

4. 补气试验

根据压力脉动验收试验结果，验收试验工作组在压力脉动超标的区域、尾水管螺旋涡带区及反向柱状涡带区选择了3个工况点进行了压力脉动补气试验，试验采用模拟大轴中心孔补气方式。补气量分别为$0.3\% Q_r$、$0.6\% Q_r$。补气试验结果见图1，试验结果表明，通过补气，上述验收工况点的压力脉动幅值有所降低。

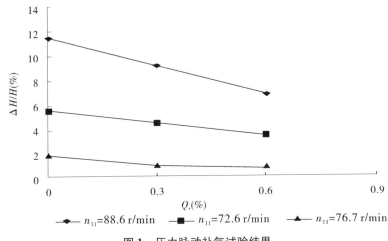

图1　压力脉动补气试验结果

（四）飞逸转速验收试验

1. 试验条件

固定测功机转速为900 r/min，调整试验水头使水力矩和效率接近零。

2. 试验工况点及试验结果

在尾水箱通大气的条件下（空化系数大于电站装置空化系数），复核了导叶开度18、22、26、30 mm试验点，并与初步试验报告试验结果进行比较，试验结果表明，验收试验值与预试验值相符。本次飞逸转速验收试验因验收试验台原因未能进行变空化系数飞逸试验，根据以往的经验，随空化系数的下降单位飞逸转速会略有下降，因此按大空化系数条件下的飞逸转速来进行合同验收应该是安全的。

在模型最大可能导叶开度$A_0 = 25.5$ mm时的单位飞逸转速$n_{11} = 135$ r/min，换算至原型水轮机最大水头$H_{max} = 89.2$ m时的飞逸转速为$n_{1p} = 256.6$ r/min，满足合同小于276 r/min

的要求。

（五）轴向水推力验收试验

轴向水推力验收试验与水轮机效率出力试验同时进行,试验水头为 25 m,在电站装置空化系数条件下进行。试验结果与预试验结果基本吻合,在机组整个运行范围内最大单位轴向水推力为 1 422 N/m³,换算到真机最大轴向水推力为 3 208 kN,满足合同小于 3 800 kN 的要求。

（六）蜗壳压差验收试验（Winter-Kennedy 试验）

验收期间,进行了蜗壳压差测流试验,试验结果表明蜗壳压差与水轮机流量的关系为

$$Q = 0.188\ 3 \times (\Delta P)^{0.486\ 9}$$

式中 Q——流量,m³/s;

ΔP——压差,kPa。

（七）叶道涡和卡门涡观测

验收试验对叶道涡初生线、叶道涡发展线、涡带限制线、卡门涡线、叶片正背面脱流线进行了观测,观测结果见图 2。

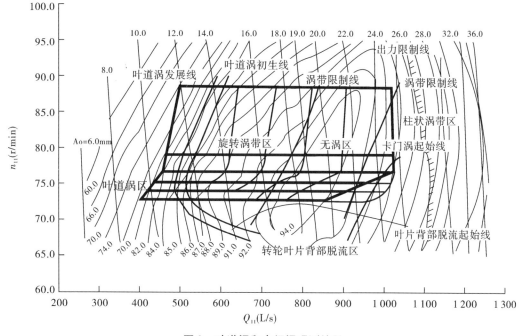

图 2　叶道涡和卡门涡观测结果

结果表明,在整个运行区域内没有发生叶片正背面脱流,小负荷区域出现叶道涡,超出力负荷区出现卡门涡。

（八）模型通流部件的几何尺寸检查

在模型验收试验最后阶段,对模型机组通流部件进行了几何尺寸检查和测量,检测结果均符合尺寸的允许公差要求。转轮尺寸检查测量完成后,连同转轮叶片进、出口断面样板一起封存,不能再进行修改,直到合同保证期结束。

五、模型主要水力特性的初步评价

(一)水轮机效率特性

水轮机运行范围内模型最高效率为94.58%,相应的单位转速 $n_{110} = 73.28$ r/min,单位流量 $Q_{110} = 0.789\ 5$ m³/s。换算到真机运行范围内最高效率为96.03%,相应真机运行水头87.6 m,满足合同保证值的要求。原型加权平均效率为93.16%,高于合同保证值0.7%。

(二)空化特性

实测验收工况点的初生空化系数均小于电站装置空化系数,也就是说,在电站装置空化系数下,验收工况点叶片均未发生翼型空化,保证其在无空化条件下运行。另外,进水边正背面空化限制线均在运行区之外,总体上看,该转轮空化性能较好。

电站装置空化系数 σ_p 统一按电站下游最低尾水365.23 m计算 $(H_S = -4.23$ m),在实际运行中电站下游尾水位会比此水位高,特别是在汛期低水头运行。这将有利于保证机组的无空化运行。

(三)水力稳定性

1.关于设计水头

从该水力模型看,其设计水头 H_d(最优效率点水头)为87.6 m,比较接近最高水头,有利于高水头机组稳定运行,从机组稳定性出发,其设计思路应该说是比较好的。

自发生塔贝拉事故后,为了保证安全,目前国内外一些大中型水轮机在参数优选中,往往已不再遵循垦务局推荐的 $H_{max}/H_d \leqslant 1.25$ 或向电能加权平均水头靠拢的做法,而采取提高设计水头,使之向最高水头靠近的做法。其目的是宁可牺牲一些效率或能量也要设法使水轮机在高水头区能有较好的稳定性。

2.关于脉动幅值

由于迄今为止对于压力脉动的混频双振幅没有一个很有说服力的可靠数据,而从业主的角度看当然是争取压力脉动幅值越小越好,同时又不得不考虑目前实际能达到的水平,从验收试验结果看,尾水管压力脉动幅值超过合同保证值要求的工况点都集中在40%~60%负荷的尾水管涡带区,低水头比高水头相对略高,最大值为10.99%。从目前国内外现有的水平看,对于戈兰滩电站的运行水头,这一数值应该说还是可以接受的,另外其超标的工况点集中在40%~60%负荷的尾水管涡带区,其特点是脉动频率比较低,这对避免疲劳裂纹的产生也是有利的。因为脉动有各种频率成分组成,而不同频率的脉动其作用和影响各不相同,如高频压力脉动其幅值虽小,但由于频率高更易引发疲劳破坏,同时也更易产生共振的危险。

3.关于脉动频率

从FFT分析的结果看,压力脉动频率除尾水管涡带频率、转频及其倍频、叶片过流频率外,在大部分工况都存在约6倍转频的频率成分,以蜗壳进口最为明显。

六、结论和建议

(1)模型验收的结果是可靠的、可信的、可作为评价戈兰滩水电站水轮机水力性能的依据。

（2）水轮机效率特性具有较先进水平，空化性能较好，为保证原型水轮机的能量和空化性能要求，在原型转轮制造过程中，应严格控制转轮加工质量。

（3）尾水管压力脉动幅值超过合同保证值要求的工况点都集中在40%～60%负荷的尾水管涡带区，低水头比高水头相对略高，最大值为10.99%。从目前国内外现有的水平看，对于戈兰滩电站的运行水头，这一数值应该说还是可以接受的。

（4）从模型验收试验结果看，大轴中心孔自然补气对减低压力脉动幅值效果明显，特别是在尾水管压力脉动幅值超标的尾水管涡带区。但根据现场实测的数据看，大多效果并不明显，原因可能是补气量不足。

（5）从FFT分析的结果看，压力脉动频率除尾水管涡带频率、转频及其倍频、叶片过流频率外，在大部分工况都存在约6倍转频的频率成分，以蜗壳进口最为明显。厂家应继续开展工作查找原因，避免在真机中发生。

（6）在真机运行范围内，小负荷区有叶道涡存在，高负荷区有卡门涡发生，希望厂家引起高度重视，并在真机设计制造中采取有效措施，保证机组安全稳定运行。

经过模型验收试验，对戈兰滩电站水轮机总体特性是可以接受的，验收工作组认为原型转轮可根据验收试验时模型转轮实测尺寸相似放大后投产。由于空化、压力脉动现象比较复杂，影响因素较多，其与原型机组的结构设计、刚强度、材质、工艺、安装、调试及现场实际运行条件都有一定的关系，所以，在原型制造、安装调试过程中要把好每一个环节。

西藏纳金电站机组水轮机技术改造

周 泽 民

（南宁广发重工发电设备公司）

【摘 要】 西藏纳金电站6台机组于1965年投产发电,迄今已使用了42年,因机组超期使用,虽经多次大修,均难以满足机组安全运行的要求。2006年由南宁发电设备总厂进行增容改造,取得了成功,介绍水轮机技术改造,供类似机组技术改造参考。

【关键词】 水电站技术改造 水轮机选型 结构设计

一、西藏纳金电站概况

西藏纳金电站位于拉萨河的右岸,距拉萨市18 km,平均海拔3 611 m,原装机6×1 250 kW轴流定桨水轮机组,1965年6台机组全部投产发电,迄今已使用了42年,因机组超期使用,虽经多次大修,均难以满足机组安全运行可靠运行的要求,2006年西藏电力公司决定对西藏纳金电站6台机组进行增容技术改造,即机组经技术改造后扩容至6×1 300 kW,经招投标南宁广发重工发电设备公司承接了水轮发电机组的设计、制造。

二、水轮机技术改造设计

（一）原水轮机主要参数

水轮机型号	πPK510-180
额定流量（m³/s）	16.8
转轮直径（m）	1.8
额定效率（%）	86.7
额定水头（m）	9.4
导叶相对高度（m）	0.4
额定出力（kW）	1 343
额定转速（r/min）	214.3
水轮机高装高程（m）	3 605.7

（二）改造内容

西藏纳金电站机组是在水头、流量及转轮直径不变的条件下进行增容改造,除埋入部件外,水轮机、发电机、调速器、自动化元件等的主体部分全部进行更换,因此首先需选择技术性能优良的水轮机转轮。

（三）水轮机转轮的选择

1. 水轮机模型参数比选

本电站水头范围 8.33 ~ 10.78 m，近年来中国水科院机电所已开发了适用该水头段的 JP502 高效转轮，且南宁广发重工发电设备公司已在几十个电站成功使用，表 1 为转轮叶片转角为 +8° 时的模型参数。

表 1　　　　　　　　　　模型转轮主要参数比较表

转轮型号	导叶相对高度 b_0	最优工况			限制工况				飞逸转速 n_p (r/min)	尾水管高度 (m)
		n_{10} (r/min)	Q_{10} (L/s)	η (%)	Q_{10} (L/s)	η (%)	σ_m	n_s (m·kW)		
πPK510 （$\Phi = +5° \sim +10°$）	0.4	140	1 160	88	2.0	84	0.83	586	370	2.98D_1
JP502 （$\Phi = +8°$）	0.4	125	1 650	91.8	—	—	—	—	275	2.75D_1

从表 1 来看 JP502 的单位转速较 πPK510 有所降低，但单位流量增加了 42%，额定点效率提高了 4.82%，技术性能有明显的优势。

2. 增容改造水轮主要参数

根据西藏纳金电站提供的基本参数作出如图 1 所示的模型综合特性曲线，从运行包络线的区域来看水轮机的额定出力点位于最高效率区内，最高水头及最低水头的出力点亦靠近高效区，即水轮机的加权平均效率较高；另根据大多数电站的实际运行经验：为避开不稳定运行区，最高水头与设计水头之比应小于 1.15 较佳，本电站的水头之比为 10.78 : 9.5 = 0.88<1.15，说明选择 JP502 的模型转轮是合理的，为此确定了如下水轮机主要参数：

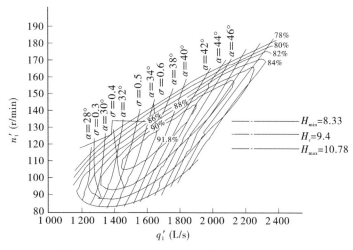

图 1　ZDJP502–35（$\Phi = +8°$）模型综合特性曲线

水轮机型号	ZDJP502-LH-180($\Phi = +8°$)
额定流量(m³/s)	16.52
转轮直径(m)	1.8
额定点效率(%)	91.52
额定水头(m)	9.4
额定转速(r/min)	214.3
额定出力(kW)	1 394

真机允许吸出高度为：

$$H_s = 10 - \frac{E}{900} - K\sigma_c H_r = 10 - \frac{3607.65}{900} - 0.6 \times 9.4 \times 1.3 = -1.34(\text{m})$$

根据招标技术文件的要求,水轮机安装高程为 3 605.70 m(活动导叶中心),尾水位的高程为 3 607.65 m,计算出允许吸出高度为-1.59 m,即选择 JP502 模型能满足安装高程的要求,此外在水轮机流道参数的复核方面还考虑了蜗壳进口及尾水管扩散段出口的流速,确保动能水头基本相同,尽可能减少动能水头的损失。

3. 水轮机的结构设计

在水轮机的结构上主要进行 5 个方面的优化设计(见图 2)。

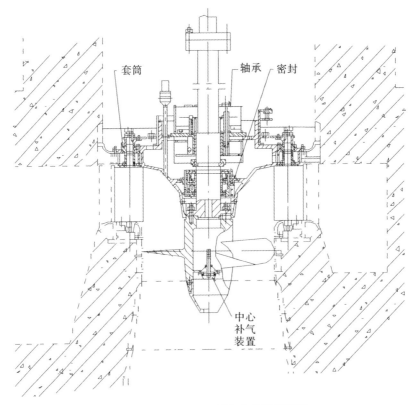

图 2　ZDJP502-LH-180 水轮机剖面图

(1)转轮的结构设计,原水轮机转轮采用 4 叶片销子定位可调角度的结构,调整困难,结构的可靠性较差,新设计的转轮采用 5 叶片的焊接结构,提高了转轮结构的可靠性,同时考虑到 JP502 转轮体为锥形结构,需确保流道的相似性。

此外,叶片采用了抗空蚀、抗磨蚀和具有良好焊接性能的 ZG0Gr13Ni5Mo,叶片的加工采用三座标加工中心进行加工,确保了叶片几何形状的正确性。

(2)导叶套筒采用可调的密封结构设计,解决了活动导叶在现场安装调整困难的问题。

(3)轴承结构设计。原轴承结构为浸油筒式稀油润滑轴承,结构较简单,无油位及油混水等自动化元件,满足不了自动化监测控制的要求,因此对轴承结构进行了改进,采用如图2所示的稀油润滑筒式轴承,经使用证明油位控制信号、轴承温度等性能指标均达到了技术要求。

(4)主轴密封结构设计,原主轴密封未设主轴密封,当下游水位过高时易导致轴承进水,因此南宁广发重工发电设备公司对主轴密封进行了改进,采用了如图2所示的活塞+空气围带的结构,解决了水进入轴承及机组检修的问题。

(5)中心孔补气装置,原机组流道尾水锥管未设补气装置,当机组在低负荷运行时出现气蚀、振动等问题,为此在转轮的中心体设置了 $\Phi150$ mm 盘型补气阀,解决了机组在低负荷运行的振动问题。

三、结　语

2008 年 3 月经技改后的 6 台水轮发电机组全部投产发电,机组运行稳定,轴瓦温度低,单机出力最高达 1 550 kW,超出力 19% 以上,各项性质指标均达到了设计要求,增容技术改造取得了成功。

增效扩容电站改造探讨

韦君　　林玲

（南宁广发重工发电设备公司）

【摘　要】　广发重工集团发电设备公司前身是南宁发电设备总厂,自1966年建厂以来,在全国各地水电站中有1 000多套水轮发电机组设备。在"十二五"期间的水电站增效扩容工作中,作为水电设备制造企业,我们责无旁贷积极地投入到这一工程中,为提高电站的经济效益,为完成我国"十二五"期间节能减排任务作出应有的贡献。

【关键词】　水电站　增效扩容　技术改造

2011年开始的增效扩容改造工程试点工作以来,南宁广发重工发电设备公司已签订实施了5个电站的增效扩容改造合同,合同内容主要是主机设备及辅机设备改造。下面将具体介绍改造情况及做法与同行共享和探讨。

一、轴流定桨机组的改造

2011年11月南宁广发重工发电设备公司通过竞标签订了辽宁丰发电站增效扩容改造合同。该电站是1993年投产发电的,原装机4×800 kW。增效扩容改造要求引水管道、蜗壳、尾水管等水工建筑物不动,电站装机达到4×1 000 kW,增容量25%。电站具体参数:额定水头12 m,水轮机型号为ZD560a-LH-120,额定转速428.6 r/min,发电机型号为SF800-14/2150,额定功率800 kW。水力计算表明:在现有转轮技术水平下,不提高额定水头或增大转轮直径无法达到增容25%目的,电站为坝后式,汛期流量大,由于装机容量有限,不得不弃水。因此提出加大转轮直径的技术方案,通过计算,将转轮直径加大1 cm,转轮直径加大带来了转轮室、座环、导水机构、发电机机坑等一系列的结构变化。本着一切从电站利益着想为出发点,尽量不动或少动原有建筑物为原则,精心设计。例如:尾水管高度、机组过流能力、水轮机效率是影响机组出力的关键,通过计算、分析、比较,最终选择ZDN709转轮,该转轮是南宁广发重工发电设备公司通过项目合作引进的高效转轮,已成功地使用在一些新电站上。该转轮单位流量、效率均优于ZD560a转轮,额定工况点效率比ZD560a高4.3%,而它的流道尺寸基本满足ZD560a的流道尺寸要求。结构设计中尊重、采纳电站反馈意见,将新技术、新结构、新材料运用到改造设备中。例如:转轮叶片、转轮室采用抗空蚀不锈钢材料0Cr13Ni4Mo,水轮机转轮、主轴、顶盖采用整体吊装,避免在转轮叶片上开安装孔防止间隙空蚀。水轮机增加检修密封解决机组负吸出高停机检修问题。发电机定、转子采用F级绝缘,提高发电机绝缘等级,延长发电机寿命,发电机推力轴承采用氟塑瓦材料改善发电机的运行条件。组织设计、工艺、检验人员到电站实地考察,测量使改造更符合电站实际情况,还负责电站的安装工作,更好地服务于电站。调速器、励磁装置均改换了微机结构以提高电站自动化水平。目前电站改造进展顺利,已交了2台(套)水轮机、发电机,电站已进入设备安装阶段。计划6月底安装完毕,并调试投入正式运行。

二、混流卧式机组改造

2012年2月南宁广发重工发电设备公司与湖南湘源电力公司签订了三元电站增效扩容改造工程合同。合同内容对该电站4×1 250 kW机组进行全新改造。改造后装机容量为4×1 500 kW,增容量达20%。电站改造条件:引水管道、进水管道、出水管道保留不动,在原电站厂房基础上安装新的4台1 500 kW水轮发电机组和调速器、阀门、励磁装置。电站原装机来自2个不同制造厂家,每家各2台,设备尺寸各不相同。具体参数为:额定水头40 m,水轮机型号为HL123-WJ-71,额定转速600 r/min,发电机型号为TSW143/61-10,2台;水轮机型号为HL702-WJ-71,额定转速600 r/min,发电机型号为TSW143/61-10,2台。水力计算表明:原水轮机运行工况远离最优工况区,额定效率85%左右。转轮技术水平低下,制造工艺落后,发电机绝缘老化,机组为四支点结构,并带有励磁发电机,占用厂房面积大,结构复杂,维护、检修不方便。针对电站具体参数提出新的改造方案:水轮机型号为HL820-WJ-73,额定转速750 r/min,发电机型号为SFW1500-8/1430,额定出力1 500 kW。新机型水轮机额定效率为89%,运行工况在最优工况区内。由于电站改造条件限制,能否满足增容条件,原电站基础能否布置、安装新的机组,带着这些问题南宁广发重工发电设备公司先后几次组织工程技术人员到电站考察实测。由于电站建设于1971年,至今已有41历史,很多资料已丢失或不全。在电站大力配合下,对电站的水头、厂房、引水管、进水管、出水管等水工建筑物以及各机组安装、连接尺寸进行实测。掌握、确定了大量现场实测数据,确定了机组的总体布置和制作方案。新机组采用两支点自循环结构,取消励磁发电机,转轮采用抗空蚀不锈钢0Cr13Ni4Mo材料,叶片型线采用数控加工,保证水力性能。发电机采用F级绝缘并加装空冷器以改善竖井式厂房结构的运行环境。同时进水阀门、调速器、励磁装置采用微机结构提高电站的自动化水平。目前机组已完成设计,并投入生产制造。电站已按新设计开展工程施工。

三、混流立式机组改造

湖南永顺马鞍山电站是南宁广发重工发电设备公司今年承接的第3个增效扩容改造电站。电站是南宁广发重工发电设备公司1986年建设的,至今运行良好。电站装机4×2 000 kW,额定水头28 m,由于水头仍有一定富裕,可提高2 m;因此在这次增效扩容改造工程中电站拟改造增容至4×2 500 kW,增容达25%,并作为湖南吉首地区第1个实施增效扩容改造的电站。

电站参数:额定水头28 m,水轮机型号为HL240-LJ-120,额定转速300 r/min,发电机型号为SF2000-30/2600,额定功率2 000 kW。根据电站增效扩容改造计划及具体条件,提出了改造配套机型及改造方案:水轮机型号为HLJF3636-LH-120,额定水头30 m,额定转速333.3 r/min;发电机型号为SF2500-18/2600,额定功率2 500 kW。HLJF3636是中国水利水电科学研究院研制的新型高效转轮,是由电站业主、设计单位、南宁广发重工发电设备公司与水科院根据该电站的实际情况科学研讨后决定采用的。该转轮额定效率为 93.3%,比 HL240 转轮高 2.1%;发电机转速由原来的 300 r/min 提高至 333.3 r/min。水轮机除转轮、主轴更换外,其余基本不动保持原状。发电机为全新结构,绝缘等级为 F 级,推力瓦采用氟塑瓦。电站的水工建筑以及与设备安装基础尺寸一概不变。电站采用微机控制。由于改动小,为电站的改造赢得了速度和时间,为提高电站效益提供了保证。目前电站改造工程已在顺利实施。

四、结　　语

小水电增效扩容改造是一项省时、省力、见效快的工程。在实施这一工程的过程中有几点体会:

(1)既然是电站改造,就必须在原基础上进行。因此改造要照顾到电站原有的水力参数和水工建筑。新设备的选择与应用要与原水力参数相兼顾,不能对电站原有水力参数提过高要求而加大电站改造成本,从而改变了电站改造初衷。

(2)增效扩容改造工程要求速度快,在短时间内完成。因为改造电站大都在运行发电,不可能长时间停机等待。因此设备制造企业在设计、备料、生产制造、安装环节精心组织、科学安排。要组织工程技术人员到电站实际考察、调研,解决并预见存在问题。使改造的新设备尽快安装运行,减少电站停机等待时间。

(3)坚持科学发展观,增效扩容改造工作要与科研院校、科研单位有机结合,用新技术、新材料、新工艺、新方法实施电站改造。改造电站的水工建筑物因改造成本问题一般是不动的,如电站的引水流道、进、出水流道等。在此基础实施改造就要求新设备满足原有基础设施要求,这就要讲究科学。一般的设备制造企业,科研手段和方法有限,要积极主动的与科研单位合作,充分有效地利用社会资源,通过合作达到三方共赢的目的。

总之,电站增效扩容改造的目的就是要以最小的经济投入获取效益最大化。

岷县刘家浪水电站调速器改造

马 金 环

（甘肃岷县刘家浪水电有限责任公司）

【摘　要】　小水电是我国电力系统重要的组成部分,对我国电力发展有着不可或缺的重要意义,其安全运行质量直接关系到国家电网的安全,所以提高其运行质量,对确保电网供电质量和供电可靠性都有着举足轻重的作用。

【关键词】　小水电　技术改造

水轮机调节系统的任务是必须根据电力负荷的变化,通过调节水轮机的过水流量,从而不断地调节水轮发电机组的有功功率输出,并维持机组的转速(即电能的频率)在规定的范围内。其调节方法是通过改变水轮机导叶、桨叶或者喷针的位置,达到保证水轮机转速恒定的目的,从而保证水力发电电能质量,而调速器正是完成这一任务的主要设备。

由于调速器在水轮机组运行中的重要性,所以提高其在运行中的灵敏性、安全性、稳定性是非常重要的,也是调速器发展的一个重要指标。

我国水轮机调速器基本上随着电子和液压技术的发展而发展,大体上经历了3个阶段:20世纪50—60年代绝大部分是机械液压型调速器;70—80年代初则较多采用电子管、晶体管和集成电路的电气液压型调速器;进入90年代,在我国新投产或更新改造的大型水电站中,微机数字式电气液压调速器使用已经相当普遍。

我国从20世纪50年代初开始建造的小水电有许多座,尤其近年来发展迅猛。过去的小水电调速器大多采用的是机械液压型调速器,以甘肃省定西市岷县刘家浪水电站为例,该电站始建于1978年,1984年一期工程完工,1990年全部竣工通过验收,共有4台水轮发电机组,其中1#、2#机组采用的是CT40型机械液压型调速器,3#、4#机组采用的是电气液压型调速器,机械结构繁杂,体积庞大,虽有自动保护装置,随着运行时间的加长,灵敏度降低,操作稳定性差,在运行中需要投入更多的人力去监视,既浪费人力资源,又存在许多安全隐患。水轮机调节系统灵敏度差,空载时频率波动大,稳定性差,调速器不能投入自动运行。调速器电柜为模拟电路控制元件,电柜电子元件漂移较大,工作性能极不稳定,导致调速器工作不稳定,电子元件易损坏,难以满足微机监控的要求。电液转换器(伺服阀)抗油污能力低、易发卡,造成调速器工作不稳定和调负荷无法正常开停机等故障,给机组安全运行带来隐患。电气柜主要模件备品厂家已不再生产。调速器生产厂家目前已经不生产此类调速器,备品备件难购买,调速器检修维护困难。经水电站组织多方面专家和技术人员现场试验和多次消缺处理,调速器达不到自动稳定运行,问题一直未能解决,决定对水电站机组调速器机柜和电柜控制部分实施改造。所以,在2008年开始,电站对4台调速器逐次进行了技术改造,取得了明显的经济效益。

根据水电站机组自动控制部分,包括调速器电柜、机柜顺序控制装置存在的实际问题,刘家浪水电站召集多方技术人员及各类专家对水电站机组多年存在的问题进行分析,总结设备选型原则,即以选择技术先进,调节性能好,安全可靠性高,功能完备,操作、检修维护方便,调速器机柜和电柜可匹配性好的厂家为原则,经过反复比较、论证,选择北京中水科水电科技开发有限公司生产的YCVT型数字式水轮机调速器为水电站机组技能改造产品。该型调速器从系统结构及原理方面入手,突破了长期以来一成不变的电气—机械/液压转换原件(电液转换器或微型电机等)+主配压阀的经典形式,以及制造工艺与结构布置等方面的种种制约,系统的调节、控制无须由"中间位置"与机械反馈来保证,使调速器的设计、制作与生产发生了根本性的变化,实现双通道双冗余甚至多通道多冗余的结构,使系统的工作可靠性有了全面的保证。

YCVT型调速器的主要特点有:

(1)YCVT型调速器机械液压部分扬弃了传统模式的机械液压柜结构,兼顾了机柜动作的可靠性、微机的适用性和阀的简单化,与传统的结构模式相比,具有许多独特之处。

(2)YCVT调速器从元件到系统高度标准化、模块化、通用化,使用、调整及维护方便,机械液压部分本身同时实现D/A转换与功率放大功能。

(3)在YCVT型调速器中采用几组高速开关阀取代电液转换器,进行先导级的电气—机械—液压转换,所有控制阀采用大功率高速电磁铁驱动,阀芯操作力大且无卡阻部位存在,仅工作于通/断(ON/OFF)两种状态,使得耐油污能力和工作可靠性得到根本的保证。

(4)由于组合结构的逻辑插装控制阀单元取代主配压阀,动作可靠性有了很大提高,亦避免了传统的主配压阀存在的标准化程度低、性能一致性难以保证、互换性不好等不足。此外,逻辑插装控制阀单元采用高硬度的耐磨材料,即使长时间工作也不会磨损失效。

(5)取消D/A转换,把微机直接与液压部分结合起来,简化了系统结构,将数字技术所具有的稳定、可靠、高精度及可附加外部运算单元等优点带到调速器液压随动系统中来,控制方式的实现灵活易行,从而降低了出现故障的概率。

(6)即使电气部分彻底失灵,也能使主接力器保持当前位置不变,并自动地切换为手动运行,从而避免了故障的扩大以及由此造成的不良后果。

(7)YCVT型调速器机械液压部分除能实现传统机械液压柜的所有功能外,还能实现容错运行,以及自动/手动/电手动之间的无条件、无扰动的平滑切换。

(8)该型调速器简洁明了,内部液流阻力小,从元件到系统密封性能好,泄露少,提高了系统的工作效率。

调速器安装步骤如下:

(1)将调速器运至安装基础面后,拆除调速器机柜;将调速器整体吊至安装基础面后就位,检查底座水平度,对称紧固调速器基础连接螺栓。

(2)系统管路配接、油压系统设备安装完成,位置确定后,开始系统管路的安装工作;清洗设备及管路附件,安装设备与管路接口法兰,根据实测距离和设计图纸在安装现场切割下料;合理布置管路支架、吊架,对接管路,调整管路水平度及垂直度,点焊固定并分段编号;管路焊接完成后对管路彻底清扫,进行打压试验,试验压力为系统额定压力的1.25倍,耐压时间30 min,各部焊缝无渗漏。

(3)电缆管的处理、电缆敷设、挂牌、固定,电缆头制作,芯线绑扎或走线槽,以及字头号的打印,防火封堵等,遵从电缆安装的一般规定。电缆在剥皮后,用 500 V 兆欧表测试其芯线对地及其他芯线的绝缘情况,必须大于 100 MΩ。特别需要指出的是,进入测速探头、水位传感器、位移传感器的屏蔽电缆,其屏蔽层须进入元件的进线孔内。在电调柜一端,屏蔽层在紧靠芯线接线端子处分开,接入设计的屏蔽层端子。上端子的线头,留有适当的长度余量,不得使端子承受芯线的拉力。电缆牌、芯线字号清晰明确。对所有电缆线两端解开对线、查线。

(4)对到货的油压装置压力表、压力开关、压力变送器、液位变送器、液位信号器、补气阀等进行初步校验和整定,合格后妥善安装。

经过改造,机组调速器与二次自动化保护有效地连接起来,实现了机组的自动化运行。随着调速器的灵敏度、可靠性的提高,调速器故障造成的停机事故从原来的 10% 减少为零,机组频率稳定;实现了中央控制室远程操作,开停机时间缩短,而且开停机更加平稳,可随时对机频、网频、机组水头、各导轴承温度、摆度、振动进行实时跟踪监控;同时对发电机温度也实现了数字化监测,减小了误差,降低了对机组运行工况的误判,从而对机组的安全运行起到了良好的作用。改造以来,大大减少了运行人员的劳动负荷,同时也节约了人力资源,从原来每个运行班组标准配备 7 人,减少到现在的 3 人,对电站的经济运行和安全运行带来的巨大的效益。

龙王台灯泡贯流机组受油器漏油处理

景 国 强

（刘家浪水电有限责任公司）

【摘 要】 受油器是双调节水轮发电机组的重要设备之一,在运行中可优化设备效率,合理利用水力资源,充分发挥与导水机构的协联作用,对产生最大经济效益的操作系统起关键性作用,但受油器漏油事故也是每个电站极其烦恼的事;因此,就龙王台水电站灯泡贯流式水轮发电机组受油器漏油事故的发生起因及处理过程做一简单阐述,敬请同行指正。

【关键词】 龙王台 灯泡贯流 受油器 漏油

一、前 言

岷县龙王台水电站位于洮河干流岷县县城东北 5 km 的茶阜镇的西村,是一座河床式电站。设计水头 11 m,装机容量 3×7 MW 的灯泡贯流式机组,该项目于 2008 年 3 月开工建设,2011 年 8 月 3 台机组全部投入试运行,是目前洮河中上游建成的第一座采用灯泡贯流式机组的电站。

二、故障原因

2012 年 5 月 6 日 4:30 运行人员发现 3# 机组调速器集箱油位突然下降,油泵启动频繁,灯泡头地板出现大量油污和油雾(视频),但整个运行设备其他部位全部正常。就此运行人员采取正常停机程序并汇报有关人员做进一步检查,当检修人员进入机组现场进行全面检查发现调速器各管路接口无滴漏现象;但在进入泡头时一股油味非常刺鼻,整个灯泡头内设备全部是油污;检查时受油器管路接口也无漏油现象,但是受油器座内测碳粉回收箱有大量积油;打开地板也发现泡头加筋格内也有大量积油;碳刷支架和集电环全部让油污和碳粉形成泥状。就此,初步判断为受油器与操作油管有漏油的可能,但具体是什么部位当时不敢确定,因为第一次接触灯泡贯流机型,也是第一次遇到此类漏油故障,所以感到无从下手,只能求助生产厂家和安装单位有经验的专业人员以及熟悉的专家老师来分析指导。

三、分析与检查

虽然运行人员、检修人员、管理人员绝大部分直接参与了各类主辅设备的全程安装工作,但是对新机型的认识和了解还十分有限。就此在主机厂家技术人员与安装单位技术人员的分析和指导下,初步判断为受油器密封装置严重损坏或操作油管有破裂现象。同时对受油器进行了分解拆卸工作,但在拆卸放油管路时有一股油从受油器体漏油口不断流出,就此进一步又确定受油腔体内橡胶密封与密封铜套同时存在问题,拆卸后发现铜套严重损坏(见图1和图2)。更为重要的是,V形橡胶密封也损坏严重且装配出现问题(见图3和图4),为了进一步分析密封铜套破损的原因,多次测量操作油管内外管同心度比设计范围大0.06 mm,其他部件没有发现任何问题。

图1   图2

图3   图4

四、故障诊结与处理方案

对于橡胶密封的破损各方面技术人员都认为在情理之中,反之,铜套密封的损坏就百思不得其解。最后归纳为以下几点意见:

(1)铜套本身质量存在问题(材质)。

(2)加工、运输或安装过程中已经受损,但起初运行时问题不易暴露。

(3)装配时受力不均匀再加上接触面间隙不均匀,导致在运行过程中的离心摆动力也是形成损坏的重要原因。

(4)根据以上几点意见和测量整个机组的数据,多方请教有关专家、经验丰富的同行师傅,否定了由于摆度过大要求重新盘车的方案。

五、制定的安装技术要求

（1）严格按照图纸要求重新加工铜套密封和 V 形橡胶密封尽快运至工作现场；配件必须在现场进行配合性质量检查，绝对不能盲目回装。

（2）要求每位安装人员熟悉图纸，对上次失误绝对不能重蹈覆辙，严格按照图纸进行装配，做到一丝不苟。

（3）清理工作现场，在配件未到之前用专用清洗剂将发电机与泡头内及碳刷架的油污全部清理干净，为安装节约时间，争取早日投入运行。

（4）检查与处理其他设备存在的隐患和故障。

六、处理效果

在主机厂家和安装单位的帮助与指导下于 5 月 20 日所有检修工作全部结束，当日 10 时投入运行，检查受油器密封效果非常明显，其他设备运行状况稳定。至笔者投稿时机组运行条件达优良状态。

七、结　语

看起来受油器漏油不是什么大问题，但引起的后果可想而知。尤其是油污和烟雾不但对发电机绝缘、电源引线、各类信号引线形成破坏和误导，更为严重的是当碳刷产生火星时的后果不言而喻，同行们都十分清楚。众所周知，灯泡贯流机组的检修工作量非常繁重，但在基础安装过程中要求严格，也会给今后的检修工作减轻一定的压力。一般情况灯泡贯流机组最容易出现的故障就是受油器与各管路的漏油问题，就此笔者和一些同行的想法一致，在每年春检过程中有计划地提前更换受油器密封装置，确保全年机组的正常运行而创造更大的经济效益。

浅谈小型水电站技术改造

乔俊琪　　李　莉

（刘家浪水电有限责任公司）

【摘　要】　从小型水电站目前在电力系统所占比重出发，阐述说明小型水电站技术改造的重要性，并综合技术改造要求及所遵循的原则，从中选取适合于自身改造的技术方法，以较少投资，获取较大的经济效益和社会效益。

【关键词】　技术改造　增容改造　机组段工作水头

一、前　　言

随着科技日新月异，社会电气化、家庭电气化的程度日益求精，就要求我们电力系统要以最快的发展速度走在科技的前沿，以满足社会对我们的需要。水电作为一种可再生、无污染的环保型能源被电力系统列为首选对象，我国在重点开发大江大河中型水电的同时，也把小水电例入其中，但是，有相当一部分小型水电站先天不足，水文资料不全，设计和施工的水平参差不齐，主要设计参数和实际参数偏差较大，导致水电站的出力不足或弃水量大，建筑物的缺陷也较多，要求我们把小型水电站技术改造放在小水电利用的首要位置。小型水电站的技术改造也因它的工程量小、投资少、见效快、经济效益明显、社会效益巨大等一系列优点正逐步被广泛推广。

二、小型水电站技术改造要求及其遵循原则

（一）小型水电站技术改造所要达到的要求

（1）认真执行国家的技术经济政策，特别是《中华人民共和国水法》和《中华人民国和国电力法》，改造工作要从实际出发，因地制宜，充分利用水电站原有的设备和设施，对改造部分做到技术先进，经济合理，质量优良。

（2）技术改造前，业主单位应做好运行情况总结、基础资料分析和设备性能测试，并委托设计或咨询机构做好编制技术改造工程的可行性研究报告等项准备工作。

（3）技术改造应采用新技术、新工艺、新材料和先进设备，提高设备和设施的技术性、先进性，改善运行条件，尽量恢复或增大水电站的设计发电能力，保证发电系统、引水系统及水工建筑物的安全可靠性。

（4）对于水电站关键设备（如水轮机、发电机等）或较大的技术改造，要进行工程验收，工程竣工验收的程序可参照《小型水电站建设工程验收规程》（SL 168—96）的规定执行。

(二)小型水电站技术改造所要遵循的原则

(1)水轮机的技术改造应优先选用能量指标先进、空化特性优良、运行稳定性良好的转轮,以保证技术改造的先进性。

(2)改造方案选定的水轮机主要参数(设计水头、标称直径、额定转速和输出功率等),既要考虑到水电站的引水系统和水轮机流道尺寸及发电机同步转速等限制条件,又应将水轮机调整到工况区运行,以保证技术改造的合理性。

(3)改造方案应能改善水轮机的运行工况,提高效率,增加年发电量,以保证技术改造的经济性。

(4)对于多泥沙河流上的水电站,水轮机的技术改造应与采取抗磨蚀相结合,以延长设备的使用寿命和大修间隔时间。

(5)发电机的技术改造应考虑与水轮机在容量上相互配合,根据原设备的实际情况与制造厂家研究协商,采用新材料、新结构和新工艺,制造合理的改造方案和改造范围。

(6)对于推力轴承、导轴承瓦温过高,经常发生烧瓦事故者,应根据具体情况考虑改进结构型式,采用新型材料,增强冷却效果。

(7)对于增容改造的机组,原机组相应可利用的受力部件或构件,应进行校核计算。

三、小型水电站技术改造途径

水电站的技术改造是指采用技术措施,对水电站的设施、设备进行改进、更新或更换,以提高其先进性、合理性、经济性、可靠性及运行自动化水平。主要包括更新改造、增容改造、减容改造和运行自动化改造。

(一)增加机组水头和流量的途径

(1)对于引水式电站,当其渗水量过大时,采用新材料、新工艺进行堵漏防渗处理,减小漏损量,相当于增加机组的工作流量。对于淤积严重的引水渠道进行清污处理,可增加电站的引水流量。

(2)改造进水口拦污栅,合理确定栅条形状和栅条间距,减小过栅水头损失。

(3)对于压力引水系统为联合供水形式的电站,合理组合运行机组,可减少机组段引水系统的水头损失。

(4)对于下游河道淤积严重造成尾水位壅高的电站,可清除下游杂污,降低尾水位,增加机组工作水头。

(二)提高机组效率的途径

机组的综合效率包括水轮机的效率和发电机的效率,对于标准系列的发电机在正常工作范围内,发电机效率变化不大,机组效率的高低,主要由水轮机的效率来决定。

(1)对于机组的工作水头、工作流量范围与原设计变化不大的电站,若原水轮机转轮的性能落后,高效率范围较窄,综合效率较低,可选用性能较好的新型转轮,以提高水轮机的效率;若原水轮机转轮型号不落后,只是由于空蚀、磨损或运行时间过长等导致水轮机的效率较低,可将原转轮更换或同型号的抗磨蚀材料。

(2)对于水轮机选型不合理,机组段的工作水头及工作流量和水轮机所适应的范围不匹配或水电站建成运行一段时间之后,水力资源条件发生变化导致机组工作水头及工作流量和水轮机不匹配,可根据水电站实际重新选择或设计合适的转轮,使水轮机在高效率区运行,从而提高机组的运行条件。

(三)增加电站容量的途径

增加水电站容量的途径有两个,一是对水电站的水轮机和发电机(或仅对发电机)进行改造,使单机容量增加,从而使水电站的总容量增加;二是在原有机组基础上,重新安装新的机组,从而达到增容的目的。

1. 水电站增容前分析

计算水电站的动能指标有 $N_\text{保}$、$E_\text{年}$(见图1),并与原规划设计情况进行比较,从水资源条件及水能利用率方面论证水电站增容改造的可能性,这是水电站增容改造的基础性工作,也是水电站能否增容改造的前提。

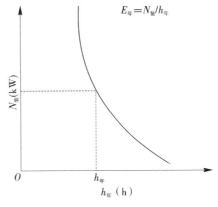

图1 $N_\text{装} \sim h_\text{年}$ 关系曲线

$h_\text{年}$ 表示水电站机电设备利用率大小的一个指标。$h_\text{年}$ 较大,则运行时间长,机电设备利用率比较充分;$h_\text{年}$ 较小,则运行时间短,机电设备利用率比较低;$h_\text{年}$ 大小反映水电站 $N_\text{装}$ 选择的合理性。

由于水电站 $E_\text{年}$ 与 $N_\text{装}$ 有关,因此先假设若干个 $N_\text{装}$ 方案,计算出各方案的 $E_\text{年}$ 绘制出 $N_\text{装}$ 与 $h_\text{年}$ 关系曲线图,然后,由选定的 $h_\text{年}$(见表1),查 $N_\text{装}$ 与 $h_\text{年}$ 关系图,即可得出水电站的装机容量。

表1 　　　　　　　　　　　　小型水电站 $h_\text{年}$ 值　　　　　　　　　　　　 h

水电站调节性能	无调节	日调节	年调节	多年调节
$h_\text{年}$	> 5 000	4 000 ~ 5 000	3 000 ~ 4 000	≤3 000

水电站在增容改造前应对装机容量复核,复核的目的是要在水能复核计算的基础上,充分、合理利用富裕数量、水能,提高水资源利用率、机电设备效率和投资效益,重新论证水电站装机规模的合理性,并与原设计的 $N_\text{装}$ 比较,以确定水电站增容改造的必要性。

2. 水电站增容改造适应性分析

(1)关于土建,主要牵扯两方面,一是渠道过流能力计算(流量=流速×断面积);二是发电机墩计算(属土建部门水工专业)。

(2)关于水力机械,一是水轮机出力计算,二是调节保证出力计算,三是机械及辅助设备计算,包含调速功校核、技术供水系统用水量计算、压缩空气系统及起吊设备及机组金属结构等。

(3)关于电气设备及保护,一是母线的选择,二是电流互感器的选择,三是电压互感器的选择,四是变压器容量的选择校验,五是其他高压电器的选择校验,包含高压断路器、高压隔离开关、高压熔断器、高压绝缘子,六是继电保护及自动装置的选择校验,七是短路电流的估算。

3. 水电站增容改造适应性分析

技术改造工作需兼顾技术、经济两个方面,增容改造与减容改造及重新更换机组、自动化运行方面要考虑增、减容量的必要性,小流量时期与大流量时期。

(四)增加水电站运行的效益途径

通过改变水电站的运行方式,将常规运行改为调峰运行,利用电价的峰谷差增加电站的经济效益,在现有水力资源条件和设备条件下,最大限度地提高发电能力是增加水电站经济效益的有效途径。

本人所工作的刘家浪水电站,原装机容量为 $4×2\ 000\ kW$,在 1984 年投产发电时自动化程度属于全省最先进的小型水电站,机组在孤网条件下运行了 10 多年,使机组电气和水机各方面都遭到了不同程度的损坏,设备严重老化。到 1996 时,电站已经变成最落后的电站了,技术改造迫在眉睫。自 1996 年到 2004 年,电站对 $1^{\#}\sim4^{\#}$ 机组进行了增容和自动化改造,容量由原来的 $8\ 000\ kW$ 增加到 $10\ 800\ kW$,年均发电量增加 2 000 万 $kW\cdot h$,年均经济效益增长 400 万元,技术改造取得了显著成绩。

四、结　语

在我国的水力资源分布中,中、小河流的小水电资源占有相当大的比重,水电作为可再生、无污染的环保型能源,有它自身的优越性,小型水电站的技术改造也因工程量小、投资少、见效快、经济效益明显、社会效益巨大等一系列优点正逐步被广泛推广。

参 考 文 献

1　马跃先,马希金,阎振真. 小型水电站优化运行与管理. 郑州:黄河水利出版社,2000.

聚氨酯材料在水轮机抗磨蚀中的应用

郭维克　　张庆霞　　　刘　恒

（黄河水利科学研究院）　　　　（青铜峡水电厂）

【摘　要】 应用改性聚氨酯弹性体耐磨蚀涂层在水轮机高空蚀区作抗磨蚀涂层,除抗空蚀、抗磨损效果好外,涂层和叶片黏合力强,不易于撕裂和剥离,叶轮施工是常温下,不存在像金属热喷涂高温施工产生的叶轮变形问题,转轮可反复使用,而无须更换,从而节约成本。

【关键词】 聚氨酯弹性抗磨材料　钢塑复合聚氨酯底环抗磨板

一、聚氨酯弹性材料基本组成和性能

聚氨酯弹性材料是一种主体上有较多氨基甲酸酯官能团的合成材料,由聚脂、聚醚、烯烃等多元醇与异氰酸及二醇或二胺扩链剂逐步加成聚合,物理性质介于一般橡胶和塑料之间的弹性材料,既具有橡胶的高弹性,也具有塑料的高强度。

聚氨酯弹性材料分子结构由柔性的链段和刚性链段镶嵌而成,含有较多的氨基甲酸酯基团,分子与分子之间有各种各样的基团相互交联键,与普通橡胶塑料相比,其结构特点含有大量极性基团,这些官能团相互作用决定了聚氨酯弹性材料有如下特点。

(1)最显著特点是具有卓越的抗磨性,特别是水机抗磨蚀应用中,耐磨性一般是不锈钢的 10 倍以上,抗空蚀性能是普通不锈钢 30 倍以上,相比其他高分子材料如尼龙,超高密度聚乙烯其抗磨抗空蚀性能也高出数倍以上。利用这种特性在多泥沙河流电站磨蚀严重的水机设备上制作水轮机叶片抗磨涂层。水轮机底环抗磨板、顶盖抗磨板、导叶密封条,中环上水密封和闸门密封条等。

(2)聚氨酯弹性材料机械性能和硬度范围广,从邵氏 60A～70D,在制作各种水机耐磨蚀产品时,可根据具体情况,选用不同硬度和机械性能的聚氨酯弹性材料,获得最佳的使用效果。

(3)聚氨酯弹性材料缓冲减震性能好,在室温情况下吸收震动能量 10%～20%。

(4)聚氨酯弹性材料还具有优异的耐油、耐水、抗辐射性、电绝缘性、透声、黏合,还可应用到矿山、印刷、航空、医疗等领域。

二、聚氨酯弹性材料各种性能分析及水机抗磨蚀应用的选择

聚氨酯材料品种很多,主要分两大类:聚酯型聚氨酯、聚醚型聚氨酯。聚酯型聚氨酯因含有酯键,易于水解,不适合水机及水工建筑的抗磨蚀应用;聚醚型聚氨酯材料,经过我们30 多年的研究和使用证明,四氢呋喃均聚醚构成的聚氨酯弹性材料,这种材料由于高性能

的链段结构,较好的柔顺性、耐水性和抗磨性,机械强度范围广,回弹性能好。特别是在水机应用中的优异抗磨性及抗空蚀性能。确定了聚醚型聚氨酯材料应用的地位,因此下面讨论的聚氨酯弹性材料均为主链段为四氢呋喃均聚醚的聚氨酯弹性材料,简称PTMG。

(一)聚氨酯弹性材料的耐磨性和抗空蚀性

从20世纪80年代开始在水轮机抗磨抗空蚀研究应用中,聚氨酯弹性材料被一致公认为抗磨、抗空蚀最好的材料,在实验室做各种金属和非金属材料的磨损及空蚀应用试验,到现场多泥沙河流电站的水轮机抗磨抗空蚀应用,都验证了聚氨酯弹性材料卓越的抗磨、抗空蚀性能。而比较各种材料的耐磨性,一般使用美国工程学会编制的耐磨指数作为基本参考,指数越小,该材料在水机应用抗磨蚀性能越好。表1是各种不同材料的耐磨指数。

表1   各种不同材料的耐磨指数

材料	耐磨指数	材料	耐磨指数
聚氨酯	8	金属陶瓷	60
碳化钨	20	尼龙6/6	31
渗铝钢	50	高锰钢	55
天然橡胶	55	聚四氟乙烯	72
热扎不锈钢	80	聚碳酸酯	96
碳钢	100	低亚聚乙烯	138
磷青钢	190	铝合金	318
玻璃钢	907	硬石	435

从耐磨指数看出,聚氨酯弹性材料为最好的抗磨材料,同时在实验室所做的聚氨酯材料和各种金属非金属,如尼龙、超高密度聚乙烯,在高速水流(含沙)冲刷比较试验和空蚀比较试验也都验证了这个结果。

从聚氨酯弹性材料中,通过实验室和现场应用,筛选出更多适合多泥沙河流电站水机过流设备的抗磨、抗空蚀的聚氨酯弹性材料。

(二)聚氨酯弹性材料的机械性能

决定聚氨酯弹性材料的机械强度主要两个方面,一为聚氨酯弹性材料的异氰酸(TDI)含量,二为聚氨酯材料的聚醚分子量的大小。异氰酸(TDI)含量越高,聚氨酯弹性材料硬度就越高,机械强度就越大,但耐磨蚀性能就会下降。同样异氰酸(TDI)含量越少,聚醚分子量越大,聚氨酯弹性材料的耐磨蚀性,回弹性越好,但机械强度性能降低。一般来说,国内PTMG分子量1 000和2 000两种材料,比较单一。国外PTMG聚醚分子量国外从600到2 000分子量品种较多,性能更好,因此水机磨蚀应用中,使用较多进口材料的原因。

在水机过流设备应用聚氨酯材料抗磨抗空蚀中,可根据水头高低、水机过流设备磨蚀情况、河流含沙量大小、沙子粗细、推移质的多少、选择适合的聚氨酯弹性材料。例如,黄河流域的水电站,每年流经电站的泥沙数亿吨,水中含沙量较大,沙子较细,因此选择抗磨蚀性能较好的聚氨酯弹性材料,新疆地区多泥沙河流的水电站,多为引水发电站,沙子较粗,沙砾较多并存在大量的推移质,因此需要抗冲击性能强、机械强度高的聚氨酯弹性材料做抗磨蚀材料。总之,实际应用必须根据具体情况,确定设计标准,使聚氨酯弹性材料在多泥沙河流水机过流设备抗磨蚀发挥最大的效能。

表2 是筛选的几种水机应用的聚氨酯弹性材料性能参数。

表3 是聚氨酯材料和几种非金属材料的性能比较。

表2 聚氨酯弹性材料性能参数

名称及分项	B-602	Ab-0601	AL-0315	AL-0167	AL-0213
邵氏硬度	82 A	95 A	73 D	95 A(48 D)	73 D
抗张强度 PSI(MPa)	5 000(34.4)	6 500(44.8)	9 000(62.0)	5 000(34.5)	8 800(60.7)
延伸率(%)	490	380	210	400	240
撕裂强度 Ib/in(kN/m)	75(13.1)	130(22.8)	110(19.2)	150(26.2)	145(25.4)
回弹率(%)	58	40	45	40	50
NBS 磨损指数	200～300	150～250	400	300	500
密度(g/cm^3)	1.07	1.13	1.21	1.13	1.19
100% 模量 PSI(MPa)	800(5.5)	1 800(12.4)	4 650(32.0)	1 800(12.4)	3 900(26.9)
300% 模量 PSI(MPa)	1 500(10.3)	4 300(29.6)	—	3 400(23.4)	—

表3 聚氨酯材料和几种非金属材料的性能比较

名称及性能	聚氨酯	丁晴橡胶	氯丁橡胶	尼龙
密度(g/cm^3)	0.9～1.2	1.0	1.2	1.1
硬度(邵氏洛氏)	60A/80D	40/95A	40/95A	103/118D
抗张强度	8 000～9 000	2 000～5 000	2 000～4 000	7 000～12 000
延伸率(%)	100～800	300～700	200～800	25-3 000
回弹率(%)	10～70	25	50	—
撕裂强度	300～1 000	100～300	200～300	—
抗磨损程度	优	差	差	良
耐臭氧	优	差	差	优
耐油性	优	差	差	优

三、聚氨酯弹性材料耐水性和变化曲线

聚酯型聚氨酯因含酯键,易于水解,不适合水中的使用,聚醚型聚氨酯材料耐水性较好。特别是以四氢呋喃均聚醚构成的聚氨酯材料,有着很好的耐水性。图1～图3是3种聚氨酯弹性材料在水中浸泡的性能变化曲线。其中 B 为 PTMG 弹性材料,A 和 C 是另外两种聚醚型聚氨酯。

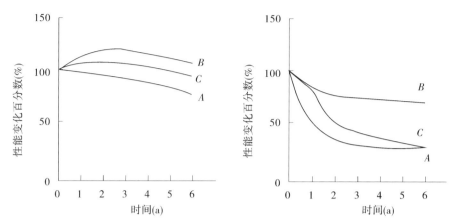

图1 聚氨酯磨蚀强度随时间(年)变化曲线　图2 聚氨酯抗张强度随时间(年)变化曲线

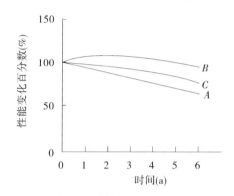

图3 聚氨酯回弹性随时间(年)变化曲线

聚氨酯弹性材料另一显著特性是在水机抗磨应用中,其耐磨蚀性随着使用时间推移不降反升,而机械强度性能如果用 PTMG 作原料,聚氨酯弹性材料随着使用时间的增加,下降也较少。因此,在聚氨酯材料应用选择上,为了保证材料在抗磨蚀应用中,长期使用性能保持稳定,或下降很小,在材料选择上选择聚醚分子量低些,TDI 异氰酸含量高些,使吸水率更低;如果再添加耐水助剂,耐水性更强,保证聚氨酯弹性材料在使用 30 年后,抗张强度低,抗撕裂性能,硬度下降不超过 15%,而抗磨蚀性反而提高。如:我们开发的水轮机底环和顶盖抗磨板,首先考虑钢塑复合聚氨酯抗磨板使用 30 年以后的机械强度,如抗张强度、抗撕裂强度、硬度等。然后根据要求设计出聚氨酯弹性体的所需要的最小强度。制造出的聚氨酯钢塑复合抗磨板使用 30 年后仍可正常使用。现今我们设计制造的钢塑复合聚氨酯抗磨板,导叶密封条等使用数十年后仍能正常使用。

水机上过流设备应用聚氨酯弹性耐磨蚀材料,实际推广应用中,筛选出的一种聚氨酯材料,经过长期的观察和研究,我们开发的耐磨产品,都能保证使用数十年以上。

四、聚氨酯弹性材料在水机应用的施工工艺

在多泥沙河流水电站过流设备应用聚氨酯弹性材料进行抗磨蚀应用的施工工艺主要包括以下 3 种:

（1）无溶剂喷涂。优点是施工工艺效率高，1 台无溶剂喷涂设备喷涂量达到 200 kg/h 以上，特别适合大型工件的抗磨涂层施工；缺点是涂层和本体黏结较差。

（2）刷涂法。用手工刷涂，效率较低，但工艺简单，适合小型的水轮机叶片、水泵转轮抗磨蚀应用。

（3）浇铸法。浇铸法首先设计和制造出相应的模具，然后浇注聚氨酯，加温固化成型，脱模后便可得到聚氨酯产品，并可再进行机加工处理，适合制造水轮机抗磨板、导叶密封条、轴套等。

五、聚氨酯弹性材料在水机过流设备抗磨蚀应用

多泥沙河流电站水轮机过流设备，磨蚀严重，如黄河上有许多电站，每年要流过的泥沙达数亿吨，水轮机叶轮、底环抗磨板、导叶、轴套及蜗壳等过流设备磨蚀严重。利用聚氨酯弹性材料的耐磨蚀特性，我们研究开发了钢塑复合改性聚氨酯底环抗磨板、导叶密封条、闸门密封条，并且在水轮机叶片抗磨蚀上开发出两种抗磨蚀涂层技术，其一为抗强空蚀的聚氨酯抗磨蚀涂层；其二为黏结强度优异的聚氨酯复合树脂砂浆涂层；解决了耐磨蚀涂层和本体黏结问题，这两种耐磨蚀涂层在水轮机叶片、蜗壳、固定导叶抗磨蚀上得到广泛的应用。

（一）钢塑复合改性聚氨酯抗磨板

水轮机底环抗磨板和顶盖抗磨板一般用不锈钢制造，在多泥沙河流电站磨蚀严重。早期有些电站采用尼龙作底环抗磨板代替金属抗磨板，抗磨能力有一定提高，但效果不明显；超高密度聚乙烯制作的底环抗磨板，虽然抗磨能力比尼龙板好，但相比聚氨酯弹性材料制作的底环抗磨板，抗磨蚀能力低好几倍，并且易于变形，需增加固定螺丝固定于底环座，而螺丝封口往往是薄弱环节，因此超高密度聚乙烯运行一个大修期（3～5 年），其破坏往往是从底环抗磨板固定螺丝封口开始的。另外，超高密度聚乙烯材料水中浸泡 7～8 年后便因吸水膨胀变形。

20 世纪 80 年代后期，我们制作的国内第一块聚氨酯底环抗磨板（见图 4），安装在黄河刘家峡电站上试验，运行 5 年后，抗磨板完好无损，而同期安装的尼龙底环抗磨板磨蚀深达 4～6 mm。

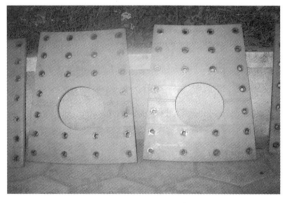

图 4　聚氨酯底环抗磨板

在设计制造钢塑复合聚氨酯抗磨板时，除考虑使用的聚氨酯弹性材料抗磨蚀能力强外，还要考虑聚氨酯材料的机械性能，特别是算出使用数十年后底环抗磨板聚氨酯材料的机械性能。例如：在黄河流域使用的聚氨酯抗磨板，聚氨酯材料使用四氢呋喃均聚醚，分子量较低（600），异氰酸含量较高，添加耐水剂等各种助剂，使用 30 年后，各种性能指标变化计算如表 4 所示。

表4		30 年后部分性能参数变化		
性能参数	抗张强度（MPa）	撕裂强度（kN/m）	硬度（A）	耐磨指数（%）
开始使用性能参数	62	20	95	400
30 年后性能变化参数	53	16	85	200～300

从表 4 中看出，钢塑复合聚氨酯抗磨板，只要选用材料合适，添加耐水助剂，就能保证 30 年后仍可正常使用，实际上像黄河这样的多泥沙电站，我们制作钢塑复合聚氨酯抗磨板，在任何电站上都能保证使用 30 年以上（磨耗不超过 0.5 mm 为标准）。

如青铜峡水电厂，每年流经电站的泥沙 5.9 亿 t，使用锰钢底环抗磨板，每 5 年更换 1 次，最深磨耗 5～6 mm。自 1995 年安装第 1 套钢塑复合改性聚氨酯抗磨板开始，安装了 9 台机组，一直运行至今，最长时间已有 16 年，未见抗磨板磨损迹象，抗磨蚀效果非常明显。

经过 20 多年的研究试验和对各种材料抗磨蚀性和耐水性，选出适合制造聚氨酯抗磨板的材料，并制定材料应用制造聚氨酯抗磨板的机械强度标准如下：

抗张强度（MPa）	40～65
硬度	90A～70D
回弹率（%）	40～60
撕裂强度（kN/m）	18～26
延伸率（%）	210～490
NBS 耐磨指数（%）	200～400

耐磨蚀性能卓越的聚氨酯弹性材料制作水轮机底环抗磨板还有着其它优点，如整体性强，能被机加工出所需的形状。由于聚氨酯材料具有一定弹性，导叶关闭时，止水效果好。钢塑复合聚氨酯底环抗磨板的螺丝固定孔，可用聚氨酯等材料进行无缝密封。密封后表面平整光滑，其强度和其他位置强度一样。

（二）改性聚氨酯密封条

聚氨酯弹性体材料制作水轮机导叶密封条已基本取代橡胶密封条，这是聚氨酯弹性体优异的机械性能和耐磨耐蚀性能所决定的（见表5）。橡胶密封条除耐磨耐空蚀差外，水中浸泡老化会使其性能大幅下降，而聚氨酯弹性体没有这种后顾之忧。改性聚氨酯导叶密封条在水中浸泡 5～6 年，其性能下降不会超过 10%，聚氨酯材料虽然价格贵些，但基于其优点，选择聚氨酯材料作导叶密封条是理所当然的。

从表 3 看出，聚氨酯材料性能比橡胶优异得多，从硬度来说，普通橡胶邵氏硬度最高只有 50～60 A，而聚氨酯弹性体则硬度选择范围极广，高水头电站一般选用硬度为 80～95 A 邵氏硬度的弹性材料为最优，止水效果好。

导叶密封条的聚氨酯材料的选择也非常重要，异氰酸根含量对聚氨酯导叶密封条有重要作用。一般聚醚分子量控制在 1 200～1 400。分子量太大，弹性虽好，但硬度和机械性能较低。国内有些多泥沙河流电站使用分子量较大聚氨酯材料做导叶密封条，一个大修期下来出现局部破损现象皆因选用机械性能较差的聚氨酯弹性体材料。

导叶密封条安装在导叶上微凸起一个小圆弧在多泥沙河流高水头电站中容易引起密封条后面表面产生空蚀。为了解决这个问题，我们将导叶密封条设计成导叶密封板，导叶密封板上的止水圆弧后面仍是聚氨酯弹性体,因而较好解决了导叶加装密封条产生空蚀的问题。青铜峡水电厂改用导叶密封板后效果非常好,和改性聚氨酯底环抗磨板及顶盖抗磨板一起使用,不但解决了磨损空蚀问题,而且使得导叶关得紧,关闭导叶,尾水几乎没有。

表5 黄科院导叶密封条所用6602聚氨酯弹性体的性能参数

名称	抗张强度(MPa)	邵氏硬度(A)	撕裂强度(kN/m)	延伸率(%)
性能参数	40	82	16	500

聚氨酯弹性体除做导叶密封条外,对于在许多小型电站引水管道的密封环及止水阀的止水密封上应用,效果远比橡胶要好得多,一般都是数倍橡胶材料的寿命。

(三)聚氨酯复合树脂砂浆涂层抗磨蚀应用

在多泥沙河流中的电站,水轮机转轮叶片、活动导叶、固定导叶、水轮机蜗壳都会出现不同程度的磨蚀破坏,早期非金属耐磨涂层主要使用环氧金刚砂技术作抗磨涂层,这种涂层在水轮机无空蚀的磨损区作抗磨涂层,具有经济实用,施工简单等优点。但环氧金刚砂涂层最大的缺点是在水轮机应用中抗空蚀性能差。在高水头的电站及水轮机叶片强空蚀区几乎没有效果,主要原因之一是环氧树脂虽然黏结力强,但其脆性大,本身不抗空蚀,并且剥离强度低。为了克服这些缺点,我们采用特种胺基材料作固化剂,提高环氧树脂黏结的剥离强度并降低其脆性,同时利用聚氨酯材料较强的抗空蚀性,通过技术把聚氨酯复合到环氧金刚砂上,形成聚氨酯复合树脂砂浆耐磨蚀涂层技术。相比环氧金刚砂耐磨涂层不但提高了抗磨性,同时使涂层具有一定的抗空蚀性,在多泥沙河流电站水轮机抗磨蚀应用中,解决了许多环氧金刚砂耐磨涂层无法解决的问题。

改性聚氨酯复合树脂砂浆耐磨蚀涂层,不但抗磨性能比环氧金刚砂耐磨涂层要好,并且具有比较好的抗气蚀性能,多年来,已在水轮机叶片、固定导叶、蜗壳等得到广泛的应用。如新疆地区红山嘴水电厂,洪水发电期间水中含沙量大,加上上游无水库堤堰沉积泥沙,水中含有大量的砂砾和推移质。水轮机磨蚀严重,除水轮机叶片之外,水轮机蜗壳和固定导叶经过长期冲刷,磨蚀特别严重,出现了许多漏水现象。以前有单位曾用环氧金刚砂耐磨涂层技术进行修复,未获成功,2001年我们使用聚氨酯复合树脂砂浆耐磨涂层技术,对该蜗壳和固定导叶进行修复,该蜗壳已运行了30多年,磨蚀严重。裂纹多,漏水严重,固定导叶磨损变型大,修复完毕后,水轮机蜗壳运行至今,未出现漏水现象,涂层对整个水轮机蜗壳保护良好。

利用聚氨酯复合树脂砂浆耐磨涂层技术修复磨蚀严重的蜗壳有着重要意义。在多泥沙河流,许多电站经过多年运行后,蜗壳和固定导叶磨损严重,如果更换水轮机蜗壳,成本大,使用耐磨涂层进行修复维护,不但成本极大地降低,修复后的水轮机蜗壳和固定导叶抗磨蚀性能更好,因此寿命比新蜗壳更长。

同样在新建电站中,对有些磨蚀严重的水轮机固定导叶和蜗壳,先使用耐磨涂层,使其抗磨蚀性能更好,寿命更长。

聚氨酯复合树脂砂浆材料主要包括聚氨酯材料、环氧树脂、金刚砂、固化剂等组成,该耐磨涂层施工工艺简单,应用到水轮机叶片抗磨蚀上也获得良好的效果,以红山嘴水电厂水轮机转轮为例,水头高50 m以下,为混流式,在含沙水的磨蚀下磨损严重。每2~3年大修一次,使用聚氨酯复合树脂砂浆对叶片下部磨蚀严重的正反两面进行涂抹,对迷宫环内侧磨蚀面进行涂抹,涂层厚度为2~4 mm。水轮机转轮运行3年后(一个大修期),涂层除边缘出现少量脱落外,整个涂层对叶片和迷宫环内侧保护良好,涂层抗磨蚀效果非常明显。

(四)改性聚氨酯耐磨蚀涂层在水轮机中的应用

在多泥沙河流及高水头电站的水轮机叶轮。真正磨蚀最严重最难解决的磨蚀问题是水轮机叶片空蚀区的空蚀磨损问题,也是对水轮机叶片破坏最严重,可以说,使用抗磨蚀涂层解决了水轮机的空蚀问题就等于彻底解决了水轮机的磨蚀问题(见图5)。

图5　改性聚氨酯耐磨蚀涂层在水轮机中的应用

聚氨酯弹性材料是抗空蚀性能最好的材料,因此解决多泥沙河流水轮机叶片的空蚀问题最理想的材料就是聚氨酯弹性体,自20世纪90年代开始,我们就开发应用聚氨酯材料作水轮机的抗空蚀涂层,抗磨蚀效果非常优异,但使用一段时间后耐磨蚀涂层出现脱落现象。从现场分析来看,主要是耐磨涂层和本体黏结强度的问题,以后我们着重研究聚氨酯弹性耐磨涂层和水轮机叶片的黏结问题。经过多年的努力,解决了水轮机叶片和聚氨酯耐磨涂层黏结问题,使水轮机叶片的空蚀磨损问题也得到解决,取得了重大的成果。

聚氨酯弹性体耐磨涂层,解决了水轮机叶片的强空蚀区的磨蚀问题,应用这种耐磨涂层时,根据聚氨酯弹性材料机械性能和硬度非常广特点,可根据水轮机水头高低、转速大小、河流泥沙情况作具体选择,一般来说水头较高,河流除含泥沙外还含有推移质时选择硬度较大,机械性能较好,抗冲击性更好的聚氨酯耐磨涂层。由于其抗冲击抗撕裂性能更强,在大量的推移质前,涂层寿命更长,抗磨蚀效果更好。

使用改性聚氨酯耐磨涂层,还是使用复合树脂耐磨涂层进行抗磨应用,可根据具体情况来定,前者施工工艺较为复杂,但涂层抗空蚀强,后者施工工艺相对简单但抗空蚀性能相对较差。有时我们在水轮机叶轮抗磨蚀应用中,两种涂层同时应用,在空蚀区相对小的叶轮正面采用复合树脂砂浆耐磨涂层技术。而在空蚀区叶片背面使用聚氨酯弹性耐磨涂层技术,如红山嘴水电厂三级和四级电站各一个转轮,叶片的正面和迷宫环的内侧磨损区采用聚氨酯复合砂浆耐磨涂层技术,叶片背面强空蚀区采用改性聚氨酯弹性涂层,转轮运转3年后(3年一大修),涂层完好无损,其抗空蚀能力令人惊叹。

应用改性聚氨酯弹性体耐磨蚀涂层在水轮机高空蚀区作抗磨蚀涂层除抗空蚀、抗磨损效果好外,涂层和叶片黏合力强,不易于撕裂和剥离,叶轮施工是常温下,不存在像金属热喷涂高温施工产生的叶轮变形问题,转轮可反复使用而无须更换,从而节约成本。

六、聚氨酯弹性材料在水机抗磨蚀应用的发展方向

抗磨蚀性能使得聚氨酯弹性材料在水机中得到广泛的应用,并取得了很大的成果,今后重点注重如下几方面问题就会使得应用效果更上一层楼。

（1）提高效率，简易施工工艺，特别是水轮机转轮抗磨蚀，研究新型黏结剂，解决无溶剂喷涂聚氨酯材料的黏结问题，使施工效果得到提高。

（2）制定聚氨酯弹性材料在水机抗磨应用的标准。如黄河水利科学研究院研究开发的钢塑复合聚氨酯抗磨板，一般在多泥沙河流（如黄河）使用寿命能达数十年。但如果不制定相应的标准，用普通的聚氨酯材料代替，使用寿命必将缩短，造成鱼目混珠，出现伪币驱逐良币情况。

（3）全国许多中小型河流为多泥沙河流，如新疆、云南等，许多中小型水轮机磨蚀严重，单纯采用抗磨蚀维修不是彻底解决办法，现有技术已能像制造聚氨酯底环抗磨板一样开发出水轮机转轮，因此为中小型电站直接开发出耐磨转轮更有价值和意义。

（4）聚氨酯弹性材料抗磨技术和其他抗磨技术相互结合应用到水电站水机抗磨蚀中去，取长补短，发挥各自优势，获得更好的效果。